普通高等教育"十一五"国家级规划教材

2011年度普通高等教育精品教材

清华大学 计算机系列教材

孙家广 胡事民 编著

计算机图形学基础教程
（第2版）

U0360483

清华大学出版社

北京

内 容 简 介

本书是讲述计算机图形学基本原理和最新进展的一本图形学基础教材,是作者在清华大学多年教学经验的基础上,同时参考了国内外最新的相关教材和部分最新的研究成果编写而成的。本书按内容分为 5 章,分别讲授计算机图形学的最新概况,光栅图形学的基本原理,几何造型技术的基础,真实感图形学的基础知识和图形标准,基本上涵盖了图形学的主要内容。

本书可作为各高等院校本科生、研究生学习计算机图形学的教材,并可供相关专业技术人员和计算机教育工作者参考使用。

图书在版编目(CIP)数据

计算机图形学基础教程/孙家广,胡事民编著 . —2 版 . —北京:清华大学出版社,2009.8
(2025.1重印)
(清华大学计算机系列教材)
ISBN 978-7-302-20711-5

Ⅰ. 计⋯ Ⅱ. ①孙⋯ ②胡⋯ Ⅲ. 计算机图形学—高等学校—教材 Ⅳ. TP391.41

中国版本图书馆 CIP 数据核字(2009)第 119346 号

责任编辑:焦 虹 林都嘉
责任校对:梁 毅
责任印制:杨 艳

出版发行:清华大学出版社
   网 址:https://www.tup.com.cn,https://www.wqxuetang.com
   地 址:北京清华大学学研大厦 A 座   邮 编:100084
   社 总 机:010-83470000   邮 购:010-62786544
   投稿与读者服务:010-62776969,c-service@tup.tsinghua.edu.cn
   质 量 反 馈:010-62772015,zhiliang@tup.tsinghua.edu.cn
印 装 者:三河市天利华印刷装订有限公司
经 销:全国新华书店
开 本:185mm×260mm 印 张:14.75 字 数:361 千字
版 次:2009 年 8 月第 2 版 印 次:2025 年 1 月第 27 次印刷
定 价:44.50 元

产品编号:033740-07

作者简历

孙家广 清华大学教授,清华大学信息学院院长兼软件学院院长,清华大学学术委员会副主任,国务院学位委员会委员、学科评议组成员、教育部计算机科学与技术教育指导委员会副主任、软件工程教育指导委员会主任、国家企业信息化软件工程技术研究中心主任、信息科学技术国家实验室主任、中国工程图学学会理事长、国家自然科学基金委员会副主任。1999 年选为中国工程院院士。孙家广长期从事计算机图形学、辅助设计、软件形式化验证及软件工程与系统的教学研究工作,在基于 Web 技术的产品数据管理框架,线框、曲面、实体和特征统一表示的造型算法,多资源、多事件、多进程协同软件开发工具等方面取得了创新性成果。

胡事民 清华大学计算机系教授,计算机系学位分委员会主席,可视媒体研究中心主任,教育部长江学者奖励计划特聘教授。2002 年获得国家杰出青年基金资助,2006 年被聘为国家重大基础研究(973)计划项目首席科学家。主要从事计算机图形学与人机交互、几何计算、智能信息处理等方面的教学与研究工作,已在 ACM/IEEE Transactions 和 Computer Aided Design 等重要国际刊物上发表论文 40 余篇。担任多个国际重要会议的程序委员会主席和委员及 Elsevier 期刊 Computer Aided Design 的编委。

序

　　清华大学计算机系列教材已经出版发行了近30种,包括计算机专业的基础数学、专业技术基础和专业等课程的教材,覆盖了计算机专业大学本科和研究生的主要教学内容。这是一批至今发行数量很大并赢得广大读者赞誉的书籍,是近年来出版的大学计算机教材中影响比较大的一批精品。

　　本系列教材的作者都是我熟悉的教授与同事,他们长期在第一线担任相关课程的教学工作,是一批很受大学生和研究生欢迎的任课教师。编写高质量的大学(研究生)计算机教材,不仅需要作者具备丰富的教学经验和科研实践,还需要对相关领域科技发展前沿的正确把握和了解。正因为本系列教材的作者们具备了这些条件,才有了这批高质量优秀教材的出版。可以说,教材是他们长期辛勤工作的结晶。本系列教材出版发行以来,从其发行的数量、读者的反映、已经获得的许多国家级与省部级的奖励,以及在各个高等院校教学中所发挥的作用上,都可以看出本系列教材所产生的社会影响与效益。

　　计算机科技发展异常迅速、内容更新很快。作为教材,一方面要反映本领域基础性、普遍性的知识,保持内容的相对稳定性;另一方面,又需要跟踪科技的发展,及时地调整和更新内容。本系列教材都能按照自身的需要及时地做到这一点,如《计算机组成与结构》一书10年中共出版了3版,其他如《数据结构》等也都已出版了第2版,使教材既保持了稳定性,又达到了先进性的要求。本系列教材内容丰富、体系结构严谨、概念清晰、易学易懂,符合学生的认识规律,适合于教学与自学,深受广大读者的欢迎。系列教材中多数配有丰富的习题集和实验,有的还配备多媒体电子教案,便于学生理论联系实际地学习相关课程。

　　随着我国进一步的开放,我们需要扩大国际交流,加强学习国外的先进经验。在大学教材建设上,也应该注意学习和引进国外的先进教材。但是,计算机系列教材的出版发行实践以及它所取得的效果告诉我们,在当前形势下,编写符合国情的具有自主版权的高质量教材仍具有重大意义和价值。它与前者不仅不矛盾,而且是相辅相成的。本系列教材的出版还表明,针对某个学科培养的要求,在教育部等上级部门的指导下,有计划地组织任课教师编写系列教材,还能促进对该学科科学的、合理的教学体系和内容的研究。

　　我希望今后有更多、更好的优秀教材出版。

清华大学计算机系教授,中科院院士

张钹

第 2 版前言

本书是在 2005 版《计算机图形学基础教程》的基础上修订而成的。

《计算机图形学基础教程》是根据作者在清华大学多年教学实践,并参考了国内外最新的相关教材和部分最新的研究成果编写而成的。第 2 版教材主要修订了以下内容:

1. 增加了第 1 章的 1.5 节,介绍清华大学近年来的最新研究成果。

2. 增加了第 3 章的 3.9 节,介绍网格表示、简化与细分。

3. 增加了第 4 章的 4.1 节,介绍图形绘制的基本概念和流程,提高本章整体上的可读性。

4. 将第 4 章 4.8 节层次细节的内容移入第 3 章的 3.9 节,增加有关景物模拟的内容。

5. 删除第 5 章 VRML 的内容,改写 Open GL 的内容,增加一些常见的功能,并给出更多的示例。

本教程第 1 版出版 4 年来,被国内一大批高等院校采用,相关的老师、同学及读者提出了许多宝贵的建议,在此表示衷心感谢。徐昆、来煜坤参与了第 2 版教材的修订,在此也一并表示感谢。

作　者

2009 年 4 月

(联系人:胡事民,电话:62782052,电子邮件: shimin@cg. cs. tsinghua. edu. cn)

第 1 版前言

计算机图形学是利用计算机研究图形的表示、生成、处理和显示的一门重要的计算机学科分支,是计算机学科中最活跃的分支之一。

随着计算机系统的硬件、软件的迅速发展,计算机已经具有强大的图形处理功能,目前计算机图形学已无所不在,从 CAD 设计到广告设计、从影视娱乐到计算机动画,都使人们感受到计算机图形技术独特的魅力。同时,由于计算机图形学技术本身的长足进步及其应用的日益广泛,计算机图形学已成为计算机科学技术与其他应用学科之间的一个桥梁,也已成为许多本科生专业的必修课程之一。

如何在较短时间内成为一个计算机图形学入门者,领悟并有能力实现那激动人心的计算机图形效果?本书希望起到这样一个目的。本书分为光栅图形学、几何造型技术、真实感图形学和图形标准 4 个技术专题,涵盖了当前图形学的基本内容,题材新旧结合,篇幅精练,难度错落有致。书中各主题间又相对独立,适合于计算机专业本科专业的课程教学,也便于自学。

通过本书的学习,读者可以快速掌握计算机图形学实现原理,感受最新图形学进展。本书同时配备有 OpenGL 和 VRML 的技术讲解,力图让学习者学以致用。无论是 CAD 几何造型用户、动画设计用户、图形学软件设计师,还是未来的计算机图形学研究者,本书都将为读者打下扎实的知识基础,从而让今后的工作、学习更加得心应手。

计算机图形学是一门实践性很强的计算机学科,内容变化日新月异,本书在保留经典图形学的必要内容外,对最近十多年的研究近况作了介绍,力图使读者在掌握相应的知识后,能迅速跟上研究前沿。本书每章结束都附有相应的习题,读者通过这些习题的思考和上机操作,可以加深对内容的理解,达到理论与实践相结合的目的。

相信每一位读者通过本教材的学习,都能得到不同程度的收获。

清华大学计算机系一直将图形学作为本科生的一门重要课程,在大学三年级下学期开设此课。近 10 年来,我系主要使用清华大学出版社出版、孙家广等编著的《计算机图形学》作为本科教材。本书的第二作者自 1998 年以来,在主讲图形学的过程中,深切感到《计算机图形学》一书内容太多,急需一本内容精练,能包含图形学的主要内容,又能介绍图形学的最新技术的本科生教材。1999 年,在清华大学 985 项目的支持下,开始编写新的讲义,经过2000—2003 年的使用、实践,交付清华大学出版社出版。在编写本教材的过程中,许多同事、研究生付出了辛苦的劳动。周登文副教授及研究生王斌、王涛、吴建华、许云杰等同学帮助整理部分初稿,研究生张慧、雍俊海、张松海、董未明、朱旭平、丁俊勇、郭镔、严寒冰、靳力等作为图形学课程的助教,曾提出过许多宝贵的建议,给予了许多帮助。车武军博士在书稿写作的后期,付出了许多辛苦的努力,他通读全书,给出了许多建议,而且充实了一些章节,使本书增色不少。在此向这些同事和学生表示衷心的感谢。

最后衷心希望读者在阅读过程中,对本书不足之处提出宝贵意见,以便我们能对书中内容不断加以完善,更好地为读者服务。

作　者

目　　录

第 1 章　绪论 ……………………………………………………………………… 1

1.1　计算机图形学的研究内容 …………………………………………………… 1

1.2　计算机图形学发展的历史回顾 ……………………………………………… 1

1.3　计算机图形学的应用及研究前沿 …………………………………………… 3

　　1.3.1　计算机辅助设计与制造 ……………………………………………… 3

　　1.3.2　可视化 ………………………………………………………………… 4

　　1.3.3　真实感图形实时绘制与自然景物仿真 ……………………………… 5

　　1.3.4　计算机动画 …………………………………………………………… 6

　　1.3.5　用户接口 ……………………………………………………………… 7

　　1.3.6　计算机艺术 …………………………………………………………… 7

1.4　图形设备 ………………………………………………………………………… 8

　　1.4.1　图形显示设备 ………………………………………………………… 8

　　1.4.2　图形处理器 …………………………………………………………… 12

　　1.4.3　图形输入设备 ………………………………………………………… 13

1.5　最新研究成果 ………………………………………………………………… 15

　　1.5.1　绘制 …………………………………………………………………… 15

　　1.5.2　几何 …………………………………………………………………… 16

　　1.5.3　视频 …………………………………………………………………… 17

习题 1 ………………………………………………………………………………… 18

第 2 章　光栅图形学 ……………………………………………………………… 19

2.1　直线段的扫描转换算法 ……………………………………………………… 19

　　2.1.1　数值微分法 …………………………………………………………… 19

　　2.1.2　中点画线法 …………………………………………………………… 20

　　2.1.3　Bresenham 算法 ……………………………………………………… 22

2.2　圆弧的扫描转换算法 ………………………………………………………… 23

　　2.2.1　圆的特征 ……………………………………………………………… 23

　　2.2.2　中点画圆法 …………………………………………………………… 24

2.3　多边形的扫描转换与区域填充 ……………………………………………… 24

　　2.3.1　多边形的扫描转换 …………………………………………………… 25

　　2.3.2　区域填充算法 ………………………………………………………… 28

2.4　字符 …………………………………………………………………………… 31

　　2.4.1　点阵字符 ……………………………………………………………… 32

　　2.4.2　矢量字符 ……………………………………………………………… 32

　　2.4.3　字符属性 ……………………………………………………………… 32

2.5 裁剪 ·· 33
  2.5.1 直线段裁剪 ··· 33
  2.5.2 多边形裁剪 ··· 37
  2.5.3 字符裁剪 ·· 40
2.6 反走样 ·· 40
  2.6.1 提高分辨率 ··· 40
  2.6.2 区域采样 ·· 41
  2.6.3 加权区域采样 ·· 42
2.7 消隐 ·· 42
  2.7.1 消隐的分类 ··· 43
  2.7.2 消除隐藏线 ··· 43
  2.7.3 消除隐藏面 ··· 45
习题 2 ·· 56

第 3 章 几何造型技术 ··· 57
3.1 参数曲线和曲面 ·· 57
  3.1.1 曲线曲面的表示 ·· 57
  3.1.2 曲线的基本概念 ·· 58
  3.1.3 插值、拟合和光顺 ······································· 61
  3.1.4 参数化 ·· 62
  3.1.5 参数曲线的代数和几何形式 ·························· 63
  3.1.6 连续性 ·· 64
  3.1.7 参数曲面的基本概念 ···································· 65
3.2 Bézier 曲线与曲面 ·· 66
  3.2.1 Bézier 曲线的定义和性质 ····························· 66
  3.2.2 Bézier 曲线的递推算法 ································· 69
  3.2.3 Bézier 曲线的拼接 ······································ 70
  3.2.4 Bézier 曲线的升阶与降阶 ····························· 71
  3.2.5 Bézier 曲面 ··· 72
  3.2.6 三边 Bézier 曲面片 ····································· 74
3.3 B 样条曲线与曲面 ·· 78
  3.3.1 B 样条的递推定义和性质 ······························ 78
  3.3.2 B 样条曲线的性质 ······································· 79
  3.3.3 de Boor 算法 ··· 80
  3.3.4 节点插入算法 ··· 83
  3.3.5 B 样条曲面 ·· 84
3.4 NURBS 曲线与曲面 ··· 84
  3.4.1 NURBS 曲线的定义 ···································· 85
  3.4.2 齐次坐标表示 ··· 86

3.4.3 权因子的几何意义 86

3.4.4 圆锥曲线的 NURBS 表示 87

3.4.5 NURBS 曲线的修改 87

3.4.6 NURBS 曲面 89

3.5 Coons 曲面 89

3.5.1 基本概念 89

3.5.2 双线性 Coons 曲面 90

3.5.3 双三次 Coons 曲面 91

3.6 形体在计算机内的表示 92

3.6.1 引言 93

3.6.2 形体表示模型 94

3.6.3 形体的边界表示模型 99

3.7 求交分类 104

3.7.1 求交分类简介 104

3.7.2 求交分类策略 105

3.7.3 基本的求交算法 106

3.8 实体造型系统简介 109

3.8.1 Parasolid 系统 110

3.8.2 ACIS 系统 112

3.9 三角网格 114

3.9.1 三角网格的概念 114

3.9.2 三角网格的半边表示 115

3.9.3 网格处理概述 116

3.9.4 网格简化 117

3.9.5 网格细分 119

3.9.6 特征敏感网格重剖 120

习题 3 122

第 4 章 真实感图形学 124

4.1 真实图像的生成 124

4.2 颜色视觉 125

4.2.1 基本概念 126

4.2.2 三色学说 127

4.2.3 CIE 色度图 127

4.2.4 常用的颜色模型 129

4.3 简单光照明模型 131

4.3.1 相关知识 132

4.3.2 Phong 光照明模型 133

4.3.3 增量式光照明模型 135

　　　　4.3.4　阴影的生成 ··· 137

　　4.4　局部光照明模型 ··· 138

　　　　4.4.1　理论基础 ·· 138

　　　　4.4.2　局部光照明模型 ·· 140

　　4.5　光透射模型 ··· 141

　　　　4.5.1　透明效果的简单模拟 ·· 141

　　　　4.5.2　Whitted 光透射模型 ··· 142

　　　　4.5.3　Hall 光透射模型 ·· 143

　　　　4.5.4　简单光反射透射模型 ·· 144

　　4.6　纹理及纹理映射 ··· 145

　　　　4.6.1　纹理概述 ·· 145

　　　　4.6.2　二维纹理域的映射 ·· 146

　　　　4.6.3　三维纹理域的映射 ·· 147

　　　　4.6.4　几何纹理 ·· 147

　　4.7　整体光照明模型 ··· 148

　　　　4.7.1　光线跟踪算法 ·· 148

　　　　4.7.2　辐射度方法 ·· 156

　　4.8　实时真实感图形学技术 ·· 163

　　　　4.8.1　基于图像的绘制技术 ·· 164

　　　　4.8.2　景物模拟 ·· 165

　　习题 4 ·· 169

第 5 章　图形标准 ··· 170

　　5.1　OpenGL 概述 ·· 170

　　5.2　OpenGL 程序结构 ··· 172

　　5.3　基本几何元素绘制 ··· 174

　　5.4　坐标变换 ·· 182

　　5.5　光照处理 ·· 189

　　5.6　显示列表 ·· 194

　　5.7　纹理贴图 ·· 196

　　习题 5 ·· 201

附录 A　计算机图形学的数学基础 ·· 202

　　A.1　矢量运算 ·· 202

　　A.2　矩阵运算 ·· 203

　　A.3　齐次坐标 ·· 204

　　A.4　线性方程组的求解 ··· 205

附录 B　图形的几何变换 ··· 206

　　B.1　窗口区到视图区的坐标变换 ··· 206

　　B.2　二维图形的几何变换 ··· 207

　　B.3　三维图形几何变换 ··· 209

附录 C　形体的投影变换 ··· 212

　　C.1　投影变换分类 ··· 212

　　C.2　世界坐标与观察坐标 ··· 212

　　C.3　正平行投影(三视图) ··· 213

　　C.4　斜平行投影 ··· 214

　　C.5　透视投影 ··· 214

参考文献 ··· 216

第1章　绪　　论

计算机图形学是利用计算机研究图形的表示、生成、处理和显示的学科。经过 40 多年的发展，计算机图形学已成为计算机科学中最活跃的学科分支之一，取得了广泛的应用。本章讲述计算机图形学的研究内容、发展历史、应用领域、研究前沿及未来趋向，同时介绍图形硬件的一些基本原理，使读者对图形学的相关内容有一个概括性的了解。

1.1　计算机图形学的研究内容

计算机中图形的表示方法，以及利用计算机进行图形的计算、处理和显示的相关原理与算法，构成了计算机图形学的主要研究内容。图形通常由点、线、面、体等几何元素和灰度、色彩、线型、线宽等非几何属性组成。从处理技术上来看，图形主要分为两类：一类基于线条信息表示，如工程图、等高线地图和曲面的线框图等；另一类是明暗图（shading），也就是通常所说的真实感图形。

计算机图形学的一个主要目的就是要利用计算机产生令人赏心悦目的真实感图形。为此，一般先建立目标图形所描述场景的几何表示，再采用某种光照模型，计算在假想的光源、纹理、材质属性下几何模型的光照效果。所以，计算机图形学与另一门学科——"计算机辅助几何设计"有着密切的关系。事实上，图形学也把可用于表示几何场景的曲线曲面造型技术和实体造型技术作为其主要的研究内容。同时，真实感图形计算的结果是以数字图像的方式提供的，因此计算机图形学和图像处理也有着密切的关系。尽管图形与图像两个概念间的区别越来越模糊，但还是有区别的：图像是指计算机内以位图（bitmap）形式存在的灰度信息；而图形则含有几何属性，或者说更强调场景的几何表示，是由场景的几何模型和景物的物理属性共同组成的。

计算机图形学的研究内容非常广泛，如图形硬件、图形标准、图形交互技术、光栅图形生成算法、曲线曲面造型、实体造型、真实感图形计算与显示算法，以及科学计算可视化、计算机动画、自然景物仿真和虚拟现实等。作为一本面向计算机专业的本科生和非计算机专业的研究生的图形学教材，本书着重讨论与光栅图形生成、曲线曲面造型和真实感图形生成相关的原理与算法。

1.2　计算机图形学发展的历史回顾

1950 年，第一台图形显示器作为美国麻省理工学院（MIT）旋风 I 号（Whirlwind I）计算机的附件诞生了。该显示器用一个类似于示波器的阴极射线管（CRT）来显示一些简单的图形。1958 年，美国 Calcomp 公司将联机的数字记录仪发展成滚筒式绘图仪，GerBer 公司把数控机床发展成为平板式绘图仪。在整个 20 世纪 50 年代，只有电子管计算机，用机器语言编程，主要应用于科学计算。为这些计算机配置的图形设备仅具有输出功能。计算机图形学处于准备和酝酿时期，并称之为"被动式"图形学。到 20 世纪 50 年代末期，MIT 的林肯实验室在"旋风"计算机上开发了 SAGE 空中防御体系，第一次使用了具有指挥和控制功能的 CRT 显示器，操作者可以用笔在屏幕上指出被确定的目标。与此同时，类似的技术在设计和生产过程中也陆续得到了应用，它预示着交互式计算机图形学的诞生。

　　1962 年，MIT 林肯实验室的 Ivan E. Sutherland 发表了题为"Sketchpad：一个人机交互通信的图形系统"的博士论文[1]，他在论文中首次使用了计算机图形学（Computer Graphics）这个术语，证明了交互计算机图形学是一个有价值的研究领域，从而确定了计算机图形学作为一个崭新的科学分支的独立地位。他在论文中所提出的一些基本概念和技术，如交互技术、分层存储符号的数据结构等至今还广为应用。1964 年，MIT 的教授 Steven A. Coons 提出了被后人称为超限插值的曲面造型新思想，通过插值 4 条任意的边界曲线来构造曲面[2]。同在 20 世纪 60 年代早期，法国雷诺汽车公司的工程师 Pierre Bézier 发展了一套被后人称为 Bézier 曲线、曲面的理论，成功地用于几何外形设计，并开发了用于汽车外形设计的 UNISURF 系统。Coons 的方法和 Bézier 的方法是 CAGD（计算机辅助几何设计）领域的开创性工作。值得一提的是，计算机图形学的最高奖是以 Coons 的名字命名的，而分别获得第一届（1983 年）和第二届（1985 年）Steven A. Coons 奖的，恰好是 Ivan E. Sutherland 和 Pierre Bézier。

　　20 世纪 70 年代是计算机图形学发展过程中一个重要的历史时期。由于光栅显示器的诞生，早在 60 年代就已萌芽的光栅图形学算法便迅速发展起来。区域填充、裁剪、消隐等基本图形概念及其相应的算法纷纷诞生，图形学进入了第一个兴盛时期。同时，实用的 CAD 图形系统也开始出现。因为通用的、与设备无关的图形软件的发展，图形软件功能的标准化问题也被提了出来。1974 年，美国国家标准化局（ANSI）在 ACM SIGGRAPH 的一个"与机器无关的图形技术"的工作会议上，提出了制定有关标准的基本规则。此后，ACM（美国计算机协会）专门成立了一个图形标准化委员会，开始制定有关标准，该委员会于 1977 年及 1979 年先后制定和修改了"核心图形系统（Core Graphics System）"。ISO（国际标准化组织）随后又发布了计算机图形接口（Computer Graphics Interface，CGI）、计算机图形元文件标准（Computer Graphics Metafile，CGM）、计算机图形核心系统（Graphics Kernel system，GKS）、面向程序员的层次交互图形标准（Programmer's Hierarchical Interactive Graphics Standard，PHIGS）和产品模型数据交换标准（Standard for the Exchange of Product Model Data，STEP）等。这些标准的制定，为计算机图形学的推广、应用和资源信息共享起了重要的推动作用[4,5]。

　　同在 20 世纪 70 年代，计算机图形学的另外两个重要进展是真实感图形学和实体造型技术的产生。1970 年，Bouknight 提出了第一个光反射模型[6]。1971 年，Gourand 提出"漫反射模型＋插值"的思想，被称为 Gourand 明暗处理[7]。1975 年，Phong 提出了著名的简单光照模型——Phong 模型[8]。这些都是真实感图形学的开创性工作。另外，从 1973 年开始，相继出现了英国剑桥大学 CAD 小组的 Build 系统、美国罗彻斯特大学的 PADL-1 系统等实体造型系统[9]。

　　1980 年，Whitted 提出了一个光透视模型——Whitted 模型，并第一次给出光线跟踪算法的范例，实现了 Whitted 模型[10]。1984 年，美国 Cornell（康内尔）大学和日本广岛大学的学者分别将热辐射工程中的辐射度方法引入到计算机图形学中，成功地模拟了理想漫反射表面间的多重漫反射效果[11]。光线跟踪算法和辐射度算法的提出,标志着真实感图形的显示算法已逐渐成熟。从 20 世纪 80 年代中期以来,超大规模集成电路的发展,为图形学的飞速发展奠定了物质基础。计算机运算能力的提高,图形处理速度的加快,使得图形学的各个研究方向得到充分发展,图形学已广泛应用于动画、科学计算可视化、CAD/CAM 和影视娱乐等各个领域。

最后,以 SIGGRAPH 会议的情况介绍,来结束计算机图形学的历史回顾。ACM SIGGRAPH 会议是计算机图形学最权威的国际会议,每年在美国召开,有数万人参加。SIGGRAPH 会议很大程度上促进了计算机图形学的发展,世界上很难有第二个领域会每年召开如此规模巨大的专业会议。SIGGRAPH(the Special Interest Group on Computer Graphics and Interactive Techniques)大约是 20 世纪 60 年代中期,由美国 Brown(布朗)大学的教授 Andries van Dam (Andy) 和 IBM 公司的 Sam Matsa 发起的。1974 年,在美国 Colorado(科罗拉多)大学召开了第一届 SIGGRAPH 年会,并取得了巨大的成功,当时有大约 600 位来自世界各地的专家参加了会议。如今,SIGGRAPH 会议已经从一个专业会议发展成为全球最负盛名的计算机图形工业会议,吸引了世界各国大批研究学者、公司机构,参加会议的人数曾经超过 5 万人,会议期间不仅包括相关科技论文的交流,也有各类最新软件硬件的展览、图形技术标准的发布。最令计算机图形学的学者瞩目的是 SIGGRAPH 会议论文,由于该会议论文每年只录取约 50～90 篇论文,并在 ACM Transaction on Graphics 杂志上发表,因此论文的学术水平较高,基本上代表了图形学研究的主流方向。

1.3　计算机图形学的应用及研究前沿

1.3.1　计算机辅助设计与制造

计算机辅助设计与制造(CAD/CAM)是计算机图形学在工业界中最广泛、最活跃的应用[12]。运用计算机图形学可以进行土建工程、机械结构和产品的设计,包括设计飞机、汽车、船舶的外形和发电厂、化工厂等的布局以及电子线路、电子器件结构等。CAD/CAM 大量应用于产生工程和产品相应结构的精确图形,然而更常用的是对所设计的系统、产品和工程的相关图形进行人-机交互设计和修改,经过反复的迭代设计,便可利用结果数据输出零件表、材料清单、加工流程和工艺卡,或者数据加工代码的指令。在电子工业中,计算机图形学应用到集成电路、印刷电路板、电子线路和网络分析等方面的优势是十分明显的。一个复杂的大规模或超大规模集成电路板图根本不可能用手工设计和绘制,用计算机图形系统不仅能进行设计和画图,而且可以在较短的时间内完成,把结果直接送至后续工艺进行加工处理。在飞机工业中,美国波音飞机公司已用有关的 CAD 系统实现波音 777 飞机的整体设计和模拟,其中包括飞机外型、内部零部件的安装和检验。

随着计算机网络的发展,在网络环境下进行异地异构系统的协同设计,已成为 CAD 领域最热门的课题之一。通俗地说,协同设计就是一种让不同用户在不同地点共同设计一个产品模型的新技术。现代产品设计已不再是一个设计领域内孤立的技术问题,而是综合了产品各个相关领域、相关过程、相关技术资源和相关组织形式的系统化工程。它要求设计团队在合理的组织结构下,采用群体工作方式来协调和综合设计者的专长,并且从设计一开始就考虑产品生命周期的全部因素,从而达到快速响应市场需求的目的。协同设计的出现使企业生产的时空观发生了根本的变化,异地设计、异地制造、异地装配成为可能,从而为企业在市场竞争中赢得了宝贵的时间。

与此相关,随着 STEP(产品模型数据交换标准)的制订与完善,异构 CAD 系统间的数据通信已成为一个新的热门课题,而数据通信中的几何问题,更是计算机辅助几何设计中的重要研究方向,它主要解决异构 CAD 系统间不同表示形式间的转化问题[13]以及模型表示的数据简化[14,15]。

CAD 领域另一个非常重要的研究领域是基于工程图纸的三维形体重建(如图 1.1 所示)。三维形体重建就是从二维信息中提取三维信息,通过对这些信息进行分类、综合等一系列处理,在三维空间中重新构造出二维信息所对应的三维形体,恢复形体的点、线、面及其拓扑关系,从而实现形体的重建。二维图纸设计在工程界中仍占有主导地位,工程上有大量旧的透视图和投影图片可以利用、借鉴,许多新的设计可凭借原有的设计基础加以修改即可完成。同时,因为三维几何造型系统可以完成装配部件的干涉检查,以及有限元分析、仿真、加工等后续操作,它也代表了 CAD 技术的发展方向。目前国际上主要的三维形体重建算法是针对多面体和对主轴方向有严格限制的二次曲面体的。最近,清华大学提出了一个新算法,可以重建任意二次曲面体。但任意曲面体的三维形体重建,至今仍是一个有待解决的世界难题。

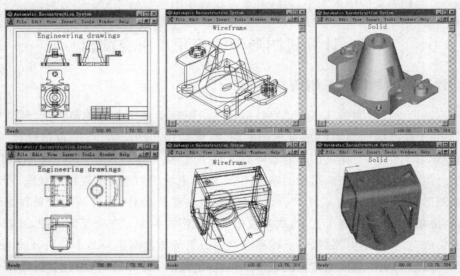

图 1.1　三维重建的两个例子

1.3.2　可视化

科学技术的迅猛发展为社会生产和科学研究提供了日益丰富和精密的探测手段,人们能够轻易地采集到各种不同类型的数据,但数据量的与日俱增使得数据的分析和处理变得越来越难,人们难以从数据海洋中得到最有用的数据,找到数据的变化规律并提取本质特征。但是,如果能将这些数据用图形的形式表示出来,情况就大不一样了,因为这种数据的图形形式会很清楚地将事物的发展趋势和本质特征呈现在人们面前。1986 年,美国科学基金会(NSF)专门召开了一次研讨会,会上正式提出了"科学计算可视化(Visualization in Scientific Computing,VISC)"。第二年,美国计算机成像专业委员会向 NSF 提交了"科学计算可视化的研究报告"后,VISC 就迅速发展起来了。

目前科学计算可视化广泛应用于医学、流体力学、有限元分析、气象分析当中,尤其在医学领域,可视化有着广阔的发展前景[16,17]。依靠精密机械做脑部手术以及由机器人和医学专家配合做远程手术是目前医学上很热门的课题,而这些技术实现的基础则是可视化。可视化技术将医用 CT 扫描的数据转化为三维图像,并通过一定的技术生成在人体内漫游的图像,使得医生能够看到并准确地判别病人体内的患处,然后通过碰撞检测一类的技术实现手术效果的反馈,帮助医生成功完成手术。从目前的研究状况来看,这项技术还远未成熟,离实用还有一定的距离。主要难点在于生成人体内漫游图像的三维体绘制技术还没有达到实时的程度,而且现在大多数体绘制技术是基于平行投影的,漫游需要的是真实感更强的透视投影技术,而体绘制的透视投影技术还没有得到很好的解决。另外,在漫游当中还要根据 CT 图像区分出不同的体内组织,这项技术叫分割(Segmentation)。目前的分割主要是靠人机交互来完成,远未达到自动实时的地步。

1.3.3　真实感图形实时绘制与自然景物仿真

在计算机中重现真实世界的场景叫做真实感绘制。真实感绘制的主要任务是模拟真实物体的物理属性,具体地说就是物体的形状、光学性质、表面的纹理和粗糙程度、物体间的相对位置以及遮挡关系等,其中光照和表面属性是最难模拟的。为了模拟光照,已有各种各样的光照模型,从简单到复杂排列分别是简单光照模型、局部光照模型和整体光照模型。从绘制方法上看,有模拟光的实际传播过程的光线跟踪法,也有模拟能量交换的辐射度方法。除了构造逼真的物理模型外,真实感绘制还有一个研究重点是研究加速算法,力求在最短时间内能绘制出最真实的场景,例如求交算法的加速、光线跟踪的加速等,包围体树、自适应八叉树等都是著名的加速算法。实时的真实感绘制已经成为当前真实感绘制的研究热点,而真实感图形实时绘制的两个热点问题则是物体网格模型的面片简化[18~20]和基于图像的图形绘制(Image Based Rendering,IBR)[21]。网格模型的面片简化是指在一定误差的精度范围内,删除部分网格面片表示模型的点、边、面,从而简化所绘制场景的复杂程度,加快图形绘制速度。IBR 则完全摒弃传统的先建模,再确定光源的绘制方法,直接从一系列已知的图像生成未知视角的图像。这种方法省去了建立场景几何模型和光照模型的过程,也不用进行如光线跟踪等极其费时的计算,尤其适用于野外复杂场景的生成和漫游。

此外,真实感绘制已从最初绘制简单的室内场景发展到了现在对大量野外自然景物的模拟,如绘制山、水、云、树、火等。人们提出了多种方法来绘制这些自然景物,例如绘制火和草的粒子系统(particle system)、基于生理模型的绘制植物的方法、绘制云的细胞自动机方法等,也出现了一些自然景物仿真/绘制的综合平台,如德国 Lintermann 和 Deussen 等绘制植物的平台 Xfrog①,以及清华大学自主开发的自然景物设计平台[22]。图 1.2 和图 1.3 是两个自然景物仿真的例子。

---

　　①　Xfrog 的软件和相关信息见 http://www.greenworks.de/。

图 1.2　清华大学开发的自然景物设计平台生成的野外场景

图 1.3　Yoshinori Dobashi 等人绘制的真实感云（Siggraph'2000）

1.3.4　计算机动画

随着计算机图形学和计算机硬件的不断发展，人们已经不满足于仅仅生成高质量的静态场景，于是计算机动画应运而生。事实上，计算机动画也只是生成一幅幅静态的图像，但是每一幅都对前一幅做微小的修改（如何修改便是计算机动画的研究内容），当这些画面连续播放时，整个场景就产生视觉连续。

早期计算机动画的灵感来源于传统的卡通片：在生成几幅被称为"关键帧"的画面后，由计算机对两幅关键帧进行插值生成若干"中间帧"；连续播放时，两个关键帧就被有机地结合起来了。计算机动画内容丰富多彩，生成动画的方法也多种多样，例如基于特征的图像变形（见图 1.4）、二维形状混合、轴变形方法、三维自由形体变形（Free-Form Deformation，FFD）及其直接操作（见图 1.5）等。

近年来，人们普遍将注意力转向基于物理模型的计算机动画生成方法，这是一种崭新的方法，该方法大量运用弹性力学和流体力学的物理方程进行计算，力求使动画过程体现出最适合真实世界的运动规律。然而，要真正到达真实的运动是很难的，例如人的行走或跑步是全身的各个关节协调的结果，要实现很自然的人走路的动画，计算方程非常复杂，计算量极大，因此，基于物理模型的计算机动画还有许多内容需要进一步研究。

20 世纪 90 年代是计算机动画应用取得辉煌硕果的 10 年。Disney 公司每年都要出厂一部制作精美的卡通动画片，各类好莱坞大片大量运用计算机生成各种各样精彩绝伦的特技效果，广告设计、电脑游戏也频频运用计算机动画。计算机动画在这些商业应用的大力推

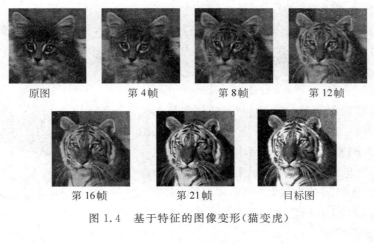

| 原图 | 第4帧 | 第8帧 | 第12帧 |

| 第16帧 | 第21帧 | 目标图 |

图 1.4   基于特征的图像变形(猫变虎)

图 1.5   由三维 FFD 操作得到的鱼的变形图

动下有了极大的发展。

1.3.5   用户接口

用户接口是人们使用计算机的第一观感,一个友好的图形化用户界面能够大大提高软件的易用性。在 DOS 时代,计算机的易用性很差,编写一个图形化的界面要花费大量的劳动,过去传统的软件有近 60％的程序量用于处理与用户接口有关的问题和功能。进入 20世纪 80 年代后,Xwindow 标准的提出,苹果公司图形化操作系统的推出,特别是微软公司Windows 操作系统的普及,标志着图形学全面融入计算机的方方面面。如今在任何一台普通计算机上都可以看到图形学在用户接口方面的应用。操作系统和应用软件中的图形、动画比比皆是,程序直观易用,很多软件几乎可以不看任何说明书,而根据它的图形或动画界面的指示进行操作。

目前几个大的软件公司都在研究下一代用户界面,开发面向主流应用的、自然高效、多通道的用户界面。研究多通道语义模型、多通道整合算法及其软件结构和界面范式是当前用户界面和接口方面研究的主流方向,而图形学在其中将起主导作用[23]。

1.3.6   计算机艺术

现在的美术人员,尤其是商业艺术人员都热衷于用计算机软件从事艺术创作。可用于美术创作的软件很多,如二维平面的画笔程序(如 CorelDraw、Photoshop 和 PaintShop)、专门的图表绘制软件(如 Visio)、三维建模和渲染软件包(如 3DMAX、Maya)以及一些专门生成动画的软件(如 Alias、Softimage)等。这些软件不仅提供多种风格的画笔、画刷,而且提供多种多样的纹理贴图,甚至能对图像进行雾化、变形等操作,许多功能甚至是一个传统的艺术家无法实现也不可想象的。

当然，传统艺术的一些效果也是上述软件所不能达到的，例如钢笔素描的效果、中国毛笔书法的效果，而且在传统绘画中有许多个人风格化的效果也是上述软件所无法企及的。模拟艺术效果的非真实感绘制（Non-Photorealistic Rendering，NPR）已成为计算机图形学的前沿问题之一，每年的Siggraph 会议都有一个 NPR 的专题。非真实感绘制的起源可以追溯到 20 世纪 70 年代，但是真正全面发展却是在 20 世纪 90 年代，人们几乎在寻求所有艺术形式的计算机表达方式，如钢笔素描画、水彩画、毛笔书法、油画和木刻艺术等[24~26]。图 1.6 是一个非真实感绘制的例子。

图 1.6　Georges Winkenbach 绘制的
壶和碗（Siggraph'1996）

1.4　图形设备

高质量的计算机图形离不开高性能的计算机图形硬件设备。一个图形系统通常由图形处理器、图形输入设备和输出设备构成。这一节将逐个探讨这些图形硬件设备。

1.4.1　图形显示设备

图形输出包括图形的显示和图形的绘制。图形显示指的是在屏幕上输出图形，图形绘制通常是指把图形画在纸上，也称硬拷贝，打印机和绘图仪是两种最常用的硬拷贝设备。本书不介绍打印机和绘图仪，而将重点放在图形显示设备上。

现在的图形显示设备绝大多数是基于阴极射线管（Cathode-Ray Tube，CRT）的监视器。历史上 CRT 显示器经历了多个发展阶段，出现过各种不同类型的 CRT 监视器，如存储管式显示器、随机扫描显示器（又称矢量显示器），但是这些显示器有明显的缺点，图形表现能力也很弱。20 世纪 70 年代开始出现的刷新式光栅扫描显示器是图形显示技术走向成熟的一个标志，尤其是彩色光栅扫描显示器的出现，将人们带入了一个多彩的世界。

1. 彩色 CRT 显示器

图 1.7 给出了 CRT 的工作原理。高速的电子束由电子枪发出，经过聚焦系统、加速系统和磁偏转系统就会到达荧光屏的特定位置。荧光物质在高速电子的轰击下会发生电子跃迁，即电子吸收能量从低能态变为高能态，由于高能态很不稳定，在很短的时间内荧光物质的电子会从高能态重新回到低能态，这时将发出荧光，屏幕上的那一点就亮了。从这种发光原理可以看出，这样的光不会持续很久，因为很快所有的电子都将回到低能态，不会再有光发出。所以要保持显示一幅稳定的画面，必须不断地发射电子束。

那么电子束是如何发出的，又是如何控制它的强弱的呢？由图 1.7 可以看出，电子枪由一个加热器、一个金属阴极和一个电平控制器组成。当加热器加到一定高温时，金属阴极上的电子就会摆脱能垒的束缚，迸射出去。而电平控制器是用来控制电子束强弱的，当加上正电压时，电子束就会大量通过，将会在屏幕上形成较亮的点；当控制电平加上负电压时，依据所加电压的大小，电子束被部分或全部阻截，通过的电子很少，屏幕上的点也就比较暗。

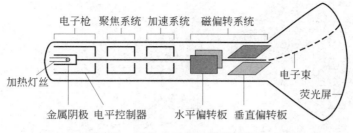

图 1.7　CRT 显示器的简易结构图

　　显然,电子枪发射出来的电子是分散的,这样的电子束不可能精确定位,所以发射出来的电子束必须通过聚焦。聚焦系统是一个电透镜,能使众多的电子聚集于一点。

　　聚集后的电子束通过一个加速阳极达到轰击激发荧光屏应有的速度,最后利用磁偏转系统来达到指定位置。很明显,电子束要到达屏幕的边缘时,偏转角度就会增大。到达屏幕最边缘的偏转角度被称为最大偏转角。屏幕造得越大,要求的最大偏转角度就越大。但是,磁偏转的最大角度是有限的,为了达到大屏幕的要求,只能将管子加长。所以平时看到的CRT 显示器屏幕越大,整个显像管就越长。

　　如上所述,要保持荧光屏上有稳定的图像就必须不断地发射电子束。刷新一次是指电子束从上到下将荧光屏扫描一次,其扫描过程如图 1.8 所示。只有刷新频率达到一定值后,图像才能稳定显示。大约达到每秒 60 帧即60Hz 时,人眼才能感觉不到屏幕闪烁,但要使人眼觉得舒服,一般必须有 85Hz 以上的刷新频率。

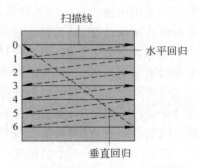

图 1.8　电子束扫描过程示意图

　　有些扫描速度较慢的显示器,为了能得到好的显示效果,采用一种叫隔行扫描的技术。首先从第 0 行开始,每隔一行扫描,将偶数行都扫描完毕垂直回扫后,电子束从第 1 行开始扫描所有奇数行。这样的技术相当于将扫描频率加倍,例如逐行扫描 30Hz 人们会觉得闪烁,但是同样的扫描频率,如果用隔行扫描技术人们就不会觉得闪烁。当然,这样的技术和真正逐行 60Hz 的效果还是有差距的。

　　那么彩色 CRT 显示器的彩色又是如何生产的呢?下面就来看看彩色 CRT 显示器显示彩色的原理。彩色 CRT 显示器的荧光屏上涂有三种荧光物质,它们分别能发出红、绿、蓝三种颜色的光。而电子枪也发出三束电子束来激发这三种物质,中间通过一个控制栅格来决定三束电子到达的位置。根据屏幕上荧光点的排列不同,控制栅格也就不一样。普通的监视器一般用三角形的排列方式,这种显像管被称为荫罩式显像管,它的工作原理如图 1.9 所示。三束电子经过荫罩的选择,分别到达三个荧光点的位置。通过控制三个电子束的强弱就能控制屏幕上点的颜色。如将红、绿两个电子枪关了,屏幕上就只显示蓝色了。如果每一个电子枪有 256 级(8 位)的强度控制,那么这个显像管所能产生的颜色就是平时所说的 24 位真彩色了。

　　由于荫罩式显示器的固有缺点,如荧光屏是球面的,几何失真大,而且三角形的荧光点排列造成即使点很密很细也不会特别清晰,所以最近几年荫栅式显示器逐渐流行起来。其工作原理如图 1.10 所示。

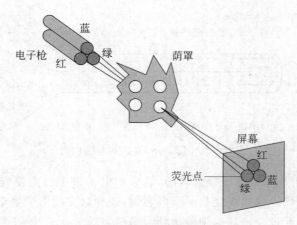

图 1.9 荫罩式彩色 CRT 显色原理图

事实上,从原理来说两者的区别只是射线的选择方式和荧光点的排列不同而已,但是两者的显示效果区别是很明显的,阴栅式显像管亮度更高,色彩也更鲜艳。常用的阴栅式显像管有日本索尼公司的特丽珑管(trinitron)和三菱公司的钻石珑管(diamondtron),两者稍有不同。采用阴栅式显像管的显示器有柱面显示器和平面显示器,柱面显示器的表面在水平方向仍然略微凸起,但是在垂直方向上却是笔直的,呈圆柱状,故称之为"柱面管"。柱面管由于在垂直方向上平坦,因此与球面管相比几何失真更小,而且能将屏幕上方的光线反射到下方而不是直射入人眼中,因而大大减弱了眩光。平面显示器是近几年推出的产品,荧光屏为完全平面,大大提高了图形的显示质量。由于玻璃的折射,屏幕会产生内凹的现象,但是通过一定的补偿技术,就能产生真正平面的感觉。由于平面显示器的高清晰度、低失真以及对人眼的低伤害,已经越来越得到人们的喜爱。

图 1.11 表示了一个荫栅式与荫罩式的荧光屏的点排列,其中距离 d 就是人们平常所说的点距。

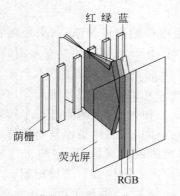

图 1.10 荫栅式显示器工作原理示意图

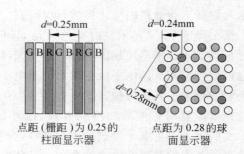

点距(栅距)为 0.25 的
柱面显示器

点距为 0.28 的球
面显示器

图 1.11 柱面和球面显示器点距定义示意图

2. LCD 液晶显示器

CRT 显示器历经发展,目前技术已经越来越成熟,显示质量也越来越好,大屏幕也逐渐成为主流,但 CRT 固有的物理结构限制了它向更广的显示领域发展。正如前面所说的屏幕的加大必然导致显像管的加长,显示器的体积必然要加大,在使用时就会受到空间的限制。另外，由于 CRT 显示器是利用电子枪发射电子束来产生图像，产生辐射与电磁波干扰便成为其最大的弱点，而且长期使用会对人们健康产生不良影响。在这种情况下，人们推出了液晶显示器（Liquid Crystal Display，LCD）。图 1.12 为索尼公司的两款LCD 外形。

图 1.12　索尼公司的两款 LCD 外形

1）基本原理

液晶是一种介于液体和固体之间的特殊物质，它具有液体的流态性质和固体的光学性质。当液晶受到电压的影响时，就会改变它的物理性质而发生形变，此时通过它的光的折射角度就会发生变化，而产生色彩。

液晶屏幕后面有一个背光，这个光源先穿过第一层偏光板，再来到液晶体上，而当光线透过液晶体时，就会产生光线的色泽改变。从液晶体射出来的光线，还必须经过一块彩色滤光片以及第二块偏光板。由于两块偏光板的偏振方向成 90°，再加上电压的变化和一些其他的装置，液晶显示器就能显示想要的颜色了。

液晶显示有主动式和被动式两种，其实这两种的成像原理大同小异，只是背光源和偏光板的设计和方向有所不同。主动式液晶显示器又使用了 FET（场效晶体管）以及共通电极，这样可以让液晶体在下一次的电压改变前一直保持电位状态，就不会产生在被动式液晶显示器中常见的鬼影或是画面延迟的残像等。现在最流行的主动式液晶屏幕是薄膜晶体管（Thin Film Transistor，TFT），被动式液晶屏幕有超扭曲向列 LCD（Super TN，STN）和双层超扭曲向列 LCD（Double layer Super TN，DSTN）等。

2）基本技术指标

（1）可视角度。

由于液晶的成像原理是通过光的折射而不像 CRT 那样由荧光点直接发光，所以从不同的角度看液晶显示屏必然会有不同的效果。当视线与屏幕中心法向成一定角度时，人们就不能清晰地看到屏幕图像，而那个能看到清晰图像的最大角度被称为可视角度。一般所说的可视角度是指左右两边的最大角度相加。工业上有 CR10（contrast ratio）、CR5 两种标准来判断液晶显示器的可视角度。

（2）点距和分辨率。

液晶屏幕的点距就是两个液晶颗粒（光点）之间的距离，一般为 0.28～0.32mm 就能得到较好的显示效果。

分辨率在液晶显示器中的含义并不和 CRT 中的完全一样。通常所说的液晶显示器的分辨率是指其真实分辨率，例如 1 024×768 的含义就是指该液晶显示器含有 1 024×768 个液晶颗粒。只有在真实分辨率下液晶显示器才能得到最佳的显示效果,其他较低的分辨率只能通过缩放来显示,效果并不好。而 CRT 显示器如果能在 1 024×768 的分辨率下清晰显示的话,那么其他如 800×600、640×480 都能很好地显示。

3)展望

虽然目前的液晶显示器在显示效果上和传统的 CRT 显示器仍有一定的差距,但是由于它的众多优点,大有后来居上的势头。首先它的外观小巧精致,当前生产的 LCD 厚度只有 1~5cm 左右,比起 CRT 显示器的庞大体积实在是不可同日而语;其次由于液晶像素总是发光,只有加上不发光的电压时该点才变黑,所以不会产生 CRT 显示器那样的因为刷新频率低而出现的闪烁现象;而且它的工作电压低,功耗小,节约能源;没有电磁辐射,对人体健康没有任何影响,可以说这些优点都极其符合现代潮流。随着制造技术的进一步提高,价格进一步降低,液晶显示器在 21 世纪已逐步普及。

1.4.2 图形处理器

一个光栅显示系统离不开图形处理器,图形处理器是图形系统结构的重要元件,是连接计算机和显示终端的纽带。

可以说有显示系统就有图形处理器(俗称显卡),但是早期的显卡只包含简单的存储器和帧缓冲区,它们实际上只起到了一个图形的存储和传递作用,一切操作都必须由 CPU 来控制。这对于文本和一些简单的图形来说是足够的,但是当要处理复杂场景特别是一些真实感的三维场景时,单靠这种系统是无法完成任务的。所以,以后发展的图形处理器都带有图形处理的功能。它不单单存储图形,而且能完成大部分图形函数功能,这样就大大减轻了 CPU 的负担,提高了显示能力和显示速度。随着电子技术的发展,显卡技术含量越来越高,功能越来越强,许多专业的图形卡已经具有很强的 3D 处理能力,而且这些 3D 图形卡也渐渐地走向个人计算机。一些专业的显卡具有的晶体管数甚至比同时代的 CPU 的晶体管数还多。例如 2000 年加拿大 ATI 公司推出的 RADEON 显卡芯片含有 3000 万颗晶体管,达到每秒 15 亿个像素的填写率;而 2003 年则达到上亿颗晶体管,近每秒 30 亿个像素的填写率。

图 1.13 为显卡工作原理的一个简单示意图。一个显卡的主要配件有显示主芯片、显示缓存(简称显存)和数字模拟转换器(RAMDAC)。

显示主芯片是显卡的核心,俗称 GPU,它的主要任务是对系统输入的视频信息进行构建和渲染,各图形函数基本上都集成在这里,例如现在许多 3D 卡都支持的 OpenGL 硬件加速功能、DirectX 功能以及各种纹理渲染功能就是在这里实现的。显卡主芯片的能力直接决定了显卡的能力。人们常说的

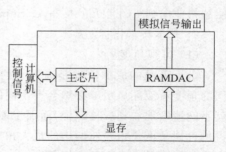

图 1.13 显卡的工作原理简单示意图

3DLabs 公司 3D 图形专业系列的 Wlidcat、nVIDIA 公司的 GeForce 系列以及用于专业领域的 Quadro 系列、ATI 公司的 RADEON 系列以及专业系列的 FireGL 等都指的是显卡主芯片的代号。

显存用于存储将要显示的图形信息及保存图形运算的中间数据,它与显示主芯片的关

系就像计算机的内存与 CPU 一样密不可分。其大小和速度直接影响着主芯片性能的发挥，简单地说当然是越大越好、越快越好。早期的显存类型有 FPM(Fast Page Mode) RAM 和 EDO（Extended Data Out）RAM，前一段时间很流行的 SGRAM（Synchronous Graphics RAM)和 SDRAM（Synchronous DRAM)已被 DDR SDRAM（Dual Date Rate SDRAM)所取代。

RAMDAC 就是视频存储数字模拟转换器。在视频处理中，它的作用就是把二进制的数字转换成为和显示器相适应的模拟信号。

1.4.3 图形输入设备

事实上最常用的图形输入设备就是基本的计算机输入设备——键盘和鼠标。人们一般通过一些图形软件由键盘和鼠标直接在屏幕上定位和输入图形，如人们常用的 CAD 系统就是用鼠标和键盘命令产生各种工程图的。此外，还有跟踪球、空间球、数据手套、光笔和触摸屏等输入设备。

跟踪球和空间球都是根据球在不同方向受到的推或拉的压力来实现定位和选择的。数据手套则是通过传感器和天线来获得与发送手指的位置和方向的信息。这几种输入设备在虚拟现实场景的构造和漫游中特别有用。

光笔是一种检测光的装置，它直接在屏幕上操作，拾取位置。光笔的形状和大小像一支圆珠笔，笔尖处开有一个圆孔，让荧光屏的光通过这个孔进入光笔。光笔的头部有一组透镜，把所收集的光聚集至光导纤维的一个端面上，光导纤维再把光引至光笔另一端的光电倍增管，从而将光信号转换成电信号，经过放大整形后输出一个有合适信噪比的逻辑电平，并作为中断信号送给计算机。光笔的这种结构和工作过程如图 1.14 所示。

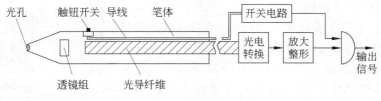

图 1.14　光笔结构示意图

数字化仪是一种把图形转变成计算机能接收的数字形式的专用设备，其基本工作原理是采用电磁感应技术。它通常由一块数据板和一根触笔组成。数据板中布满了金属栅格，当触笔在数据板上移动时，其正下方的金属栅格上就会产生相应的感应电流。根据已产生电流的金属栅格的位置，就可以判断出触笔当前的几何位置。许多数字化仪提供了多种压感电流，用不同的压力就会有不同的信息传向计算机。这对于计算机艺术家来说尤其有用，他们可以通过控制笔的压力来产生不同风格的笔画。现在非常流行的汉字手写系统就是一种数字化仪，可见数字化仪已经由一种专业工具变为一种普通的计算机外设。

从专业工具变为家用计算机外设的最典型代表是图形扫描仪。图形扫描仪是直接把图形和图像扫描到计算机中以像素信息进行存储的设备。现在市面上能见到的一般是 36 位或 48 位真彩色扫描仪，绝大多数采用的固态器件是电荷耦合器件（CCD Charge Coupled Device）。

图 1.15 是常用图形扫描仪的模块框图。CCD 扫描仪的工作原理其实很简单,用光源照射原稿,投射光线经过一组光学镜头射到 CCD 器件上,得到元件的颜色信息,再经过模/数转换器、图像数据暂存器等,最终输入到计算机。为了使投射在原稿上的光线均匀分布,扫描仪中使用的是长条形光源。扫描仪的两个重要指标是分辨率和支持的颜色,例如 600dpi,36 位真彩色。不用说,这两项指标当然是越高越好,但是制造难度和价格当然也会越高。

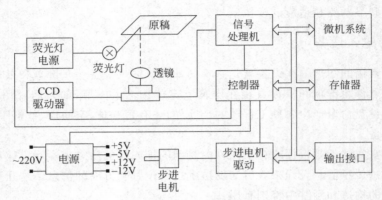

图 1.15　扫描仪的模块框图

早年扫描仪一般是几万元的天价,但是近年来由于技术的成熟以及国内厂商的崛起,扫描仪性能不断提高,价格持续降低,一台普通扫描仪只需要几百元人民币(专业扫描仪另当别论),真正走进了千家万户。

在图形输入设备中还有一个特殊的领域,那就是真实物体的三维信息的输入。在实际的生产过程中,许多零件和样板要进行大规模的生产就必须在计算机中生成三维实体模型,而这个模型有时要通过已有的实物零件得到,这时候就需要一种设备来采集实物表面各个点的位置信息。一般的方法是通过激光扫描来实现,现在国外已经有许多这样的商业仪器。这项技术的另一个应用就是扫描保存古代名贵的雕塑和其他艺术品的三维信息,这样可以在计算机中生产这些艺术品的三维模型。美国斯坦福大学计算机系的著名图形学专家 Marc Levoy 曾经带领他的 30 人的工作小组(包括美国斯坦福大学及美国华盛顿大学的教师和学生)于1998—1999 学年专门在意大利对文艺复兴时代的雕刻大师米开朗基罗的众多艺术品进行扫描(见图 1.16),保存其形状和面片信息。这项工作的难度是相当大的,为

图 1.16　Marc Levoy 小组的工作现场

此他们专门设计了一套硬件和软件系统。数据量也是惊人的,仅大卫像(the David)就有 20 亿个多边形和 7000 张彩色图像,总共需要 72GB 的磁盘容量。这项工作是实体图形输入的一个巅峰之作[27]。

1.5 最新研究成果

下面从真实感图形绘制、几何处理、基于视频的绘制几个方面,介绍清华大学师生近年来发表 ACM SIGGRAPGH、Eurographics 和 IEEE Transaction on Visualization and Computer Graphics 等重要会议刊物上的研究成果,有关资料可以从 http://cg. cs. tsinghua. edu. cn 下载。

1.5.1 绘制

1. 表面几何细节实时绘制

表面细节(meso-structure)是表达物体细节逼真程度的重要成分。增加细节的一种方法是增加网格复杂度,然而这会极大地降低绘制的效率;另一种方法是使用贴图,然而一般的纹理贴图只能处理细节的颜色变化,不能处理细节几何、光照和阴影等。为解决这个问题,清华大学在 2003 年和 2004 年,分别提出 VDM(视点相关位移贴图)和 GDM(广义位移贴图)的表面细节实时绘制方法。这两个工作分别发表在 SIGGRAPH 2003 和 EGSR 2004上。图 1.17 为表面细节技术绘制的效果。其中,树皮的绘制结果还被选作 2003 年 SIGGRAPH 的封面。

图 1.17　表面细节绘制技术的效果

2. 半透明材质实时编辑

半透明物体材质是在自然界中广泛存在的一类材质,如大理石、牛奶、面包、米饭和玉等。半透明物体的光照特性相比不透明物体而言,更加复杂。清华大学在 2007 年提出一个实时编辑半透明物体材质的方法。该方法允许艺术家方便地修改和编辑半透明材质的各类参数和属性,并实时地给出高真实感的绘制效果的反馈,大大方便了艺术家编辑半透明材质的操作,见图 1.18。

图 1.18　半透明材质实时编辑效果

3. 动态场景实时绘制

支持复杂光影效果,高真实感材质表现和纹理贴图的大规模动态场景的实时绘制,一直是真实感图形学中的热点问题。它在计算机图形学的许多领域如电脑游戏制作、三维几何建模、光源设计和材质纹理设计等方面都有广泛和重要的应用。清华大学在 2008 年,基于全局环境光照绘制框架 PRT 和球面分段常数基函数,提出一种动态场景实时绘制方法及系统。在该系统中,用户可以实时调节光源、动态改变物体位置方向、动态改变物体材质,并达到实时帧率。图 1.19 为动态场景实时绘制效果。

图 1.19 动态场景实时绘制效果

1.5.2 几何

1. 积分不变量技术

基于积分不变量和特征敏感度量,清华大学提出了一个新的特征敏感几何处理的研究框架,研究了鲁棒的几何特征分类与编辑、基于特征敏感参数化的表面拟合、特征敏感的网格模型分割和鲁棒的多尺度主曲率估计等,取得了国际领先的研究成果。其核心思想是将三维模型映射到高维空间,利用高维空间的特征敏感度量进行几何处理。提出了一种新的鲁棒地处理特征的整体形状的方法,在三维模型上得到了尖边、脊、谷和刺等特征区域。我们利用网格重剖算法获得基于特征敏感度量的各向同性网格,在此基础上,可通过局部邻域内的积分不变量识别多尺度的特征区域。从而,使用数学形态学的方法以及平滑操作实现特征区域的提取,并进一步分类为一些基本的类型,例如脊、谷和刺等。获得的特征区域的表示还可以应用于针对特定特征的曲面编辑操作。图 1.20 为特征分类和编辑的示例。

图 1.20 特征分类和编辑示例

2. 拓扑自动修复

随着三维扫描技术的高速发展,人们已经能越来越多地获取大规模、高质量的三维模型。但是,通过扫描方式获取的三维模型往往具有信息不完整、存在各类错误等特征。其中,扫描数据的拓扑错误是具有代表性的一类。这些拓扑错误常常以"环"为体现方式,会对扫描数据的利用和后处理产生不利的影响。2007年,清华大学通过使用体数据的骨架来描述和测量"环",实现了一种鲁棒快速地修复实体模型拓扑错误的方法,并进一步提出基于输入的草图,诱导模型拓扑结构的算法,实现模型拓扑结构的编辑。图1.21显示了该算法对复杂模型的拓扑修复与编辑示例。

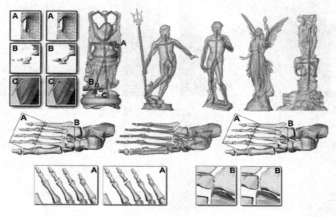

图1.21　复杂模型的拓扑修复示例

1.5.3　视频

1. 视频补全

随着视频技术、视频媒体的广泛应用,视频方面的需求不断展现出来。例如,在拍完一段视频之后,能否对视频做一个内容上的编辑?如更换视频的背景、替换掉其中的人物或去掉一个物体使其看上去仍然逼真。为了解决这个问题,清华大学提出了一种通过跟踪和小块融合的方法对视频内容进行编辑,可以去除视频中不想要的信息,并将空洞合理地填补上,以得到新的虚拟场景视频。图1.22为一个视频补全编辑的结果。

图1.22　视频补全结果

2. 视频风格化

模拟艺术效果的非真实感绘制已经成为图形学的前沿问题之一。不过大部分研究都是基于图片或者人工交互的方式。试想,如果有一种方法能够将一个视频变换为艺术化、卡通画的视频,是不是很激动人心?为此,清华大学提出了一种瀑布等水流视频的水墨风格绘制算法,针对瀑布等水流视频的特点,提出此类视频的视频对齐算法,并利用光流变化图提出水流结构的提取算法,最后基于水墨笔划库对水墨线条进行布置,生成不同水墨风格的水流动画。图 1.23 为一个视频风格化的效果。

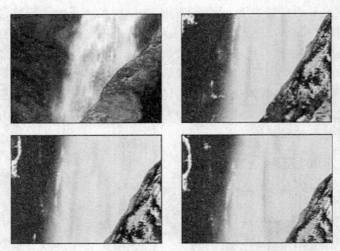

图 1.23　视频风格化的效果

习　题　1

1. 计算机图形学的主要研究内容是什么？
2. 列举三个以上图形学的应用领域。
3. 一个图形系统通常由哪些图形设备组成？
4. 图形和图像的区别是什么？
5. CRT 显示器的原理是什么？
6. LCD 有哪些技术指标？
7. 有哪些常用的图形输入设备？

第2章 光栅图形学

光栅图形显示器可以看做一个像素的矩阵。在光栅显示器上显示的任何一种图形,实际上都是一些具有一种或多种颜色的像素集合。本章介绍光栅图形学中几个重要的概念及其相应算法。确定最佳逼近图形的像素集合,并用指定属性写像素的过程称为图形的扫描转换或光栅化。对于一维图形,在不考虑线宽时,用一个像素宽的直、曲线来显示图形;二维图形的光栅化必须确定区域对应的像素集,并用指定的属性或图案显示,即区域填充。任何图形进行光栅化时,必须显示在屏幕的一个窗口里,超出窗口的图形不予显示。确定一个图形的哪些部分在窗口内,必须显示;哪些部分落在窗口之外,不该显示的过程称为裁剪。裁剪通常在扫描转换之前进行,从而可以不必对那些不可见的图形进行扫描转换。对图形进行光栅化时,由于显示器的空间分辨率有限,对于非水平、垂直、±45°的直线,因像素逼近误差,使所画图形产生畸变(台阶、锯齿)的现象称之为走样(aliasing)。用于减少或消除走样的技术称为反走样(antialiasing)。提高显示器的空间分辨率可以减轻走样程度,但这是以提高设备成本为代价的。实际上,当显示器的像素可以用多亮度显示时,通过调整图形上各像素的亮度也可以减轻走样程度。当不透光的物体阻挡了来自某些物体部分的光线,使其无法到达观察者时,这些物体部分就是隐藏部分。隐藏部分是不可见的,如果不删除隐藏的线或面,就可能发生对图的错误理解。为了使计算机图形能够真实地反映这一现象,必须把隐藏的部分从图中删除,习惯上称做消除隐藏线和隐藏面,或简称为消隐。

2.1 直线段的扫描转换算法

在数学上,理想的直线是没有宽度的,它是由无数个点构成的集合。对直线进行光栅化时,只能在显示器所给定的有限个像素组成的矩阵中,确定最佳逼近于该直线的一组像素,并且按扫描线顺序。对这些像素进行写操作,就是通常所说的用光栅显示器绘制直线或直线的扫描转换。由于一个图中可能包含成千上万条直线,所以要求绘制算法尽可能快。本节将介绍绘制线宽为一个像素的直线的三个常用算法:数值微分(DDA)法、中点画线法和Bresenham算法。

2.1.1 数值微分法

已知过端点 $P_0(x_0, y_0)$,$P_1(x_1, y_1)$ 的直线段 $L(P_0, P_1)$;直线斜率为 $k = \dfrac{y_1 - y_0}{x_1 - x_0}$。画线过程为:从 x 的左端点 x_0 开始,向 x 右端点步进,步长=1(像素),按 $y = kx + b$ 计算相应的 y 坐标,并取像素点 $(x, \text{round}(y))$ 作为当前点的坐标。但这样做,计算每一个点需要做一个乘法、一个加法。设步长为 Δx,有 $x_{i+1} = x_i + \Delta x$,于是

$$y_{i+1} = kx_{i+1} + b = kx_i + k\Delta x + b = y_i + k\Delta x \qquad (2.1)$$

当 $\Delta x = 1$ 时,则有 $y_{i+1} = y_i + k$。即 x 每递增 1,y 递增 k(即直线斜率)。这样,计算就

由一个乘法和一个加法减少为一个加法。

算法程序 2.1　DDA 画线算法程序

```
void DDALine(int x₀,int y₀,int x₁,int y₁,int color)
{ int x;
    float dx, dy, y, k;
    dx = x₁－x₀, dy=y₁－y₀;
    k=dy/dx, y=y₀;
    for (x=x₀; x<=x₁, x++)
    {
        drawpixel (x, int(y+0.5), color);
        y=y+k;
    }
}
```

注意：用 int$(y+0.5)$ 取整的目的是为取离真正交点近的像素网格点作为光栅化后的点。

例 2.1　用 DDA 方法扫描转换连接两点 $P_0(0,0)$ 和 $P_1(5,2)$ 的直线段[①]（如图 2.1 所示）。

x	int$(y+0.5)$	$y+0.5$
0	0	0
1	0	0.4+0.5
2	1	0.8+0.5
3	1	1.2+0.5
4	2	1.6+0.5
5	2	2.0+0.5

(a)

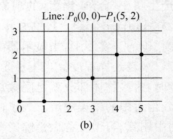

(b)

图 2.1　直线段的扫描转换

应当注意的是,上述算法仅适用于 $|k| \leqslant 1$ 的情形。在这种情况下,x 每增加 1,y 最多增加 1。当 $|k| > 1$ 时,必须把 x,y 的地位互换,y 每增加 1,x 相应增加 $1/k$。本节的其他算法也是如此。在这个算法中,y 与 k 必须用浮点数表示,而且每一步都要对 y 进行四舍五入后取整,这使得该算法不利于硬件实现。

2.1.2　中点画线法

通过观察可以发现,画直线段的过程中,当前像素点为 (x_p,y_p),下一个像素点有两种可选择点 $P_1(x_p+1,y_p)$ 或 $P_2(x_p+1,y_p+1)$。若 $M=(x_p+1,y_p+0.5)$ 为 P_1 与 P_2 的中点,Q 为理想直线与 $x=x_p+1$ 垂线的交点。当 M 在 Q 的下方时,P_2 应为下一个像素点;当 M 在 Q 的上方时,应取 P_1 为下一点。这就是中点画线法的基本原理（见图 2.2）。对直线段 L $(p_0(x_0,y_0),p_1(x_1,y_1))$,采用方程 $F(x,y)=ax+by+c$ $=0$ 表示,其中 $a=y_0-y_1,b=x_1-x_0,c=x_0y_1-x_1y_0$。于

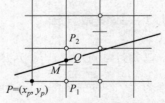

图 2.2　中点画线法每步迭代涉及的像素和中点示意图

---

①　为了便于讨论和图示,用网格点表示像素。

是有下述点与 L 的关系：

$$\begin{cases} \text{线上}: F(x,y) = 0 \\ \text{上方}: F(x,y) > 0 \\ \text{下方}: F(x,y) < 0 \end{cases}$$

因此，欲判断 M 在 Q 点的上方还是下方，只要把 M 代入 $F(x,y)$，并判断它的符号即可。构造下述判别式：

$$d = F(M) = F(x_p+1, y_p+0.5) = a(x_p+1) + b(y_p+0.5) + c \qquad (2.2)$$

当 $d<0$ 时，M 在 $L(Q$ 点$)$下方，取 P_2 为下一个像素；当 $d>0$ 时，M 在 $L(Q$ 点$)$上方，取 P_1 为下一个像素；当 $d=0$ 时，选 P_1 或 P_2 均可，约定取 P_1 为下一个像素。

用式(2.2)计算符号时，需做 4 个加法和 2 个乘法。事实上，d 是 x_p,y_p 的线性函数，因此可采用增量计算，提高运算效率。方法如下。

(1) 若 $d \geqslant 0$，则取正右方像素 $P_1(x_p+1, y_p)$。判断下一个像素的位置时，应计算 $d_1 = F(x_p+2, y_p+0.5) = a(x_p+2) + b(y_p+0.5) + c = d+a$，增量为 a。

(2) 若 $d<0$，则取右上方像素 $P_2(x_p+1, y_p+1)$。要判断下一像素的位置，应计算 $d_2 = F(x_p+2, y_p+1.5) = a(x_p+2) + b(y_p+1.5) + c = d+a+b$，增量为 $a+b$。

设从点(x_0, y_0)开始画线，d 的初值 $d_0 = F(x_0+1, y_0+0.5) = F(x_0, y_0) + a + 0.5b$。因 $F(x_0, y_0) = 0$，则 $d_0 = a + 0.5b$。由于使用的只是 d 的符号，而 d 的增量都是整数，只是初始值包含小数。因此，可以用 $2d$ 代替 d 来摆脱浮点运算，写出仅包含整数运算的算法。

算法程序 2.2 中点画线算法程序

```
void Midpoint Line (int x₀, int y₀, int x₁, int y₁, int color)
{
    int a, b, d₁, d₂, d, x, y;
    a＝y₀－y₁, b＝x₁－x₀, d＝2＊a+b;
    d₁＝2＊a, d₂＝2＊(a+b);
    x＝x₀, y＝y₀;
    drawpixel(x, y, color);
    while (x＜x₁)
    {
        if (d＜0)
            {x++, y++, d+＝d₂; }
        else
            {x++, d+＝d₁;}
        drawpixel (x, y, color);
    }
}
```

例 2.2 用中点画线方法扫描转换连接两点 $P_0(0,0)$ 和 $P_1(5,2)$ 的直线段。由于 $a = y_0 - y_1 = -2$，$b = x_1 - x_0 = 5$，$d_0 = 2 \cdot a + b = 1$，$d_1 = 2 \cdot a = -4$，$d_2 = 2 \cdot (a+b) = 6$，因此有图 2.3 所示的结果。

思考题 1：若步长取为 $2(\Delta i = 2)$，则算法和像素的取法应如何改变？

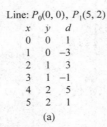
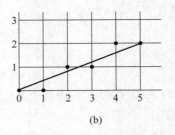

Line: $P_0(0, 0)$, $P_1(5, 2)$

x	y	d
0	0	1
1	0	-3
2	1	3
3	1	-1
4	2	5
5	2	1

(a)　　　　　　　　(b)

图 2.3　用中点画线法对连接两点的直线进行光栅化

2.1.3　Bresenham 算法

Bresenham 算法是在计算机图形学领域内使用最广泛的直线扫描转换算法。该方法类似于中点法，由误差项符号决定下一个像素取右边点还是右上点。

算法原理如下：过各行各列像素中心构造一组虚拟网格线，按直线从起点到终点的顺序计算直线与各垂直网格线的交点，然后确定该列像素中与此交点最近的像素。该算法的巧妙之处在于采用增量计算，使得对于每一列，只要检查一个误差项的符号，就可以确定该列所求的像素。

如图 2.4 所示，设直线方程为 $y=kx+b$，则有 $y_{i+1}=y_i+k(x_{i+1}-x_i)=y_i+k$，其中 k 为直线的斜率。假设 x 列的像素坐标已经确定为 x_i，其行坐标为 y_i，那么下一个像素的列坐标为 x_i+1，而行坐标要么仍为 y_i，要么递增 1 为 y_i+1。是否增 1 取决于图 2.4 所示误差项 d 的值。因为直线的起始点在像素中心，所以误差项 d 的初值 $d_0=0$。x 下标每增加 1，d 的值相应递增直线的斜率值 k，即 $d=d+k$。当 $d \geqslant$

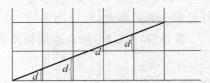

图 2.4　Bresenham 算法所用误差项的几何含义

0.5 时，直线与 x_i+1 列垂直网格的交点最接近于当前像素 (x_i, y_i) 的右上方像素 (x_i+1, y_i+1)，该像素在 y 方向增加 1，同时作为下一次计算的新基点，因此 d 值相应减去 1；而当 $d < 0.5$ 时，更接近于右方像素 (x_i+1, y_i)。为方便计算，令 $e=d-0.5$，e 的初值为 -0.5，增量为 k。当 $e \geqslant 0$ 时，取当前像素 (x_i, y_i) 的右上方像素 (x_i+1, y_i+1)，e 减小 1；而当 $e < 0$ 时，更接近于右方像素 (x_i+1, y_i)。

算法程序 2.3　Bresenham 画线算法程序

```
void Bresenhamline (int x0, int y0, int x1, int y1, int color)
{
    int x, y, dx, dy;
    float k, e;
    dx = x1 - x0, dy = y1 - y0, k = dy/dx;
    e = -0.5, x = x0, y = y0;
    for (i=0; i<=dx; i++)
    {
        drawpixel (x, y, color);
        x=x+1, e=e+k;
        if (e>=0)
```

```
        { y++, e=e-1; }
    }
}
```

例 2.3 用 Bresenham 方法扫描转换连接两点 $P_0(0,0)$ 和 $P_1(5,2)$ 的直线段(如图 2.5 所示)。

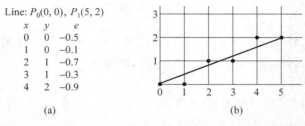

(a) (b)

图 2.5 用 Bresenham 算法对连接两点的直线段进行光栅化

上述 Bresenham 算法在计算直线斜率与误差项时用到了小数与除法,可以改用整数以避免除法。由于算法中只用到误差项的符号,因此可做如下替换: $e' = 2 \cdot e \cdot dx$。

算法程序 2.4 改进的 Bresenham 画线算法程序

```
void IntegerBresenhamline (int x_0 ,int y_0 ,int x_1 , int y_1 ,int color)
{
    int x, y, dx, dy, e;
    dx = x_1 - x_0, dy = y_1 - y_0, e=-dx;
    x=x_0, y=y_0;
    for (i=0; i<=dx; i++)
    {
        drawpixel (x, y, color);
        x++, e=e+2 * dy;
        if (e>=0) { y++; e=e-2 * dx; }
    }
}
```

2.2 圆弧的扫描转换算法

2.2.1 圆的特征

圆被定义为到给定中心位置 (x_c, y_c) 的距离为 r 的点集。圆心位于原点的圆有 4 条对称轴 $x=0, y=0, x=y$ 和 $x=-y$。若已知圆弧上一点 (x, y),可以得到其关于 4 条对称轴的其他 7 个点,这种性质称为八对称性。因此,只要扫描转换 1/8 圆弧,就可以用八对称性求出整个圆弧的像素集。

显示圆弧上的 8 个对称点的算法如下:

```
void CirclePoints(int x,int y,int color)
{
```

```
drawpixel(x,y,color); drawpixel(y,x,color);
drawpixel(-x,y,color); drawpixel(y,-x,color);
drawpixel(x,-y,color); drawpixel(-y,x,color);
drawpixel(-x,-y,color); drawpixel(-y,-x,color);
}
```

2.2.2　中点画圆法

构造函数 $F(x,y)=x^2+y^2-R^2$，对于圆上的点，$F(x,y)=0$；对于圆外的点，$F(x,y)>0$；对于圆内的点，$F(x,y)<0$。与中点画线法一样，构造判别式：

$$d=F(M)=F(x_p+1,y_p-0.5)=(x_p+1)^2+(y_p-0.5)^2-R^2$$

（1）若 $d<0$，则应取 P_1 为下一像素，而且下一像素的判别式为 $d_1=F(x_p+2,y_p-0.5)=(x_p+2)^2+(y_p-0.5)^2-R^2=d+2x_p+3$。

（2）若 $d\geq 0$，则应取 P_2 为下一像素，而且下一像素的判别式为 $d_2=F(x_p+2,y_p-1.5)=(x_p+2)^2+(y_p-1.5)^2-R^2=d+2(x_p-y_p)+5$。

这里讨论的是按顺时针方向生成第二个八分圆（见图 2.6），则第一个像素是 $(0,R)$，判别式 d 的初始值为 $d_0=F(1,R-0.5)=1.25-R$。具体算法如下。

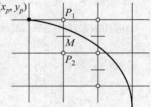

图 2.6　当前像素与下一像素的候选者

算法程序 2.5　中点画圆算法

```
MidPointCircle(int r, int color)
{
    int x,y;
    float d;
    x=0; y=r; d=1.25-r;
    circlepoints (x,y,color);
    while(x<=y)
    {
        if (d<0)
            d+=2*x+3;
        else
        { d+=2*(x-y)+5; y--;}
        x++;
        circlepoints (x,y,color);
    }
}
```

思考题 2：如何将上面算法中的浮点数改写成整数，将乘法运算改成加法运算，即仅用整数实现中点画圆法，以进一步提高算法的效率。

2.3　多边形的扫描转换与区域填充

在计算机图形学中，多边形有两种重要的表示方法：顶点表示和点阵表示。顶点表示是用多边形的顶点序列来表示多边形。这种表示直观、几何意义强、占内存少，易于进行几何变换。但由于它没有明确指出哪些像素在多边形内,故不能直接用于面着色。点阵表示是用位于多边形内的像素集合来刻画多边形,这种表示丢失了许多几何信息,但便于帧缓冲器表示图形,是面着色所需要的图形表示形式。光栅图形学的一个基本问题是把多边形的顶点表示转换为点阵表示,这种转换称为多边形的扫描转换。

2.3.1 多边形的扫描转换

多边形分为凸多边形(任意两顶点间的连线均在多边形内)、凹多边形(任意两顶点间的连线可能有不在多边形内的部分)和含内环的多边形(如图 2.7 所示)。

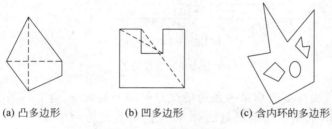

(a) 凸多边形　　　(b) 凹多边形　　　(c) 含内环的多边形

图 2.7　多边形的种类

1. 扫描线算法

扫描线多边形区域填充算法是按扫描线顺序,计算扫描线与多边形的相交区间,再用要求的颜色显示这些区间的像素,以完成填充工作。区间的端点可以通过计算扫描线与多边形边界线的交点获得(如图 2.8 所示)。

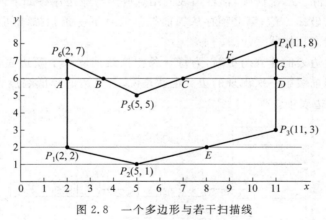

图 2.8　一个多边形与若干扫描线

对于一条扫描线,多边形的填充过程可以分为如下 4 个步骤。

(1) 求交。计算扫描线与多边形各边的交点。

(2) 排序。把所有交点按 x 值的递增顺序排序。

(3) 配对。将第一个与第二个、第三个与第四个等交点配对,每对交点代表扫描线与多边形的一个相交区间。

(4) 填色。把相交区间内的像素置成多边形的颜色,把相交区间外的像素置成背景色。

以上这种处理方式,尽管思想简单,但大量的求交运算和排序使算法效率较低。为了提高效率,在处理一条扫描线时,仅对与它相交的多边形的边进行求交运算。与当前扫描线相交的边称为活性边。把活性边按与扫描线交点 x 坐标递增的顺序存放在一个链表中，称此链表为活性边表（AET），如图 2.9 所示。

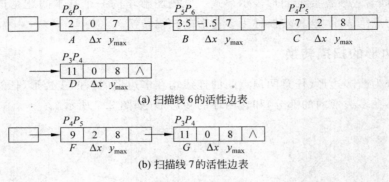

(a) 扫描线 6 的活性边表

(b) 扫描线 7 的活性边表

图 2.9　活性边表

假定当前扫描线与多边形某一条边的交点的横坐标为 x，则下一条扫描线与该边的交点不需要重新计算，只要加一个增量 Δx。设该边的直线方程为 $ax+by+c=0$。若当前交点为 $y=y_i$，$x=x_i$，则当 $y=y_{i+1}$ 时，有

$$x_{i+1} = \frac{1}{a}(-b \cdot y_{i+1} - c) = x_i - \frac{b}{a}$$

其中 $\Delta x=-b/a$ 为常数，并约定 $a=0$ 时，$\Delta x=0$。

另外，使用增量法计算时，需要知道一条边何时不再与下一条扫描线相交，以便及时把它从活性边表中删除。综上所述，活性边表的结点应为对应边保存如下内容：第 1 项存当前扫描线与边的交点坐标 x 值；第 2 项存从当前扫描线到下一条扫描线间 x 的增量 Δx；第 3 项存该边所交的最高扫描线号 y_{max}。

为了方便活性边表的建立与更新，为每一条扫描线建立一个新边表（NET）（如图 2.10 所示），存放在该扫描线第一次出现的边。也就是说，若某边的较低端点为 y_{min}，则该边就放在扫描线 y_{min} 的新边表中。

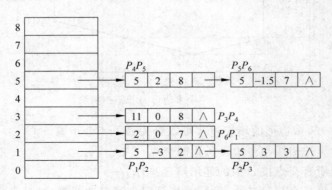

图 2.10　图 2.8 所示各条扫描线的新边表

扫描线算法过程如下。

算法程序 2.6　扫描线算法

```
void polyfill（polygon，color）
int color；
多边形 polygon；
{
    for（各条扫描线 i）
    {
        初始化新边表头指针 NET[i]；
        把 $y_{min}$ ＝ i 的边放进 NET[i]；
    }
    y ＝最低扫描线号；
    初始化活性边表为空；
    for（各条扫描线 i）
    {
        把 NET[i]中的边结点用插入排序法插入 AET,使之按 x 坐标递增顺序排列；
        若允许多边形的边自相交,则用冒泡排序法对 AET 重新排序；
        遍历 AET,把配对交点区间（左闭右开）上的像素（x，y）,用 drawpixel（x，y，color）改写像
        素颜色值；
        遍历 AET,把 $y_{max}$ ＝ i 的结点从 AET 中删除,并把 $y_{max}$ ＞i 结点的 x 值递增 Δx；
    }
}
```

扫描线与多边形顶点相交时,必须进行正确的交点取舍（如图 2.11 所示）。方法如下。

（1）若扫描线与多边形相交的边分处扫描线的两侧,则计一个交点,如点 P_5,P_6。

（2）若扫描线与多边形相交的边分处扫描线同侧,且 $y_i<y_{i-1}$,$y_i<y_{i+1}$,则计两个交点（填色）,如 P_2；若 $y_i>y_{i-1}$,$y_i>y_{i+1}$,则计 0 个交点（不填色）,如 P_1。

（3）若扫描线与多边形边界重合（当要区分边界和边界内区域时需特殊处理）,则计一个交点,如边 P_3P_4。

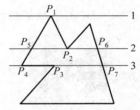

图 2.11　扫描线与多边形相交时,特殊情况的处理

具体实现时,只需检查顶点的两条边的另外两个端点的 y 值,按这两个 y 值中大于交点 y 值的个数是由 0,1,2 来决定。

2. 边界标志算法

边界标志算法的基本思想是:在帧缓冲器中对多边形的每条边进行直线扫描转换,即对多边形边界所经过的像素打上标志;然后再采用和扫描线算法类似的方法将位于多边形内的各个区段着上所需颜色。对每条与多边形相交的扫描线依从左到右的顺序,逐个访问该扫描线上的像素。使用一个布尔量 inside 来表示当前点是否在多边形内。inside 的初值为假,每当当前访问的像素是被打上边标志的点时,就把 inside 取反。对未标志的像素,inside 不变。若访问当前像素时,inside 为真,说明该像素在多边形内,则把该像素置为填充颜色。图 2.12 给出了一个正方形内切 n 个圆的边标志算法图例。

算法程序 2.7　边界标志算法

```
void edgemark_fill(polydef, color)
多边形定义 polydef; int color;
```

```
        {
            对多边形 polydef 每条边进行直线扫描转换;
            for（每条与多边形 polydef 相交的扫描线 y）
            {
                inside = FALSE;
                    for（扫描线上的每个像素 x）
                    {
                    if（像素 x 被打上边标志）
                        inside = !（inside）;
                    if（inside）
                        drawpixel（x, y, color）;
                    else
                        drawpixel（x, y, background）;
                    }
            }
        }
```

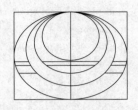

图 2.12　正方形内切 n 个圆
　　　　　的边界标志算法

　　用软件实现时,扫描线算法与边界标志算法的执行速度几乎相同,但由于边界标志算法不必建立维护边表以及对它进行排序,所以边界标志算法更适合硬件实现,这时它的执行速度可比有序边表算法快 1~2 个数量级。

2.3.2　区域填充算法

　　这里讨论的区域是指已经表示成点阵形式的填充图形,它是像素的集合。区域可采用

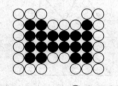

● 表示内点　○ 表示边界点

图 2.13　区域的内点和边
　　　　　界点的表示

内点表示和边界表示两种表示形式(见图 2.13)。在内点表示中,区域内的所有像素着同一颜色;在边界表示中,区域的边界点着同一颜色。区域填充是指先将区域的一点赋予指定的颜色,然后将该颜色扩展到整个区域的过程。

　　区域填充算法要求区域是连通的,因为只有在连通区域中,才可能将种子点的颜色扩展到区域内的其他点。区域可分为四连通区域和八连通区域(见图 2.14)。四连通区域指的是从区域上一点出发,可通过 4 个方向(上、下、左、右)移动的组合,在不越出区域的前提下,到达区域内的任意像素。八连通区域指的是从区域内每一像素出发,均可通过 8 个方向(上、下、左、右、左上、右上、左下、右下)移动的组合来到达指定区域内的像素。

(a) 4个方向运动

(b) 8个方向运动

(c) 四连通区域

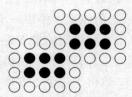

(d) 八连通区域

图 2.14　连通区域

1. 区域填充的递归算法

以上讨论的多边形填充算法是按扫描线顺序进行的。种子填充算法假设在多边形内有一个像素已知,由此出发利用连通性找到区域内的所有像素。

设(x,y)为内点表示的四连通区域内的一点,oldcolor 为区域的原色,要将整个区域填充为新的颜色 newcolor,可用如下算法。

算法程序 2.8 内点表示的四连通区域的递归填充算法

```
void FloodFill4(int x,int y,int oldcolor,int newcolor)
{
    if (getpixel(x, y)==oldcolor)
    {
        drawpixel(x,y,newcolor);
        FloodFill4(x, y+1, oldcolor,newcolor);
        FloodFill4(x, y-1, oldcolor,newcolor);
        FloodFill4(x-1, y, oldcolor,newcolor);
        FloodFill4(x+1, y, oldcolor,newcolor);
    }
}
```

若原四连通区域用的是边界表示,boundarycolor 为边界的原色,可用如下算法。

算法程序 2.9 边界表示的四连通区域的递归填充算法

```
void BoundaryFill4(int x,int y,int boundarycolor,int newcolor)
{
    int color = getpixel(x,y);
    if (color! =newcolor && color! =boundarycolor)
    {
        drawpixel(x, y, newcolor);
        BoundaryFill4(x, y+1, boundarycolor, newcolor);
        BoundaryFill4(x, y-1, boundarycolor, newcolor);
        BoundaryFill4(x-1, y, boundarycolor, newcolor);
        BoundaryFill4(x+1, y, boundarycolor, newcolor);
    }
}
```

对于内点表示和边界表示的八连通区域的填充,只要将上述相应代码中递归填充相邻的 4 个像素增加到递归填充 8 个像素即可。

2. 区域填充的扫描线算法

区域填充的递归算法原理和程序都很简单,但由于多次递归,费时、费内存,效率不高。为了减少递归次数,提高效率,可以采用扫描线算法。算法的基本过程如下:当给定种子点(x,y)时,首先填充种子点所在扫描线上位于给定区域的一个区段,然后确定与这一区段相连通的上、下两条扫描线上位于给定区域内的区段,并依次保存下来。反复这个过程,直到填充结束。

区域填充的扫描线算法可由下列 4 个步骤实现。

（1）初始化。堆栈置空，将种子点(x, y)入栈。

（2）出栈。若栈空则结束；否则取栈顶元素(x, y)，以y作为当前扫描线。

（3）填充并确定种子点所在区段。从种子点(x, y)出发，沿当前扫描线向左、右两个方向填充，直到边界。分别标记区段的左、右端点坐标为xl和xr。

（4）确定新的种子点。在区间$[xl, xr]$中检查与当前扫描线y上、下相邻的两条扫描线上的像素。若存在非边界、未填充的像素，则把每一区间的最右像素作为种子点压入堆栈，返回第（2）步。

内点表示的区域填充扫描线算法代码如下。

算法程序 2.10　内点表示的区域填充扫描线算法

```
typedef struct{ //记录种子点
    int x;
    int y;
} Seed;


void ScanLineFill4(int x, int y, COLORREF oldcolor, COLORREF newcolor)
{
    int xl, xr, i;
    bool spanNeedFill;
    Seed pt;
    setstackempty();
    pt.x＝x; pt.y＝y;
    stackpush(pt);                        //将前面生成的区段压入堆栈
    while(! isstackempty())
    {
        pt ＝ stackpop();
        y＝pt.y;
        x＝pt.x;
        while(getpixel(x, y)＝＝oldcolor)   //向右填充
        {
            drawpixel(x, y, newcolor);
            x＋＋;
        }
        xr ＝ x－1;
        x ＝ pt.x－1;
        while(getpixel(x, y)＝＝oldcolor)    //向左填充
        {
            drawpixel(x, y, newcolor);
            x－－;
        }
        xl ＝ x＋1;

        //处理上面一条扫描线
        x ＝ xl;
```

```
        y = y+1；
        while（x＜＝xr）
        {
            spanNeedFill＝FALSE；
            while（getpixel（x,y）＝＝oldcolor）
            {
                spanNeedFill＝TRUE；
                x++；
            }
            if（spanNeedFill）
            {
                pt. x=x－1；pt. y=y；
                stackpush（pt）；
                spanNeedFill＝FALSE；
            }
            while（getpixel（x,y）！＝oldcolor && x＜＝xr）x++；
        }//End of while（i＜＝xr）

        //处理下面一条扫描线,代码与处理上面一条扫描线类似
        x = xl；
        y = y－2；
        while（x＜＝xr）
        {
            spanNeedFill＝FALSE；
            while（getpixel（x,y）＝＝oldcolor）
            {
                spanNeedFill＝TRUE；
                x++；
            }
            if（spanNeedFill）
            {
                pt. x=x－1；pt. y=y；
                stackpush（pt）；
                spanNeedFill＝FALSE；
            }
            while（getpixel（x,y）！＝oldcolor && x＜＝xr）x++；
        }//End of while（i＜＝xr）
    }//End of while（! isstackempty（））
}
```

　　上述算法对于每一个待填充区段,只需压栈一次;而在递归算法中,每个像素都需要压栈。因此,扫描线填充算法提高了区域填充的效率。

2.4　字　　符

　　字符是指数字、字母和汉字等符号。计算机中的字符由数字编码唯一标识。国际上最流行的字符集是"美国信息交换用标准代码集(ASCII 码)",它是用 7 位二进制数的编码表

示 128 个字符,包括字母、标点、运算符以及一些特殊符号。我国除采用 ASCII 码外,还另外制定了汉字编码的国家标准字符集 GB 2312—80。该字符集分为 94 个区、94 个位,每个符号由一个区码和一个位码共同标识,区码和位码各用一个字节表示。为了能够区分 ASCII 码与汉字编码,采用字节的最高位来标识:最高位为 0 表示 ASCII 码;最高位为 1 表示汉字编码。

为了在显示器等输出设备上输出字符,系统中必须装备有相应的字库。字库中存储了每个字符的形状信息,分为点阵型和矢量型两种(如图 2.15 所示)。

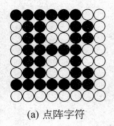 

(a) 点阵字符 　　　　 (b) 点阵字库中的位图表示 　　　　 (c) 矢量轮廓字符

图 2.15　字符的种类

2.4.1　点阵字符

在点阵字符库中,每个字符由一个位图表示:字位为 1,表示字符的笔画经过此位,对应于此位的像素应置为字符颜色;字位为 0,表示字符的笔画不经过此位,对应于此位的像素应置为背景颜色。在实际应用中,有多种字体(如宋体、楷体等),每种字体又有多种大小型号,因此字库的存储空间是很庞大的。一般采用压缩技术解决这个问题,如黑白段压缩、部件压缩和轮廓字形压缩等。其中轮廓字形法的压缩比较大,且能保证字符质量,是当今国际上最流行的一种方法。轮廓字形法采用直线或二、三次 Bézier 曲线的集合来描述一个字符的轮廓线,轮廓线构成一个或若干个封闭的平面区域。轮廓线定义加上一些指示横宽、竖宽、基点和基线等控制信息就构成了字符的压缩数据。

点阵字符的显示分为两步:首先从字库中将它的位图检索出来,然后将检索到的位图写到帧缓冲器中。

2.4.2　矢量字符

矢量字符记录字符的笔画信息而不是整个位图,具有存储空间小、美观、变换方便等优点。对于字符的旋转、缩放等变换,点阵字符的变换需要对表示字符位图中的每一像素进行;而矢量字符的变换只要对其笔画端点进行变换就可以了。矢量字符的显示也分为两步:首先从字库中将它的字符信息检索出来;然后取出端点坐标,对其进行适当的几何变换,再根据各端点的标志显示出字符。

2.4.3　字符属性

字符的主要属性如下。
- 字体。例如,宋体、仿宋体、楷体、**黑体**、隶书。
- 字高。例如,宋体、宋体、宋体、宋体。

- 字宽因子(扩展/压缩)。例如,大海、大海、大海、**大海**。
- 字倾斜角。例如,倾斜、*倾斜*。
- 对齐。例如,左对齐、中心对齐、右对齐。
- 字色。对字符设置各种颜色。
- 写方式。"替换"方式时,对应字符掩膜中的空白区被置成背景色;"与"方式时,这部分区域的颜色不受影响。

2.5 裁　　剪

使用计算机处理图形信息时,计算机内部存储的图形往往比较大,而屏幕显示的只是图的一部分,因此需要确定图形中哪些部分落在显示区之内,哪些落在显示区之外,这样便于只显示落在显示区内的那部分图形,以提高显示效率。这个选择过程称为裁剪(如图2.16所示)。与裁剪对应的显示区一般形象地称为窗口。最简单的裁剪方法是把各种图形扫描转换为点之后,再判断各点是否在窗口内。但那样太费时,一般不可取。这是因为有些图形组成部分全部在窗口外,可以完全排除,不必进行扫描转换。所以一般采用先裁剪再扫描转换的方法。

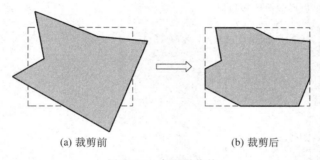

(a) 裁剪前　　　　　　　　　　　　(b) 裁剪后

图2.16　多边形裁剪

2.5.1　直线段裁剪

直线段裁剪算法比较简单,但非常重要,是复杂图元裁剪的基础。因为复杂的曲线可以通过折线段来近似,从而裁剪问题也可以化为直线段的裁剪问题。常用的线段裁剪方法有三种,即 Cohen-Sutherland 法、中点分割法和梁友栋-Barskey 裁剪算法。

1. Cohen-Sutherland 裁剪算法

该算法的思想是:对于每条线段 P_1P_2 分为3种情况处理。

(1) 若 P_1P_2 完全在窗口内,则显示该线段 P_1P_2,简称"取"之。

(2) 若 P_1P_2 明显在窗口外,则丢弃该线段,简称"弃"之。

(3) 若线段既不满足"取"的条件,也不满足"弃"的条件,则在交点处把线段分为两段,其中一段完全在窗口外,可弃之,然后对另一段重复上述处理。

为使计算机能够快速判断一条直线段与窗口属何种关系,采用如下编码方法:延长窗口的边,将二维平面分成9个区域,每个区域赋予4位编码 $C_tC_bC_rC_l$(如图2.17所示),其中各位编码的定义如下。

$$C_t = \begin{cases} 1, & y > y_{max} \\ 0, & y \leqslant y_{max} \end{cases}, \quad C_b = \begin{cases} 1, & y < y_{min} \\ 0, & y \geqslant y_{min} \end{cases}$$

$$C_r = \begin{cases} 1, & x > x_{max} \\ 0, & x \leqslant x_{max} \end{cases}, \quad C_l = \begin{cases} 1, & x < x_{min} \\ 0, & x \geqslant x_{min} \end{cases}$$

裁剪一条线段时(如图 2.18 所示),先求出 $P_1 P_2$ 所在的区号 code1,code2。若 code1=0,且 code2=0,则线段 $P_1 P_2$ 在窗口内,应取之。若按位与运算 code1 & code2 $\neq$ 0,则说明两个端点同在窗口的上方、下方、左方或右方,可判断线段完全在窗口外,可弃之;否则,按第三种情况处理,求出线段与窗口某边的交点,在交点处把线段一分为二,其中必有一段在窗口外,可弃之,再对另一段重复上述处理。在实现本算法时,不必把线段与每条窗口边界依次求交,只有按顺序检测到端点的编码不为 0 时,才对线段与对应的窗口边界求交。

100 1	100 0	101 0
000 1	000 0	001 0
010 1	010 0	011 0

图 2.17 多边形裁剪区域编码

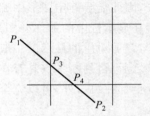

图 2.18 线段裁剪

算法程序 2.11 Cohen-Sutherland 裁减算法

```
# define LEFT        1
# define RIGHT       2
# define BOTTOM      4
# define TOP         8
int encode(float x, float y)
{
      int c=0;
      if (x<XL) c|=LEFT;
      if (x>XR) c|=RIGHT;
      if (y<YB) c|=BOTTOM;
      if (y<YT) c|=TOP;
      return c;
}
void CS_LineClip(x1, y1,x2, y2, XL, XR,YB,YT)
float x1, y1,x2, y2, XL, XR, YB, YT; /* (x1, y1)、(x2, y2)为线段端点坐标,其他 4 个参数定义
窗口边界 */
{
      int code1, code2, code;
      code1=encode(x1, y1);
      code2=encode(x2, y2);
      while (code1! =0 || code2! =0)
      {
          if (code1& code2 ! =0) return;
```

```
    if (code1! =0) code = code1；
    else      code = code2；
    if (LEFT & code ! =0)
    {
        x＝XL；
        y＝y1＋(y2－y1)＊(XL－x1)/(x2－x1)；
    }
    else if (RIGHT & code ! =0)
    {
        x＝XR；
        y＝y1＋(y2－y1)＊(XR－x1)/(x2－x1)；
    }
    else if (BOTTOM & code ! =0)
    {
        y＝YB；
        x＝x1＋(x2－x1)＊(YB－y1)/(y2－y1)；
    }
    else if (TOP & code ! =0)
    {
        y＝YT；
        x＝x1＋(x2－x1)＊(YT－y1)/(y2－y1)；
    }
    if (code ＝＝code1)
    { x1＝x；y1＝y；code1＝encode(x, y)；}
    else
    { x2＝x；y2＝y；code2 ＝encode(x, y)；}
    }
    displayline(x1, y1, x2, y2)；
}
```

2. 中点分割裁剪算法

与前一种 Cohen-Sutherland 算法一样,中点分割算法首先对线段端点进行编码,并把
线段与窗口的关系分为三种情况,即全在窗口内、完全不在窗口内和线段与窗口有交。对前两种情况作一样的处理。对于第三种情况,用中点分割的方法求出线段与窗口的交点,即从 P_0 点出发找出距 P_0 最近的可见点 A,并从 P_1 点出发找出距 P_1 最近的可见点 B,两个可见点之间的连线即为线段 P_0P_1 的可见部分,如图 2.19 所示。采用中点分割方法从 P_0 出发找最近可见点:先求出 P_0P_1 的中点 P_m,若 P_0P_m 不是显然不可见的,并且 P_0P_1 在窗口中有可见部分,则距 P_0 最近的可见点

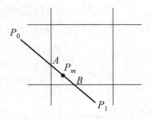

图 2.19 线段中点分割裁剪

一定落在 P_0P_m 上,所以用 P_0P_m 代替 P_0P_1,否则取 P_mP_1 代替 P_0P_1;再对新的 P_0P_1 求中点 P_m。重复上述过程,直到 P_mP_1 长度小于给定的控制常数为止,此时 P_m 收敛于交点。由于该算法的主要计算过程只用到加法和除 2 运算,所以特别适合硬件实现,同时也适合于并行计算。

3. 梁友栋-Barskey 裁剪算法

梁友栋和 Barskey 提出了更快的参数化裁剪算法。首先按参数化形式写出裁剪条件:

$$\begin{cases} XL \leqslant x_1 + u\Delta x \leqslant XR, & \Delta x = x_2 - x_1 \\ YB \leqslant y_1 + u\Delta y \leqslant YT, & \Delta y = y_2 - y_1 \end{cases}$$

这 4 个不等式可以表示为统一的形式:$up_k \leqslant q_k$。

其中,参数 p_k,q_k 定义为:

$$p_1 = -\Delta x, \quad q_1 = x_1 - XL; \quad p_2 = \Delta x, \quad q_2 = XR - x_1$$
$$p_3 = -\Delta y, \quad q_1 = y_1 - YB; \quad p_4 = \Delta y, \quad q_4 = YT - y_1$$

对于任何平行于裁剪边界之一的直线 $p_k = 0$,其中 k 对应于裁剪边界($k = 1, 2, 3, 4$,对应于左、右、下、上边界);如果还满足 $q_k < 0$,则线段完全在边界外,舍弃该线段;如果 $q_k \geqslant 0$,则该线段平行于裁剪边界并且在窗口内。

当 $p_k < 0$ 时,线段从裁剪边界所在直线的外部指向内部[①]。当 $p_k > 0$ 时,线段从裁剪边界所在直线的内部指向外部。当 $p_k \neq 0$ 时,可以计算出线段与边界 k 的延长线交点的 u 值: $u = q_k / p_k$。

对于每条直线段,可以计算出参数 u_1 和 u_2,它们定义了在裁剪矩形内的线段部分。u_1 的值由线段从外到内遇到的矩形边界所决定($p < 0$)。对这些边界计算 $r_k = q_k / p_k$,u_1 取 0 和各个 r_k 值之中的最大值。u_2 的值由线段从内到外遇到的矩形边界所决定($p > 0$)。对这些边界计算 $r_k = q_k / p_k$,u_2 取 1 和各个 r_k 值之中的最小值。如果 $u_1 > u_2$,则线段完全落在裁剪窗口之外,被舍弃;否则裁剪线段由参数 u 的两个值 u_1,u_2 计算出来。

梁友栋-Barskey 算法程序如下。

算法程序 2.12 梁友栋-Barskey 裁剪算法

```
void LB_LineClip(x1,y1,x2,y2,XL,XR,YB,YT)
float x1,y1,x2,y2,XL,XR,YB,YT;
{
    float dx,dy,u1,u2;
    tl=0;tu=1;
    dx = x2-x1;
    dy = y2-y1;
    if(ClipT(-dx,x1-Xl,&u1,&u2)
      if(ClipT(dx,XR-x1, &u1,&u2)
        if(ClipT(-dy,y1-YB, &u1,&u2)
          if(ClipT(dy,YT-y1, &u1,&u2)
            displayline(x1+u1 * dx,y1+u1 * dy, x1+u2 * dx,y1+u2 * dy);
}
bool ClipT(p,q,u1,u2)
float p,q, * u1, * u2;
{
    float r;
    if(p<0)
```

---

① 裁剪窗口所在侧定义为内部。

```
        {
          r＝q/p；
          if(r＞ * u2)
            return FALSE；
          if(r＞ * u1)
            * u1＝r；
        }
        else if(p＞0)
        {
          r＝q/p；
          if(r＜ * u1)
            return FALSE；
          if(r＜ * u2)
            * u2＝r；
        }
        else return (q＞＝0)；
        return TRUE；
    }
```

2.5.2　多边形裁剪

　　对于一个多边形,可以把它分解为边界的线段逐段进行裁剪,但这样做会使原来封闭的多边形变成不封闭的或者一些离散的线段。当多边形作为实区域考虑时,封闭的多边形裁剪后仍应当是封闭的多边形,以便进行填充。为此,可以使用 Sutherland-Hodgman 算法,该算法的基本思想是一次用窗口的一条边裁剪多边形。

　　在算法的每一步中,仅考虑窗口的一条边以及延长线构成的裁剪线。该线把平面分成两个部分:一部分包含窗口,称为可见一侧;另一部分称为不可见一侧。依序考虑多边形各条边的两端点 S、P,它们与裁剪线的位置关系只有如下 4 种(如图 2.20 所示)。

　　(1) S,P 均在可见一侧。

　　(2) S,P 均在不可见一侧。

　　(3) S 可见,P 不可见。

　　(4) S 不可见,P 可见。

　　将每条线段端点 S、P 与裁剪线比较之后,可输出 0～2 个顶点。对于情况(1)仅输出顶点 P;对于情况(2)输出 0 个顶点;对于情况(3)输出线段 SP 与裁剪线的交点 I;对于情况(4)输出线段 SP 与裁剪线的交点 I 和终点 P。

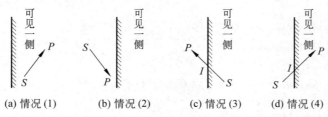

(a) 情况(1)　　　(b) 情况(2)　　　(c) 情况(3)　　　(d) 情况(4)

图 2.20　S、P 与裁剪线的 4 种位置关系

上述算法仅用一条裁剪边对多边形进行裁剪,得到一个顶点序列,作为下一条裁剪边处理过程的输入。对于整个裁剪窗口,每一条裁剪边的算法框图(见图 2.21)都一样,只是根据点在窗口的哪一侧改变求线段 SP 与裁剪边的交点的算法。

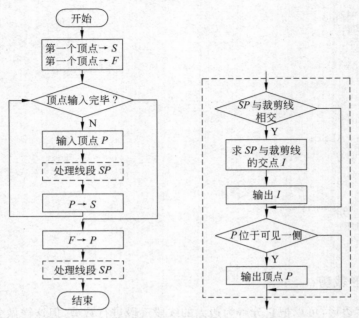

图 2.21　仅用一条裁剪边逐次裁剪多边形的算法框图

算法程序 2.13　基于 divide and conquer 策略的 Sutherland-Hodgman 算法

```
typedef struct
{ float x; float y; }Vertex;
typedef Vertex[2] Edge;
typedef Vertex[MAX] VertexArray;
SutherlandHodgmanClip ( VertexArray InVertexArray, VertexArray OutVertexArray, edge
ClipBoundary, int Inlength, int &Outlength)
{
Vertex S, P, ip;
int j;
Outlength=0;
S=InVertexArray [InLength-1];
for (j = 0; j<Inlength; j++)
{
  P = InVertexArray [j];
  if (Inside (P, ClipBoundary))
  {
      if (Inside (S, ClipBoundary)) //SP 在窗口内,情况(1)
          Output(P, OutLength, OutVertexArray)
      else{ //S 在窗口外,情况(4)
              Intersect (S, P, ClipBoundary, ip);
```

```
            Output (ip，OutLength，OutVertexArray)；
            Output (P，OutLength，OutVertexArray)；
        }
    }
    else if (Inside (S，ClipBoundary))
    { //S 在窗口内,P 在窗口外,情况(3)
      Intersect (S，P，ClipBoundary，ip)；
      Output (ip，OutLength，OutVertexArray)；
    } //情况(2)没有输出
    S = P；
  }
}

//判断点是否在裁剪边的可见侧
bool Inside (Vertex &TestPt，Edge ClipBoundary)
{
if (ClipBoundary[1]. x>ClipBoundary[0]. x)            //裁剪边为窗口下边
{
    if (TestPt. y>=ClipBoundary[0]. y)
        return TRUE；
}
else if (ClipBoundary[1]. x<ClipBoundary[0]. x)        //裁剪边为窗口上边
{
    if (TestPt. y<= ClipBoundary[0]. y)
        return TRUE；
    else if (ClipBoundary[1]. y>ClipBoundary[0]. y)    //裁剪边为窗口右边
    {
      if (TestPt. x<=ClipBoundary[0]. x)
        return TRUE；
    }
    else if (ClipBoundary[1]. y<ClipBoundary[0]. y)    //裁剪边为窗口左边
    {
      if (TestPt. x>=ClipBoundary[0]. x)
      return TRUE；
    }
    return FALSE；
}
//直线段 SP 和窗口边界求交,返回交点
void Intersect (Vertex &S，Vertex &P，Edge ClipBoundary，Vertex &IntersectPt)
{
  if (ClipBoundary[0]. y ==ClipBoundary[1]. y)        //水平裁剪边
  {
    IntersectPt. y=ClipBoundary[0]. y；
    IntersectPt. x =S. x+(ClipBoundary[0]. y-S. y) * (P. x-S. x)/(P. y-S. y)；
  }
  else //垂直裁剪边
```

```
        {
            Intersect. x＝ClipBoundary[0]. x;
            Intersect. y＝S. y＋(ClipBoundary[0]. x－S. x) * (P. y－S. y)/(P. x－S. x);
        }
    }
```

2.5.3 字符裁剪

前面介绍了字符和文本的输出。当字符和文本部分在窗口内,部分在窗口外时,就出现了字符裁剪的问题。字符串裁剪可按三个精度来进行:串精度、字符精度、笔画或像素精度(如图 2.22 所示)。采用串精度进行裁剪时,将包围字串的外接矩形对窗口作裁剪,当整个字符串方框落在窗口内时予以显示,否则不显示。采用字符精度进行裁剪时,将包围字的外接矩形对窗口作裁剪,某个字符方框整个落在窗口内予以显示,否则不显示。采用笔画或像素精度进行裁剪时,将笔画分解成直线段对窗口作裁剪,处理方法同上。

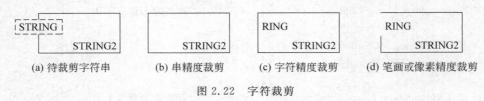

| (a) 待裁剪字符串 | (b) 串精度裁剪 | (c) 字符精度裁剪 | (d) 笔画或像素精度裁剪 |

图 2.22 字符裁剪

2.6 反 走 样

在光栅显示器上显示图形时,直线段或图形边界或多或少会呈锯齿状,原因是图形信号是连续的,而在光栅显示系统中,用来表示图形的基本单位却是一个个离散的像素。这种用离散量表示连续量引起的失真现象称为走样(aliasing),用于减少或消除这种效果的技术称为反走样(antialiasing)。光栅图形的走样现象除了阶梯状的边界外,还有图形细节失真(图形中的那些比像素更窄的细节变宽)、狭小图形遗失等现象。常用的反走样方法主要有提高分辨率、区域采样和加权区域采样等。

2.6.1 提高分辨率

把显示器分辨率提高一倍,直线经过两倍的像素,锯齿也增加一倍,但同时每个阶梯的宽度也减小了一倍,所以显示出的直线段看起来就平直光滑了一些(如图 2.23 所示)。这种

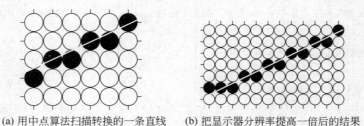

(a) 用中点算法扫描转换的一条直线　　(b) 把显示器分辨率提高一倍后的结果

图 2.23 提高分辨率反走样

反走样方法是以 4 倍的存储器代价和 2 倍的扫描转换时间获得的。因此,增加分辨率虽然简单,但不是经济的方法,而且它也只能减轻而不能消除锯齿问题。

2.6.2 区域采样

区域采样方法假定每个像素是一个具有一定面积的小区域,将直线段看做具有一定宽度的狭长矩形。当直线段与像素有交时,求出两者相交区域的面积,然后根据相交区域面积的大小确定该像素的亮度值。假设一条直线段的斜率为 $m(0{\leqslant}m{\leqslant}1)$,且所画直线宽度为一个像素单位,则直线段与像素相交有 5 种情况,如图 2.24 和图 2.25 所示。

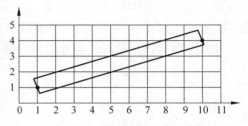

图 2.24　有宽度的线条轮廓

在计算阴影区面积时,图 2.25 中的(a)与(e),(b)与(d)类似,(c)可用正方形面积区减去两个三角形面积。如图 2.26 所示,情况(a)的阴影面积为 $D^2/2m$;情况(b)的阴影面积为 $D-m/2$;情况(c)的阴影面积为 $1-[(1-D)^2+E^2]/2m$,这里 $E=D+m-\sqrt{1+m^2}$。

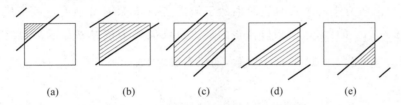

图 2.25　线条与像素相交的 5 种情况

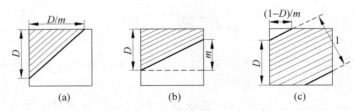

图 2.26　阴影区面积的计算

上述阴影面积是介于 0～1 之间的正数,用它乘以像素的最大灰度值,再取整,即可得到像素的显示灰度值。这种区域采样法的反走样效果较好。有时为了简化计算可以选用离散的方法。首先将屏幕像素均分成 n 个子像素,然后计算中心点落在直线段内子像素的个数 k,最后将屏幕中该像素的亮度置为最大灰度值乘以相交区域面积的近似值 k/n。图 2.27 是 $n=9,k=3$,近似面积为 1/3 的情况。

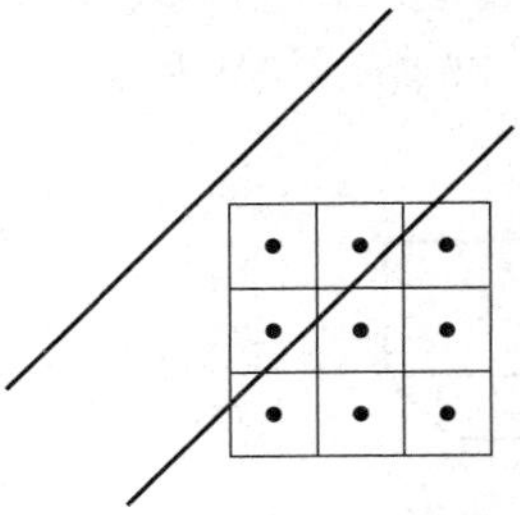

从采样理论的角度考虑,区域采样方法相当于使用盒式滤波器进行前置滤波后再取样。非加权区域采样方法有如下两个缺点。

图 2.27　阴影面积的离散计算

（1）像素的亮度与相交区域的面积成正比，而与相交区域落在像素内的位置无关，这仍然会导致锯齿效应。

（2）直线条上沿理想直线方向的相邻两个像素有时会有较大的灰度差。

2.6.3　加权区域采样

为了克服上述两个缺点，可以采用加权区域采样方法，使相交区域对像素亮度的贡献依赖于该区域与像素中心的距离。当直线经过该像素时，该像素的亮度 F 是在两者相交区域 A' 上对滤波器（函数 w）进行积分的积分值。滤波器函数 w 可以取高斯滤波器：

$$w(x,y) = \frac{1}{\sqrt{2\pi}\sigma} e^{\frac{x^2+y^2}{2\sigma^2}}$$

则

$$F = \int_{A'} w(x,y)\mathrm{d}A$$

求积分的运算量是很大的，为此可采用离散计算方法。首先将像素均匀分割成 n 个子像素，则每个像素的面积为 $1/n$；计算每个子像素对原像素的贡献，并保存在一张二维的加权表中；然后求出所有中心落于直线段内的子像素集 Ω；最后计算所有这些子像素对原像素亮度贡献之和 $\sum_{i=\Omega} w_i$ 的值，该值乘以像素的最大灰度值作为该像素显示的最终灰度值。例如，将一个像素划分为 $n=3\times3$ 个子像素，加权表可以取：

$$\begin{bmatrix} w_1 & w_2 & w_3 \\ w_4 & w_5 & w_6 \\ w_7 & w_8 & w_9 \end{bmatrix} = \frac{1}{16}\begin{bmatrix} 1 & 2 & 1 \\ 2 & 4 & 2 \\ 1 & 2 & 1 \end{bmatrix}$$

2.7　消　　隐

用计算机生成三维物体的真实图形，是计算机图形学研究的重要内容。真实图形在仿真模拟、几何造型、广告影视、指挥控制和科学计算可视化等许多领域都有着广泛应用。在用显示设备描述物体的图形时，必须把三维信息经过某种投影变换，在二维的显示平面上绘制出来。由于投影变换失去了深度信息，往往导致图形的二义性，图 2.28(a)是未经处理的投影图，图 2.28(b)、图 2.28(c)是该图的两种理解。要消除这类二义性，就必须在绘制时消除被遮挡的不可见的线或面，习惯上称之为消除隐藏线和隐藏面，或简称为消隐。经过消隐得到的投影图称为物体的真实图形。图 2.29、图 2.30 和图 2.31 为线框图消隐的例子。

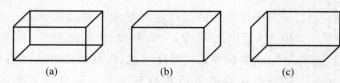

(a)　　　　　　　(b)　　　　　　　(c)

图 2.28　长方体线框投影图的二义性

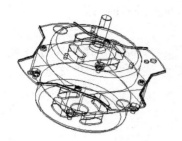

图 2.29　线框图

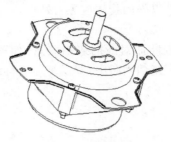

图 2.30　消隐图

图 2.31　真实感图形

2.7.1　消隐的分类

消隐的对象是三维物体。三维体的表示主要有边界表示和 CSG 表示等。最简单的表示方式是用表面上的平面多边形表示。如物体的表面是曲面,则将曲面用多个平面多边形近似表示。消隐结果与观察物体有关,也与视点有关。

1. 按消隐对象分类

1）线消隐

消隐对象是物体上的边,消除的是物体上不可见的边。

2）面消隐

消隐对象是物体上的面,消除的是物体上不可见的面。

2. 按消隐空间分类

Southerland 根据消隐空间的不同,将消隐算法分为如下三类。

1）物体空间的消隐算法

将场景中每一个面与其他每个面比较,求出所有点、边、面遮挡关系,如光线投射算法、Roberts 算法。

2）图像空间的消隐算法

对屏幕上每个像素进行判断,决定哪个多边形在该像素可见,如 Z-Buffer 算法、扫描线算法和 Warnock 算法。

3）物体空间和图像空间的消隐算法

在物体空间中预先计算面的可见性优先级,再在图像空间中生成消隐图,如画家算法。

2.7.2　消除隐藏线

1. 对造型的要求

在线框表示模型中,用边界线表示有界平面,用边界线及若干参数曲线表示参数曲面,所以待显示的所有实体均为线。但线对线不可能有遮挡关系,只有面或体才有可能对线形成遮挡。故消隐算法要求造型系统中有面的信息,最好有体的信息。正则形体的消隐可利用其面的法向量,这样比一般情况快得多。

2. 坐标变换

为运算方便,一般通过平移、旋转和透视等各种坐标变换,将视点变换到 Z 轴的正无穷大处,视线方向变为 Z 轴的负方向。变换后,坐标 Z 值反映了相应点到视点的距离,可以作为判断遮挡的依据。另外,对视锥以外的物体应先行裁剪,以减少不必要的运算。

3. 最基本的运算

线消隐中,最基本的运算为判断面对线的遮挡关系(如图 2.32 所示)。体也要分解为面,再判断面与线的遮挡关系。在遮挡判断中,要反复地进行线线、线面之间的求交运算。

图 2.32　遮挡关系　　　　　　　　　　　图 2.33　视点与线段同侧

算法程序 2.14　平面对直线段的遮挡判断算法

(1) 若线段的两端点及视点在给定平面的同侧,线段不被给定平面遮挡(如图 2.33 所示),转第(7)步。

(2) 若线段的投影与平面投影的包围盒无交,线段不被给定平面遮挡(如图 2.34 所示),转第(7)步。

(3) 求直线与相应无穷平面的交。若无交点,转第(4)步;否则,交点在线段内部或外部。若交点在线段内部,交点将线段分成两段,与视点同侧的一段不被遮挡,另一段在视点异侧,转第(4)步再判断;若交点在线段外部,转第(4)步。

(4) 求所剩线段的投影与平面边界投影的所有交点,并根据交点在原直线参数方程中的参数值求出 Z 值(即深度)。若无交点,转第(5)步。

(5) 以上所求得的各交点将线段的投影分成若干段,求出第一段中点。

(6) 若第一段中点在平面的投影内,则相应的段被遮挡,否则不被遮挡。其他段的遮挡关系可依次交替取值进行判断(如图 2.35 所示)。

(7) 结束。

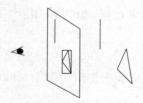
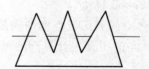

图 2.34　线段包围盒不交　　　　　　　　　图 2.35　分段交替取值

4. 线消隐算法

(1) 基本数据结构。面表(存放参与消隐的面)＋ 线表(存放待显示的线)。

(2) 算法。

算法程序 2.15　线消隐算法

HiddenLineRemove()
{
　　坐标变换;
　　for(对每一个面 F_j 的每一条边 E_i)将二元组＜ E_i,j＞压入堆栈;

```
while（栈不空）
{
    ＜ E_i，j_0 ＞ ＝ 栈顶；
    for（j！ ＝j_0 的每一个面 F_j）
    {
        if（E_i 被 F_j 全部遮挡）
        ｛ 将 E_i 清空；break；｝
        if（E_i 被 F_j 部分遮挡）
        {
            从 E_i 中将被遮挡的部分裁掉；
            if（E_i 被分成若干段）
            {
                取其中的一段作为当前段；
                将其他段及相应的 j 压栈；
            }
        }
    }
    if（E_i 段不为空）
        显示 E_i；
}
}
```

如果消隐对象有 n 条棱，当 n 很大时，两两求交的消隐方法工作量很大（$O(n^2)$）。为了提高算法的效率，需要设法减少求交的次数。设 V 为由视点出发的观察向量，N 为某多边形面的法向量。若 $V \cdot N > 0$，称该多边形为后向面；若 $V \cdot N < 0$，称该多边形为前向面。图 2.36(c) 中的 $JEAF$、$HCBG$ 和 $DEABC$ 所在的面均为后向面。后向面总是看不见的，不会仅由于后向面的遮挡，而使别的棱成为不可见。因此，可以把这些后向面全部去掉，这不会影响消隐结果。

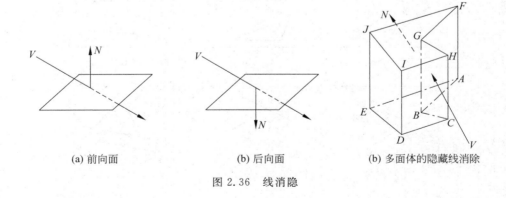

(a) 前向面   (b) 后向面   (b) 多面体的隐藏线消除

图 2.36　线消隐

2.7.3　消除隐藏面

在使用光栅图形显示器绘制物体的真实图形时，必须解决消除隐藏面的问题。这方面已有许多实用算法，下面介绍几种常用算法。

1. 画家算法

画家算法的原理是：先把屏幕置成背景色，再把物体的各个面按其离视点的远近进行排序，离视点远者在表头，离视点近者在表尾，排序结果存在一张深度优先级表中；然后按照从表头到表尾的顺序绘制各个面。由于后显示的图形取代先显示的画面，而后显示的图形所代表的面离视点更近，所以由远及近地绘制各面，就相当于消除隐藏面。这与油画作家作画的过程类似，先画远景，再画中景，最后画近景。由于这个原因，该算法习惯上称为画家算法或列表优先算法。

下面给出了一种建立深度优先级表方法。先根据每个多边形顶点 z 坐标的极小值 z_{min} 的大小把多边形作一初步的排序。设 z_{min} 最小的多边形为 P，它暂时成为优先级最低的一个多边形。把多边形序列中其他多边形记为 Q。现在先来确定 P 和其他多边形 Q 的关系。因 $z_{min}(P) < z_{min}(Q)$，若 $z_{max}(P) < z_{min}(Q)$，则 P 肯定不能遮挡 Q。如果对某一多边形 Q 有 $z_{max}(P) > z_{min}(Q)$，则必须作进一步的检查。这种检查分为以下 5 项（如图 2.37 中的(a)、(b)、(c)、(d)、(e)所示）。

（1）P 和 Q 在 xy 平面上投影的包围盒在 x 方向上不相交（如图 2.37(a)所示）。

（2）P 和 Q 在 xy 平面上投影的包围盒在 y 方向上不相交（如图 2.37(b)所示）。

（3）P 和 Q 在 xy 平面上的投影不相交（如图 2.37(c)所示）。

（4）P 的各顶点均在 Q 的远离视点的一侧（如图 2.37(d)所示）。

（5）Q 的各顶点均在 P 的靠近视点的一侧（如图 2.37(e)所示）。

上面的 5 项只要有一项成立，P 就不遮挡 Q。如果所有测试失败，就必须对两个多边形在 xy 平面上的投影作求交运算。计算时不必具体求出重叠部分，在交点处进行深度比较，只要能判断出前后顺序即可。若遇到多边形相交或循环重叠的情况（如图 2.37(f)所示），还必须在相交处分割多边形，然后进行判断。

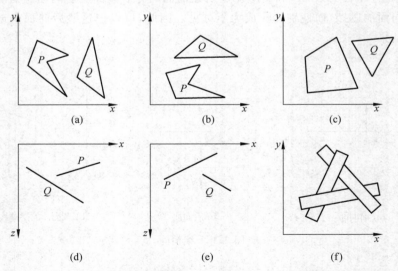

图 2.37 P 不遮挡 Q 的各种情况(a)、(b)、(c)、(d)、(e)及互相遮挡((f))

画家算法原理简单，其关键是如何对场景中的物体按深度排序。它的缺点是只能处理互不相交的面，而且深度优先级表中面的顺序可能出错。在两个面相交，三个以上的面重叠的情形,用任何排序方法都不能排出正确的序。这时只能把有关的面进行分割后再排序。

2. Z 缓冲区(Z-Buffer)算法

画家算法的深度排序计算量大,而且排序后还需再检查相邻的面,以确保在深度优先级表中前者在前,后者在后。若遇到多边形相交或多边形循环重叠的情形,还必须分割多边形。为了避免这些复杂的运算,人们发明了 Z 缓冲区算法。在这个算法里,不仅需要有帧缓存来存放每个像素的颜色值,还需要一个深度缓存来存放每个像素的深度值(如图 2.38所示)。

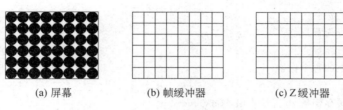

(a) 屏幕　　　　　(b) 帧缓冲器　　　　　(c) Z 缓冲器

图 2.38　Z 缓冲区示意图

Z 缓冲器中每个单元的值是对应像素点所反映对象的 z 坐标值,初值取 z 的极小值;帧缓冲器每个单元的初值可放对应背景颜色的值。图形消隐的过程就是给帧缓冲器和 Z 缓冲器中相应单元填值的过程。在把显示对象的每个面上每一点的属性(颜色或灰度)值填入帧缓冲器相应单元前,要把这点的 z 坐标值和 Z 缓冲器中相应单元的值进行比较,只有前者大于后者时才改变帧缓冲器的该单元的值,同时 Z 缓冲器中相应单元的值也要改成这点的 z 坐标值。如果这点的 z 坐标值小于 Z 缓冲器中的值,则说明对应像素已经显示了对象上一个点的属性,该点要比考虑的点更接近观察点。对显示对象的每个面上的每个点都进行上述处理后,便可得到消除了隐藏面的图。

算法程序 2.16　Z 缓冲区算法

```
Z-Buffer( )
{
    帧缓存全置为背景色;
    深度缓存全置为最小 Z 值;
    for (每一个多边形)
    {
        扫描转换该多边形;
        for (该多边形所覆盖的每个像素(x, y))
        {
            计算该多边形在该像素的深度值 Z(x, y);
            if (Z(x, y)大于 Z 缓存在(x, y)的值)
            {
                把 Z(x, y)存入 Z 缓存中(x, y)处;
                把多边形在(x, y)处的颜色值存入帧缓存的(x, y)处;
            }
        }
    }
}
```

Z-Buffer 算法在像素级上以近物取代远物,形体在屏幕上的出现顺序是无关紧要的,这种取代方法实现起来远比总体排序灵活简单,有利于硬件实现。然而,Z-Buffer 算法也存在缺点:占用空间大,没有利用图形的相关性与连续性。Z-Buffer 算法以简单著称,但也以占空间大而闻名。一般认为,Z-Buffer 算法需要开一个与图像大小相等的缓存数组 ZB,但通过改进,可以只用一个深度缓存变量 zb。

算法程序 2.17 多面体消隐的改进深度缓存算法

```
Z-Buffer()
{
        帧缓存全置为背景色;
        //扫描整个屏幕
        for(屏幕上的每个像素(i, j))
        {
                深度缓存变量 zb 置最小值 MinValue
                for(多面体上的每个多边形 Pₖ)
                {
                        if(像素点(i, j)在 Pₖ 的投影多边形之内)
                        {
                                计算 Pₖ 在(i, j)处的深度值 depth;
                                if(depth 大于 zb)
                                {
                                        zb=depth;
                                        indexp=k;
                                }
                        }
                }
                if(zb! = MinValue)计算多边形 Pindexp 在交点(i,j)处的光照颜色并显示;
        }
}
```

上面的算法要求进行点与多边形的包含性检测和多边形 P_k 在点(i,j)处的深度计算。

包含性检测实际上是判断一个给定的点是在一个多边形内,多边形外,还是在多边形边界上。可采用射线法或弧长法。

1) 射线法

由被测点 P 处向 $y=-\infty$ 方向作射线,交点个数是奇数,则被测点在多边形内部,否则在多边形外部(如图 2.39 所示)。若射线正好经过多边形的顶点,则采用“左开右闭”的原则来实现,即当射线与某条边的顶点相交时,若边在射线的左侧,交点有效,计数;若边在射线的右侧,交点无效,不计数(如图 2.40 所示)。

实际上,我们只关心交点个数,没必要真正求出射线与边的交点。改进的射线与边是否相交,判别方法如下。

被检测的点 $P(x,y)$ 向 $y=-\infty$ 方向作射线,对边 P_iP_{i+1} 按以下顺序检测。

(1) 若$(x>x_i)$且$(x>x_{i+1})$,点在边的右侧,射线与边无交。

(2) 若$(x\leqslant x_i)$且$(x\leqslant x_{i+1})$,点在边的左侧,射线与边无交。

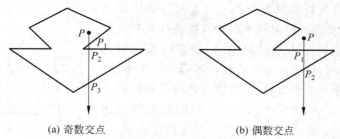

(a) 奇数交点　　　　　　　　　　(b) 偶数交点

图 2.39　射线法交点计数

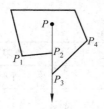　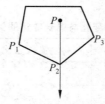　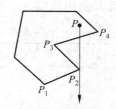

(a) 射线与边重合　　(b) 射线穿过交点相邻的边　　(c) 射线在交点邻边的一侧

图 2.40　射线与顶点相交时的计数

（3）若$(y<y_i)$且$(y<y_{i+1})$，点在边的下方，射线与边无交。

（4）若$(y>y_i)$且$(y>y_{i+1})$，点在边的上方，射线与边相交。

（5）若$(y_1=y_2)$，这时如果有$y<y_1$，则点在边的下方，射线与边无交；否则点在边的上方，射线与边相交。

（6）若上述检测失败，说明 P 点在 P_iP_{i+1} 的矩形包围盒内，构造函数 $f(x,y)=(y-y_i)(x_{i+1}-x_i)-(x-x_i)(y_{i+1}-y_i)$。当$((x_{i+1}>x_i)AND\ f(x,y)<0)OR\ ((x_{i+1}<x_i)AND\ f(x,y)>0)$时，射线与边无交；否则相交。

上述检测过程并没有考虑点 $P(x,y)$ 落在边 P_iP_{i+1} 上或 $P(x,y)$ 发出的射线与 P_iP_{i+1} 落在同一直线上这两种特殊情况，读者可自行分析。

2）弧长法

弧长法要求多边形是有向多边形，一般规定沿多边形的正向，边的左侧为多边形的内域。

以被测点为圆心作单位圆，将全部有向边向单位圆作径向投影，并计算其在单位圆上弧长的代数和（如图 2.41 所示）。代数和为 0，点在多边形外部；代数和为 2π，点在多边形内部；代数和为 π，点在多边形边上。弧长法的最大优点就是稳定性高，计算误差对最后的判断没有多大的影响。

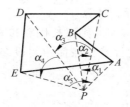　　　　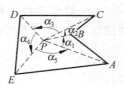

(a) 被测点 P 在多边形外　　　　　(b) 被测点 P 在多边形内

图 2.41　弧长法测试点的包含性

真正计算边的弧长是很费时的。其实可以利用多边形的顶点符号，以及边所跨越的象限计算弧长代数和。这里给出一种以顶点符号为基础的简单、快速的弧长累加法。如图 2.42 所示，将坐标原点移到被测点 P。于是，新坐标系将平面划分为 4 个象限，各象限内的符号对分别为 $(+,+)$，$(-,+)$，$(-,-)$，$(+,-)$。算法规定：若多边形顶点 P_i 的某个坐标为 0，则其符号为 +；若顶点 P_i 的 x、y 坐标都为 0，则说明这个顶点为被测点，在这之前予以排除。于是弧长变化如表 2.1 所示。

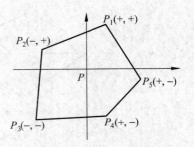

图 2.42　弧长累加方法

表 2.1　符号对变化与弧长变化的关系

(x_i, y_i)	(x_{i+1}, y_{i+1})	弧长变化	象限变化
$(+\ +)$	$(+\ +)$	0	I → I
$(+\ +)$	$(-\ +)$	$\pi/2$	I → II
$(+\ +)$	$(-\ -)$	$\pm\pi$	I → III
$(+\ +)$	$(+\ -)$	$-\pi/2$	I → IV
$(-\ +)$	$(+\ +)$	$-\pi/2$	II → I
$(-\ +)$	$(-\ +)$	0	II → II
$(-\ +)$	$(-\ -)$	$\pi/2$	II → III
$(-\ +)$	$(+\ -)$	$\pm\pi$	II → IV
$(-\ -)$	$(+\ +)$	$\pm\pi$	III → I
$(-\ -)$	$(-\ +)$	$-\pi/2$	III → II
$(-\ -)$	$(-\ -)$	0	III → III
$(-\ -)$	$(+\ -)$	$\pi/2$	III → IV
$(+\ -)$	$(+\ +)$	$\pi/2$	IV → I
$(+\ -)$	$(-\ +)$	$\pm\pi$	IV → II
$(+\ -)$	$(-\ -)$	$-\pi/2$	IV → III
$(+\ -)$	$(+\ -)$	0	IV → IV

值得注意的是，当边的终点 P_{i+1} 在起点 P_i 的相对象限时，弧长变化可能增加或减少 π。设 (x_i, y_i) 和 (x_{i+1}, y_{i+1}) 分别为边的起点和终点坐标。计算 $f = y_{i+1}x_i - x_{i+1}y_i$；若 $f=0$，则边穿过坐标原点；若 $f>0$，则弧长代数和增加 π；若 $f<0$，则弧长代数和减少 π。

此外，由于这里的多边形都是平面多边形，深度计算比较简单。设多边形 P_k 的平面方程为

$$ax + by + cz + d = 0$$

若 $c \neq 0$，则把 (i,j) 代入方程，就可得深度值

$$\text{depth} = -\frac{ai + bj + d}{c}$$

若 $c=0$，则说明多边形 P_k 的法向与 z 轴垂直，在 xoy 面上的投影为一条直线，在 Z-Buffer 消隐算法中可以不考虑这种多边形。

3. 扫描线 Z-Buffer 算法

对 Z-Buffer 算法，如利用连续性提高点与多边形的包含性测试和深度计算的速度，就得到扫描线 Z-Buffer 算法。

1）算法的主要思想

在处理当前扫描线时，开一个一维数组作为当前扫描线的 Z-Buffer。首先找出与当前扫描线相关的多边形，以及每个多边形中相关的边对；然后计算每一个边对之间的小区间上各像素的深度，并与 Z-Buffer 中的值比较，找出各像素处对应的可见平面，计算颜色，写帧缓存。对深度计算，采用增量算法。

2）有效的数据结构

（1）多边形 Y 表（如图 2.43 所示）。

实际上是一个指针数组，将所有多边形存在多边形 Y 表中，根据多边形顶点中最小的 y 坐标，插入多边形 Y 表中的相应位置。多边形 Y 表中只保存多边形的序号和其顶点的最大 y 坐标。根据序号可以从定义多边形的数据结构中取多边形信息：多边形所在面的方程 $ax+by+cz+d=0$ 的系数 a、b、c、d，多边形的边，顶点的坐标和颜色等。

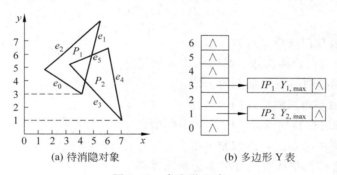

图 2.43　多边形 Y 表

（2）活化多边形表（如图 2.44 所示）。

与当前扫描线相交的多边形存在活化多边形表（APT）中，APT 是一个动态的链表。

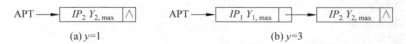

图 2.44　活化多边形表

（3）边表（如图 2.45 所示）。

活化多边形表中的每一个多边形都有一个边表（ET）。多边形 P_1 的边表如图 2.45 所示。边表中，存放了每条边端点中较大的 y 值，增量 Δx，y 值较小一端的 x 坐标和 z 坐标。

（4）活化边对表（如图 2.46 所示）。

在一条扫描线上，同一多边形的某两条边构成一个边对。活化边对表（AET）中存放当前多边形中与当前扫描线相交的各边对的信息。

AET 的每个节点包括边对中的如下信息。

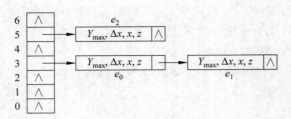

图 2.45 边表

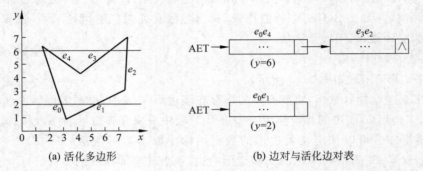

(a) 活化多边形   （b) 边对与活化边对表

图 2.46 活化边对表

- x_l：左侧边与扫描线交点的 x 坐标。
- Δx_l：左侧边在扫描线加 1 时的 x 坐标增量。
- $y_{l\max}$：左侧边两端点中最大的 y 值。
- x_r：右侧边与扫描线交点的 x 坐标。
- Δx_r：右侧边在扫描线加 1 时的 x 坐标增量。
- $y_{r\max}$：右侧边两端点中最大的 y 值。
- z_l：左侧边与扫描线交点处的多边形深度值。
- IP：多边形序号。
- Δz_a：当沿扫描线方向增加 1 个像素时，多边形所在平面的 z 坐标增量为 $-a/c$。
- Δz_b：沿 y 方向扫描线加 1 时，多边形所在平面的 z 坐标增量为 $-b/c$。

3）算法描述

整个算法描述如下。

算法程序 2.18 扫描线 Z-Buffer 算法

Z-Buffer()

{

  建立多边形 Y 表；对每一个多边形根据顶点最小的 Y 值，将多边形置入多边形 Y 表。

  活化多边形表（APT），活化边对表（AET）初始化为空。

  for(每条扫描线 i，i 从小到大)

  {

    1. 帧缓存（CB）置为背景色。

    2. 深度缓存（ZB）（一维数组）置为负无穷大。

    3. 将对应扫描线 i 的、多边形 Y 表中的多边形加入到活化多边形表（APT）中。

4. 对新加入的多边形,生成其相应的边表(ET)。

5. 对 APT 中每一个多边形,若其边表(ET)中对应扫描线 i 增加了新的边,将新的边配对,加到活化边对表(AET)中。

6. 对 AET 中的每一对边:

   6.1 对 $x_l<j<x_r$ 的每一个像素,按增量公式 $z=z+\Delta z_a$ 计算各点深度 depth。

   6.2 与 ZB 中的对应量 ZB(j)比较,depth>ZB(j),则令 ZB(j)=depth,并计算颜色值,写帧缓存。

7. 删除 APT 中多边形顶点最大 y 坐标为 i 的多边形,并删除相应的边。

8. 对 AET 中的每一个边对,作如下处理:

   8.1 删除 y_{lmax} 或 y_{rmax} 已等于 i 的边。若一边对中只删除了其中一边,需对该多边形的边重新配对。

   8.2 用增量公式计算新的 x_l、x_r 和 z_l。$x_l=x_l+\Delta x_l$、$x_r=x_r+\Delta x_r$ 和 $z_l=z_l+\Delta x_l\Delta z_a+\Delta z_b$。

   }
}

4. 区间扫描线算法

与 Z-Buffer 算法相比,扫描线 Z-Buffer 算法做了如下两点改进。

(1) 将整个绘图窗口内的消隐问题分解到一条条扫描线上解决,使所需的 Z 缓冲器大大减小。

(2) 计算深度值时,利用了面的连贯性,只用了一个加法。但它在每个像素处都计算深度值,进行深度比较。因此,被多个多边形覆盖的像素区处还要进行多次计算,计算量仍然很大。

区间扫描线算法克服了这一缺陷,使得在一条扫描线上每个区间只计算一次深度值,并且不需要 Z 缓冲器。它是把当前扫描线与各多边形在投影平面的投影的交点进行排序后,使扫描线分为若干子区间。因此,只要在区间任一点处找出在该处 z 值最大的一个面,这个区间上的每一个像素就用这个面的颜色来显示。

如图 2.47 所示,扫描线与多边形的投影相交得到若干子区间。如何确定小区间的颜色可分为如下三种情况。

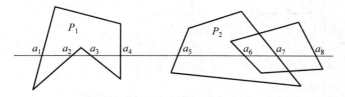

图 2.47　扫描线与多边形的投影相交

(1) 小区间上没有任何多边形,如$[a_4,a_5]$,这时该小区间用背景色显示。

(2) 小区间上只有一个多边形,如$[a_1,a_2]$、$[a_5,a_6]$,这时可以用对应多边形在该处的颜色显示。

(3) 小区间上存在两个或两个以上的多边,形如$[a_6,a_7]$,必须通过深度测试判断哪个多边形在前,如图 2.48 所示。若允许物体表面相互贯穿,还必须求出它们在扫描平面(zx 平面)的交点,用这些交点把该小区间分成更小的子区间(称为间隔),在这些间隔上决定哪个多边形可见。如将$[a_2,a_3]$区间分成$[a_2,b]$、$[b,a_3]$两个子区间。为了确定某间隔内哪一多边形可见,可在间隔内任取一采样点(如间隔中点),分析该点处哪个多边形离视点最近,该多边形即是在该间隔内可见的多边形。

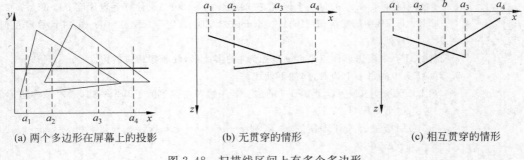

(a) 两个多边形在屏幕上的投影　　　　(b) 无贯穿的情形　　　　(c) 相互贯穿的情形

图 2.48　扫描线区间上有多个多边形

5. 区域子分割算法（Warnack 算法）

　　区域子分割算法的基本思想是:把物体投影到全屏幕窗口上,然后递归分割窗口,直到窗口内目标足够简单,可以显示为止。首先,该算法把初始窗口取作屏幕坐标系的矩形,将场景中的多边形投影到窗口内。如果窗口内没有物体,则按背景色显示;若窗口内只有一个面,则把该面显示出来,否则窗口内含有两个以上的面,则把窗口等分成 4 个子窗口。对每个小窗口再做上述同样的处理。这样反复地进行下去,如果到某个时刻,窗口仅有像素那么大,而窗口内仍有两个以上的面,这时不必再分割,只要取窗口内最近的可见面的颜色或所有可见面的平均颜色作为该像素的值。图 2.49 显示了区域子分割的过程。

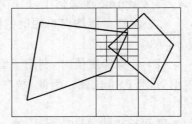

图 2.49　区域子分割的过程

　　窗口与多边形的覆盖关系有 4 种,即内含、相交、包围和分离,如图 2.50 所示。

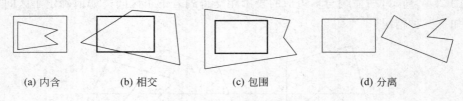

(a) 内含　　　　(b) 相交　　　　(c) 包围　　　　(d) 分离

图 2.50　窗口与多边形的关系

　　下列情况之一发生时,窗口足够简单,可以直接显示。

　　(1) 所有多边形均与窗口分离。该窗口置背景色。

　　(2) 只有一个多边形与窗口相交,或该多边形包含窗口,则先将整个窗口置背景色,然后再对多边形在窗口内部分扫描线算法绘制。

　　(3) 有一个多边形包围了窗口,或窗口与多个多边形相交,但有一个多边形包围窗口,而且在最前面最靠近观察点。

　　假设全屏幕窗口分辨率为 $1\,024 \times 1\,024$,定义窗口为左下角点(x,y)+边宽 s。图 2.51 为使用栈结构实现的区域子分割算法流图。由于算法中每次递归地把窗口分割成 4 个与原窗口相似的小窗口,故这种算法通常称为四叉树算法。

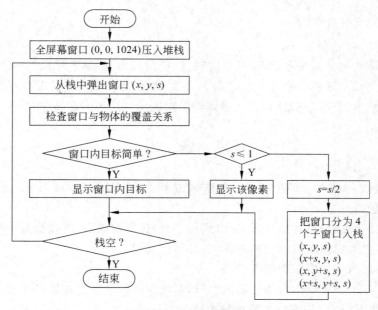

图 2.51 区域子分割算法流图

6. 光线投射算法

如图 2.52 所示,光线投射算法的思想是:考查由视点出发穿过观察屏幕的一个像素而射入场景的一条射线,则可确定出场景中与该射线相交的物体。在计算出光线与物体表面的交点之后,离像素最近的交点所在面片的颜色为该像素的颜色;如果没有交点,说明没有多边形的投影覆盖此像素,用背景色显示它即可。

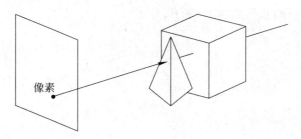

图 2.52 光线投影法

算法描述如下。

算法程序 2.19 光线投射算法

```
for(屏幕上的每一像素)
{
    形成通过该屏幕像素(u,v)的射线;
    for(场景中的每个物体)
        将射线与该物体求交;
    if (存在交点)
```

以最近的交点所属的颜色显示像素(u,v);

else

以背景色显示像素(u,v);

}

光线投射算法与 Z 缓冲器算法相比,它们仅仅是内外循环颠倒了一下顺序,所以它们的算法复杂度类似。区别在于光线投射算法不需要 Z 缓冲器。为了提高本算法的效率可以使用包围盒技术、空间分割技术以及物体的层次表示方法等来加速。

习　题　2

1. 描述直线扫描的 DDA 算法、中点画线算法和 Bresenham 算法,并用程序实现 Bresenham 算法。

2. 用中点画线法扫描转换从点(1,0)到(4,7)经过的直线段,并给出每一步的判别值。

3. 描述多边形扫描转换的扫描线算法,并写出伪码。

4. 字符串裁剪可按哪三个精度进行?

5. 为了在显示器等输出设备上输出字符,系统中必须装备有相应的字库。字库中存储了每个字符的形状信息,字库分为哪两种类型? 各有什么特点?

6. 简述裁剪方法和中点裁剪方法的思想,并指出中点裁剪方法的改进之处及这种改进的理由。

7. 试描述 Liang-Barskey 裁剪算法,并说明在什么情况下它比中点法和 Cohen-Sutherland 快及原因。

8. 解释走样和反走样的概念,并描述反走样的主要方法。

9. 描述消隐的扫描线 Z-Buffer 算法,并与其他两种 Z-Buffer 算法进行比较。

10. 比较书中列举的几种消隐算法的优缺点。

第 3 章　几何造型技术

几何造型技术是一项研究在计算机中如何表示物体模型形状的技术。它从诞生到现在仅仅经历了 30 多年的发展历史,但是,由于几何造型技术研究的迅速开展和计算机硬件性能的大幅度提高,目前已经出现了许多以几何造型作为核心的实用化系统,并且在航空航天、汽车、造船、机械、建筑和电子等行业都得到了广泛的应用。

在几何造型系统中,有三种描述物体的三维模型,即线框模型、曲面模型和实体模型。线框模型是计算机图形学和 CAD/CAM 领域最早用于表示物体的模型,计算机绘图是这种模型的一个重要应用。线框模型用顶点和棱边来表示物体,由于没有面的信息,它不能表示表面含有曲面的物体。另外,它不能明确地定义给定点与物体之间的关系(点在物体内部、外部或表面上),所以线框模型不能处理许多重要问题,如不能生成剖切图、消隐图、明暗色彩图,不能用于数控加工等,应用范围受到了很大的限制。

曲面模型在线框模型的基础上,增加了物体中面的信息,用面的集合来表示物体,而用环来定义面的边界。曲面模型扩大了线框模型的应用范围,能够满足面面求交、线面消隐、明暗色彩图和数控加工等需要。但在该模型中,只有一张张面的信息,物体究竟存在于表面的哪一侧,并没有给出明确的定义,无法计算和分析物体的整体性质,如物体的表面积、体积和重心等,也不能将这个物体作为一个整体去考察它与其他物体相互关联的性质,如是否相交等。

实体模型是最高级的模型,它能完整表示物体的所有形状信息,可以无歧义地确定一个点是在物体外部、内部或表面上,这种模型能够进一步满足物性计算、有限元分析等应用的要求。

虽然三维曲面模型表示三维物体的信息并不完整,但它能够表达复杂的雕刻曲面,在几何造型中具有重要的地位,对于支持曲面的三维实体模型,曲面模型是它的基础。本章将主要介绍有关曲面和实体的造型技术。

3.1　参数曲线和曲面

曲线、曲面可以用显式、隐式和参数表示,由于参数表示的曲线、曲面具有几何不变性等优点,计算机图形学中常用参数形式描述曲线、曲面。本节讨论一些参数曲线和曲面表示的基础知识。

3.1.1　曲线曲面的表示

曲线和曲面的表示方程有参数表示和非参数表示之分,非参数表示又分为显式表示和隐式表示。

对于一条平面曲线,显式表示的一般形式是 $y=f(x)$。该方程中,一个 x 值与一个 y 值对应,所以显式方程不能表示封闭或多值曲线,例如不能用显式方程表示一个圆。

如果将一条平面曲线方程表示成 $f(x,y)=0$ 的形式,称之为隐式表示。隐式表示的优点是易于判断函数 $f(x,y)$ 是否大于、小于或等于 0,也就易于判断点是落在所表示的曲线上还是位于曲线的哪一侧。

用非参数方程(无论是显式还是隐式)表示曲线曲面,会存在一些问题,如与坐标轴相关,会出现斜率为无穷大的情形(如垂线),不便于计算机编程等。

在几何造型系统中,曲线曲面方程通常表示成参数形式,即曲线曲面上任一点的坐标均表示成给定参数的函数。假定用 t 表示参数,平面曲线上任一点 P 可表示为

$$P(t) = [x(t), y(t)]$$

空间曲线上任一个三维点 P 可表示为

$$P(t) = [x(t), y(t), z(t)]$$

最简单的参数曲线是直线段,端点为 P_1、P_2 的直线段参数方程可表示成

$$P(t) = P_1 + (P_2 - P_1)t, \quad t \in [0, 1]$$

又如,圆在计算机图形学中应用十分广泛,其在第一象限内的单位圆弧的非参数显式表示为

$$y = \sqrt{1 - x^2} \quad (0 \leqslant x \leqslant 1)$$

其参数形式可表示为

$$P(t) = \left[\frac{1 - t^2}{1 + t^2}, \frac{2t}{1 + t^2} \right], \quad t \in [0, 1]$$

在曲线、曲面的表示上,参数方程比显式、隐式方程有更多的优越性,主要表现在如下方面。

(1) 可以满足几何不变性的要求。

(2) 有更大的自由度来控制曲线、曲面的形状。如一条二维三次曲线的显式表示为

$$y = ax^3 + bx^2 + cx + d$$

只有 4 个系数控制曲线的形状;而二维三次曲线的参数表达式为

$$P(t) = \begin{bmatrix} a_1 t^3 + a_2 t^2 + a_3 t + a_4 \\ b_1 t^3 + b_2 t^2 + b_3 t + b_4 \end{bmatrix}, \quad t \in [0, 1]$$

有 8 个系数可用来控制此曲线的形状。

(3) 对非参数方程表示的曲线、曲面进行变换,必须对曲线、曲面上的每个型值点进行几何变换;而对参数表示的曲线、曲面,可对其参数方程直接进行几何变换。

(4) 便于处理斜率为无穷大的情形,不会因此而中断计算。

(5) 参数方程中,代数、几何相关和无关的变量是完全分离的,而且对变量个数不限,从而便于用户把低维空间中曲线、曲面扩展到高维空间去。这种变量分离的特点使得可以用数学公式处理几何分量。

(6) 规格化的参数变量 $t \in [0, 1]$,使其相应的几何分量是有界的,而不必用另外的参数去定义边界。

(7) 易于用矢量和矩阵表示几何分量,简化了计算。

3.1.2 曲线的基本概念

一条用参数表示的三维曲线是一个有界点集,可写成一个带参数的、连续的、单值的数学函数,其形式为

$$\begin{cases} x = x(t) \\ y = y(t), \quad 0 \leqslant t \leqslant 1 \\ z = z(t) \end{cases}$$

下面给出参数曲线的几个基本概念。

1. 位置矢量

如图 3.1 所示,曲线上任一点的位置矢量可表示为

$$\boldsymbol{P}(t) = [x(t), y(t), z(t)]$$

其一阶、二阶和 k 阶导数矢量(如果存在的话)可分别表示为

$$P'(t) = \frac{\mathrm{d}P}{\mathrm{d}t}$$

$$P''(t) = \frac{\mathrm{d}^2 P}{\mathrm{d}t^2}$$

$$P^k(t) = \frac{\mathrm{d}^k P}{\mathrm{d}t^k}$$

2. 切矢量

若曲线上 R, Q 两点的参数分别是 t 和 $t+\Delta t$,矢量 $\Delta \boldsymbol{P} = \boldsymbol{P}(t+\Delta t) - \boldsymbol{P}(t)$ 的大小可以用连接 R, Q 的弦长表示。如果在 R 处切线存在,则当 $\Delta t \rightarrow 0$ 时,Q 趋向于 R,矢量 $\Delta \boldsymbol{P}$ 的方向趋向于该点的切线方向。如选择弧长 s 作为参数,则 $\boldsymbol{T} = \dfrac{\mathrm{d}\boldsymbol{P}}{\mathrm{d}s} = \lim\limits_{\Delta s \to 0} \dfrac{\Delta \boldsymbol{P}}{\Delta s}$ 是单位切矢量。因为,根据弧长微分公式有

$$(\mathrm{d}s)^2 = (\mathrm{d}x)^2 + (\mathrm{d}y)^2 + (\mathrm{d}z)^2$$

引入参数 t,上式可改写为

$$(\mathrm{d}s/\mathrm{d}t)^2 = (\mathrm{d}x/\mathrm{d}t)^2 + (\mathrm{d}y/\mathrm{d}t)^2 + (\mathrm{d}z/\mathrm{d}t)^2 = |\boldsymbol{P}'(t)|^2$$

为了方便,数学上一般取 s 增加的方向为 t 增加的方向。考虑到矢量的模非负,所以有

$$\frac{\mathrm{d}s}{\mathrm{d}t} = |\boldsymbol{P}'(t)| \geqslant 0$$

即弧长 s 是 t 的单调增函数,故其反函数 $t(s)$ 存在,且一一对应。由此得 $\boldsymbol{P}(t) = \boldsymbol{P}(t(s)) = \boldsymbol{P}(s)$,于是

$$\frac{\mathrm{d}\boldsymbol{P}}{\mathrm{d}s} = \frac{\mathrm{d}\boldsymbol{P}}{\mathrm{d}t} \cdot \frac{\mathrm{d}t}{\mathrm{d}s} = \frac{\boldsymbol{P}'(t)}{|\boldsymbol{P}'(t)|}$$

即 $\boldsymbol{T}$ 是单位切矢量。

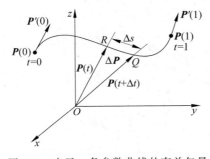

图 3.1　表示一条参数曲线的有关矢量

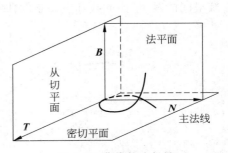

图 3.2　曲线的法矢量

3. 法矢量

对于空间参数曲线上任意一点,所有垂直切矢量 T 的矢量有一束,且位于同一平面上,该平面称为法平面,如图 3.2 所示。

若曲线上任一点的单位切矢记为 T,因为 $[T(s)]^2=1$,两边对 s 求导矢可得 $2T(s) \cdot T'(s)=0$,可见 $\dfrac{\mathrm{d}T}{\mathrm{d}s}$ 是一个与 T 垂直的矢量。与 $\dfrac{\mathrm{d}T}{\mathrm{d}s}$ 平行的法矢称为曲线在该点的主法矢,主法矢的单位矢量称为单位主法矢量,记为 N。矢量积 $B=T\times N$ 是第三个单位矢量,它垂直于 T 和 N。平行于矢量 B 的法矢称为曲线的副法矢,B 则称为单位副法失量。

对于一般参数 t,可以推导出

$$B = \frac{P'(t) \times P''(t)}{|P'(t) \times P''(t)|}$$

$$N = B \times T = \frac{(P'(t) \times P''(t)) \times P'(t)}{|P'(t) \times P''(t)| \cdot |P'(t)|}$$

T(切矢)、N(主法矢)和 B(副法矢)构成了曲线上的活动坐标架,且 N、B 构成的平面称为法平面,N、T 构成的平面称为密切平面,B、T 构成的平面称为从切平面。

4. 曲率和挠率

由于 $\dfrac{\mathrm{d}T}{\mathrm{d}s}$ 与 N 平行,若令 $T'=\kappa N$,则 $\kappa=|T'|=\lim\limits_{\Delta s \to 0}\left|\dfrac{\Delta T}{\Delta s}\right|=\lim\limits_{\Delta s \to 0}\left|\dfrac{\Delta T}{\Delta \theta}\right|\left|\dfrac{\Delta \theta}{\Delta s}\right|$,即 $\kappa=\lim\limits_{\Delta s \to 0}\left|\dfrac{\Delta \theta}{\Delta s}\right|$,称之为曲率。其几何意义是曲线的单位切矢对弧长的转动率(如图 3.3(a)所示),与主法矢同向。曲率的倒数 $\rho=1/\kappa$,称为曲率半径。

又因为 $B(s) \cdot T(s)=0$,两边对 s 求导矢得

$$B'(s) \cdot T(s) + B(s) \cdot T'(s) = 0$$

将 $T'=\kappa N$ 代入上式,并注意到 $B(s) \cdot N(s)=0$,得到

$$B'(s) \cdot T(s) = 0$$

因为 $[B(s)]^2=1$,所以两边对 s 求导得到 $B'(s) \cdot B(s)=0$。可见,$B'(s)$ 既垂直于 $T(s)$,又垂直于 $B(s)$,故有 $B'(s) \parallel N(s)$,再令 $B'(s)=-\tau N(s)$,τ 称为挠率。因为 $|\tau|=\left|\dfrac{\mathrm{d}B}{\mathrm{d}s}\right|=\lim\limits_{\Delta s \to 0}\left|\dfrac{\Delta B}{\Delta s}\right|=\lim\limits_{\Delta s \to 0}\left|\dfrac{\Delta B}{\Delta \phi}\right|\left|\dfrac{\Delta \phi}{\Delta s}\right|$,即 $|\tau|=\lim\limits_{\Delta s \to 0}\left|\dfrac{\Delta \phi}{\Delta s}\right|$,所以挠率的绝对值等于副法线方向(或密切平面)对于弧长的转动率(如图 3.3(b)所示)。挠率 τ 大于 0、等于 0 和小于 0 分别表示曲线为右旋空间曲线、平面曲线和左旋空间曲线。

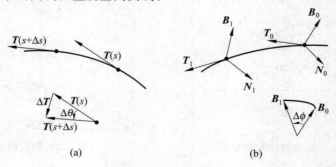

(a)　　　　　　　　　　　(b)

图 3.3　曲率和挠率

同样,对 $N(s)=B(s)\times T(s)$ 两边求导,可以得到

$$N'(s)=-\kappa T(s)+\tau B(s)$$

将 T'、N'、B' 和 T、N、B 的关系写成矩阵的形式为

$$\begin{bmatrix} T' \\ N' \\ B' \end{bmatrix} = \begin{bmatrix} 0 & \kappa & 0 \\ -\kappa & 0 & \tau \\ 0 & -\tau & 0 \end{bmatrix} \begin{bmatrix} T \\ N \\ B \end{bmatrix}$$

对于一般参数 t,可以推导出曲率 κ 和挠率 τ 的计算公式如下

$$\kappa = \frac{|P'(t)\times P''(t)|}{|P'(t)|^3}$$

$$\tau = \frac{(P'(t)\times P''(t))\cdot P'''(t)}{(P'(t)\times P''(t))^2}$$

3.1.3 插值、拟合和光顺

1. 插值、拟合和逼近

给定一组有序的数据点 $P_i(i=0,1,\cdots,n)$,构造一条曲线顺序通过这些数据点,称为对这些数据点的插值,所构造的曲线称为插值曲线。

1) 线性插值

假设给定函数 $f(x)$ 在两个不同点 x_1 和 x_2 的值,用一个线性函数 $y=\varphi(x)=ax+b$ 近似代替 $f(x)$,称 $\varphi(x)$ 为 $f(x)$ 的线性插值函数。其中,线性函数的系数 a,b 通过条件 $\begin{cases}\varphi(x_1)=y_1 \\ \varphi(x_2)=y_2\end{cases}$ 确定。如图 3.4(a)所示。

2) 抛物线插值

抛物线插值又称为二次插值。设已知 $f(x)$ 在三个互异点 x_1,x_2,x_3 的函数值为 y_1,y_2,y_3,要求构造一个函数 $\varphi(x)=ax^2+bx+c$,使 $\varphi(x)$ 在节点 $x_i(i=1,2,3)$ 处与 $f(x)$ 在 x_i 处的值相等,如图 3.4(b)所示。由此可构造 $\varphi(x_i)=f(x_i)=y_i(i=1,2,3)$ 的线性方程组,求得 a,b,c,即构造了 $\varphi(x)$ 的插值函数。

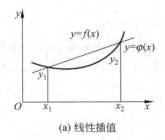 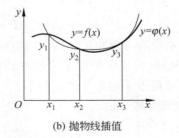

(a) 线性插值　　　　　　　　(b) 抛物线插值

图 3.4　线性插值和抛物线插值

构造一条曲线使之在某种意义下最接近给定的数据点(但未必通过这些点),称为对这些数据点进行拟合,所构造的曲线为拟合曲线。

在计算数学中,逼近通常是指用一些性质较好的函数近似表示一些性质不好的函数。在计算机图形学中,逼近继承了这方面的含义,因此插值和拟合都可以视为逼近。

2. 光顺（Fairing）

光顺通俗的含义是指曲线的拐点不能太多，曲线拐来拐去就会不顺眼。对平面曲线而言，相对光顺的条件如下。

（1）具有二阶几何连续性（G^2）。

（2）不存在多余拐点和奇异点。

（3）曲率变化较小。

3.1.4　参数化

过三点 P_0、P_1 和 P_2 构造参数表示的插值多项式可以有无数条，这是因为参数 t 在 $[0,1]$ 区间的分割可以有无数种，即 P_0、P_1 和 P_2 可对应不同的参数值，如 $t_0=0,t_1=\dfrac{1}{2}$，$t_2=1$ 或 $t_0=0,t_1=\dfrac{1}{3},t_2=1$。其中，每个参数值称为节点（knot）。

对于一条插值曲线，型值点 $P_0,P_1,\cdots,P_n$ 与其参数域 $t\in[t_0,t_n]$ 内的节点之间有一种对应关系。对于一组有序的型值点所确定一种参数分割，称之为这组型值点的参数化。参数化的常用方法有以下几种。

1. 均匀参数化（等距参数化）

使每个节点区间长度 $\Delta_i=t_{i+1}-t_i(i=0,1,\cdots,n-1)$ 为正常数 d，节点在参数轴上呈等距分布：$t_{i+1}=t_i+d$。

2. 累加弦长参数化

$$\begin{cases} t_0=0 \\ t_i=t_{i-1}+|\Delta P_{i-1}|, & i=1,2,\cdots,n \end{cases}$$

其中 $\Delta P_i=P_{i+1}-P_i$ 为向前差分矢量，即弦边矢量。这种参数法如实反映了型值点按弦长的分布情况，能够克服型值点按弦长分布不均匀的情况下采用均匀参数化所出现的问题。

3. 向心参数化法

$$\begin{cases} t_0=0 \\ t_i=t_{i-1}+|\Delta P_{i-1}|^{1/2}, & i=1,2,\cdots,n \end{cases}$$

累加弦长法没有考虑相邻弦边的拐折情况，而向心参数化法假设在一段曲线弧上的向心力与曲线切矢从该弧段始端至末端的转角成正比，加上一些简化假设，得到向心参数化法。此法尤其适用于非均匀型值点分布。

4. 修正弦长参数化法

$$\begin{cases} t_0=0 \\ t_i=t_{i-1}+K_i|\Delta P_{i-1}|, & i=1,2,\cdots,n \end{cases}$$

其中，$K_i=1+\dfrac{3}{2}\left(\dfrac{|\Delta P_{i-2}|\theta_{i-1}}{|\Delta P_{i-2}|+|\Delta P_{i-1}|}+\dfrac{|\Delta P_i|\theta_i}{|\Delta P_{i-1}|+|\Delta P_i|}\right)$，$\theta_i=\min\left(\pi-\angle P_{i-1}P_iP_{i+1},\dfrac{\pi}{2}\right)$，$|\Delta P_{-1}|=|\Delta P_n|=0$。弦长修正系数 $K_i\geqslant 1$。从公式可知，与前后邻弦长 $|\Delta P_{i-2}|$ 和 $|\Delta P_i|$ 相比，若 $|\Delta P_{i-1}|$ 越小，且与前后邻弦边夹角的外角 θ_{i-1} 和 θ_i（不超过 $\dfrac{\pi}{2}$ 时）越大，则修正系数 K_i 就越大。

由上述参数化方法得到的区间一般是$[t_0,t_n]\neq[0,1]$，通常将参数区间$[t_0,t_n]$规格化为$[0,1]$，这只需对参数化区间作如下处理

$$t_0=0,\quad t_i=\frac{t_i}{t_n},\quad i=0,1,\cdots,n$$

3.1.5 参数曲线的代数和几何形式

本节以三次参数曲线为例，讨论参数曲线的代数和几何形式。

1. 代数形式

一条三次曲线的代数形式是

$$\begin{cases}x(t)=a_{3x}t^3+a_{2x}t^2+a_{1x}t+a_{0x}\\y(t)=a_{3y}t^3+a_{2y}t^2+a_{1y}t+a_{0y},\quad t\in[0,1]\\z(t)=a_{3z}t^3+a_{2z}t^2+a_{1z}t+a_{0z}\end{cases}$$

方程组中12个系数唯一地确定了一条三次参数曲线的位置与形状。上述代数式写成矢量式是

$$\boldsymbol{P}(t)=\boldsymbol{a}_3t^3+\boldsymbol{a}_2t^2+\boldsymbol{a}_1t+\boldsymbol{a}_0,\quad t\in[0,1] \tag{3.1}$$

其中$\boldsymbol{a}_0,\boldsymbol{a}_1,\boldsymbol{a}_2,\boldsymbol{a}_3$是代数系数矢量，$\boldsymbol{P}(t)$是三次参数曲线上任一点的位置矢量。

2. 几何形式

描述参数曲线的条件有端点位矢、端点切矢和曲率等。对三次参数曲线，若用其端点位矢$\boldsymbol{P}(0)$、$\boldsymbol{P}(1)$和切矢$\boldsymbol{P}'(0)$、$\boldsymbol{P}'(1)$描述，并将$\boldsymbol{P}(0)$、$\boldsymbol{P}(1)$、$\boldsymbol{P}'(0)$和$\boldsymbol{P}'(1)$简记为$\boldsymbol{P}_0$、$\boldsymbol{P}_1$、$\boldsymbol{P}'_0$和$\boldsymbol{P}'_1$，代入式(3.1)得（如图3.5所示）

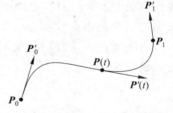

图 3.5 Ferguson 曲线端点
位矢和切矢

$$\begin{cases}\boldsymbol{a}_0=\boldsymbol{P}_0\\\boldsymbol{a}_1=\boldsymbol{P}'_0\\\boldsymbol{a}_2=-3\boldsymbol{P}_0+3\boldsymbol{P}_1-2\boldsymbol{P}'_0-\boldsymbol{P}'_1\\\boldsymbol{a}_3=2\boldsymbol{P}_0-2\boldsymbol{P}_1+\boldsymbol{P}'_0+\boldsymbol{P}'_1\end{cases} \tag{3.2}$$

将式(3.2)代入式(3.1)整理后得

$$\begin{aligned}\boldsymbol{P}(t)=&(2t^3-3t^2+1)\boldsymbol{P}_0+(-2t^3+3t^2)\boldsymbol{P}_1+(t^3-2t^2+t)\boldsymbol{P}'_0\\&+(t^3-t^2)\boldsymbol{P}'_1,\quad t\in[0,1]\end{aligned} \tag{3.3}$$

令$\begin{cases}F_0(t)=2t^3-3t^2+1\\F_1(t)=-2t^3+3t^2\\G_0(t)=t^3-2t^2+t\\G_1(t)=t^3-t^2\end{cases}$，将$F_0,F_1,G_0,G_1$代入式(3.3)，可将其简化为

$$\boldsymbol{P}(t)=F_0\boldsymbol{P}_0+F_1\boldsymbol{P}_1+G_0\boldsymbol{P}'_0+G_1\boldsymbol{P}'_1,\quad t\in[0,1] \tag{3.4}$$

式(3.4)是三次 Hermite(Ferguson)曲线的几何形式，几何系数是$\boldsymbol{P}_0$、$\boldsymbol{P}_1$、$\boldsymbol{P}'_0$和$\boldsymbol{P}'_1$。F_0,F_1,G_0,G_1称为调和函数（或混合函数），即该形式下的三次 Hermite 基。它们具有如下性质

$$\begin{bmatrix}F_i(j)&F'_i(j)\\G_i(j)&G'_i(j)\end{bmatrix}=\begin{bmatrix}\delta_{ij}&0\\0&\delta_{ij}\end{bmatrix},\quad i,j=0,1 \tag{3.5}$$

F_0和F_1专门控制端点的函数值对曲线的影响，而同端点的导数值无关；G_0和G_1则专

门控制端点的一阶导数值对曲线形状的影响,而同端点的函数值无关。或者说,F_0 和 G_0 控制左端点的影响,F_1 和 G_1 控制右端点的影响。图 3.6 给出了这 4 个调和函数的图形。

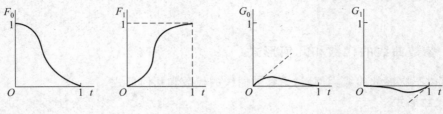

图 3.6　三次调和函数

3.1.6　连续性

设计一条复杂曲线时,出于设计和制造上的考虑,常常通过多段曲线组合而成,这需要解决曲线段之间如何实现光滑连接的问题。

曲线间连接的光滑度的度量有两种:一种是函数的可微性,使得组合参数曲线在连接处具有直到 n 阶连续导矢,即 n 阶连续可微,这类光滑度称为 C^n 或 n 阶参数连续性;另一种称为几何连续性,组合曲线在连接处满足不同于 C^n 的某一组约束条件,称为具有 n 阶几何连续性,简记为 G^n。曲线光滑度的两种度量方法并不矛盾,C^n 连续包含在 G^n 连续之中。下面详细讨论两条曲线拼接的连续性问题。

首先通过一个反例来说明引进几何连续的重要性。

例　令

$$\Phi(t) = \begin{cases} V_0 + \dfrac{V_1 - V_0}{3}t, & 0 \leqslant t \leqslant 1 \\ V_0 + \dfrac{V_1 - V_0}{3} + (t-1)\dfrac{2(V_1 - V_0)}{3}, & 1 \leqslant t \leqslant 2 \end{cases}$$

$\Phi(t)$ 在 $[0,2]$ 上表示一条连接 V_0、V_1 的直线段,但却有 $\Phi'(1^-) = \dfrac{1}{3}(V_1 - V_0)$,$\Phi'(1^+) = \dfrac{2}{3}(V_1 - V_0)$,即 $\Phi'(1^-) \neq \Phi'(1^+)$。

$\Phi(t)$ 明明是一条直线,却非 C^1 连续,说明用参数连续描述光滑性是不恰当的,因此有必要引进一种新的连续性度量,这就是几何连续。

如图 3.7 所示,对于参数 $t \in [0,1]$ 的两条曲线 $P(t)$ 和 $Q(t)$,若要求在结合处达到 G^0 连续或 C^0 连续,即两曲线在结合处位置连续,则需要:

$$P(1) = Q(0) \qquad\qquad (3.6)$$

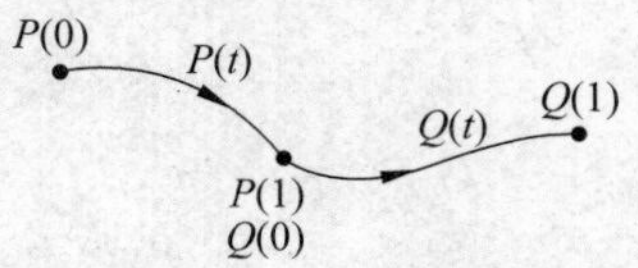

若要求在结合处达到 G^1 连续,就是说两条曲线在结合处在满足 G^0 连续的条件下,并有公共的切矢

$$\bm{Q}'(0) = \alpha \bm{P}'(1) \quad (\alpha > 0) \qquad\qquad (3.7)$$

当 $\alpha = 1$ 时,G^1 连续就成为 C^1 连续。

若要求在结合处达到 G^2 连续,就是说两条曲线在结合处在满足 G^1 连续的条件下,并有公共的曲率矢

图 3.7　两条曲线的连续性

$$\frac{\boldsymbol{P}'(1) \times \boldsymbol{P}''(1)}{|\boldsymbol{P}'(1)|^3} = \frac{\boldsymbol{Q}'(0) \times \boldsymbol{Q}''(0)}{|\boldsymbol{Q}'(0)|^3} \tag{3.8}$$

将(3.7)式代入可得：

$$\boldsymbol{P}'(1) \times \boldsymbol{Q}''(0) = \alpha^2 \boldsymbol{P}'(1) \times \boldsymbol{P}''(1)$$

这个关系可化简为

$$Q''(0) = \alpha^2 \boldsymbol{P}''(1) + \beta \boldsymbol{P}'(1) \tag{3.9}$$

β 为任意常数。当 $\alpha=1, \beta=0$ 时，G^2 连续就成为 C^2 连续。

至此可以看到，C^1 连续保证 G^1 连续，C^2 连续能保证 G^2 连续，但反过来不行。也就是说，C^n 连续的条件比 G^n 连续的条件要苛刻。

3.1.7 参数曲面的基本概念

和曲线一样，曲面也有显示表示、隐式表示和参数表示，计算机图形学中最常用的是参数表示。经常采用矩形域作为曲面的参数域。

一张定义在矩形域上的参数曲面可以表示为

$$\begin{cases} x = x(u,v) \\ y = y(u,v), \quad (u,v) \in [0,1] \times [0,1] \\ z = z(u,v) \end{cases}$$

记为 $P(u,v) = (x(u,v), y(u,v), z(u,v))$，$(u,v)$ 称为参数。

参数曲面中常见的基本概念如下（如图 3.8 所示）。

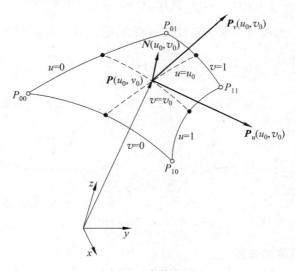

图 3.8　参数曲面

（1）曲面上的点。将给定的参数值 u_0, v_0 代入参数方程，可得曲面上的点 $\boldsymbol{P}(u_0, v_0)$。

（2）曲面上一点的切向量（切矢）。对给定的参数值 u_0, v_0，曲面上的点 $\boldsymbol{P}(u_0, v_0)$ 处的 u 切矢和 v 切矢分别为 $\dfrac{\partial \boldsymbol{P}(u,v)}{\partial u}\bigg|_{\substack{u=u_0 \\ v=v_0}}, \dfrac{\partial \boldsymbol{P}(u,v)}{\partial v}\bigg|_{\substack{u=u_0 \\ v=v_0}}$。

（3）曲面上一点的法向量（法矢）。对给定的参数值 u_0, v_0，曲面上的点 $\boldsymbol{P}(u_0, v_0)$ 处的法

向量为 $N(u_0, v_0) = \dfrac{\partial P(u,v)}{\partial u}\bigg|_{\substack{u=u_0 \\ v=v_0}} \times \dfrac{\partial P(u,v)}{\partial v}\bigg|_{\substack{u=u_0 \\ v=v_0}}$。

（4）角点。将参数 $u, v = 0$ 或 1 代入曲面的参数方程 $P(u,v)$，得到曲面的 4 个角点为 $P(0,0)$、$P(0,1)$、$P(1,0)$ 和 $P(1,1)$，可简记为 $P_{00}, P_{01}, P_{10}\ P_{11}$。

（5）边界线。将参数 $u = 0,1$ 或 $v = 0,1$ 代入曲面的参数方程 $P(u,v)$，得到曲面的 4 条边界线为 $P(u,0)$、$P(u,1)$、$P(0,v)$ 和 $P(1,v)$，可简记为 $P_{u0}, P_{u1}, P_{0v}, P_{1v}$。

3.2 Bézier 曲线与曲面

由于几何外形设计的要求越来越高，传统的曲线曲面表示方法已不能满足用户的需求。1962 年，法国雷诺汽车公司的 P. E. Bézier 构造了一种以逼近为基础的参数曲线和曲面的设计方法，并用这种方法完成了一个称为 UNISURF 的曲线和曲面设计系统。1972 年，该系统被投入应用。Bézier 方法将函数逼近论同几何表示结合起来，使得设计师在计算机上设计曲线曲面就像使用作图工具一样得心应手。

3.2.1 Bézier 曲线的定义和性质

1. 定义

给定空间 $n+1$ 个点的位置矢量 $P_i(i=0,1,\cdots,n)$，则 Bézier 曲线可定义为

$$P(t) = \sum_{i=0}^{n} P_i B_{i,n}(t), \quad t \in [0,1]$$

其中 $P_i(i=0,1,\cdots,n)$ 构成该 Bézier 曲线的特征多边形，$B_{i,n}(t)$ 是 n 次 Bernstein 基函数

$$B_{i,n}(t) = C_n^i t^i (1-t)^{n-i} = \frac{n!}{i!(n-i)!} t^i \cdot (1-t)^{n-i}, \quad (i=0,1,\cdots,n)$$

其中 $0^0 = 1, 0! = 1$。

图 3.9 是三次 Bézier 曲线的实例。

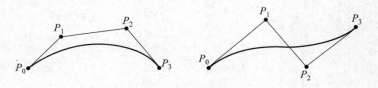

图 3.9 三次 Bézier 曲线

2. Bernstein 基函数的性质

（1）正性。

$$B_{i,n}(t) > 0, \quad t \in (0,1) \quad (i=0,1,\cdots,n)$$

（2）端点性质。

$$B_{i,n}(0) = \begin{cases} 1, & i=0 \\ 0, & i \neq 0 \end{cases}, \quad B_{i,n}(1) = \begin{cases} 1, & i=n \\ 0, & i \neq n \end{cases}$$

（3）权性。

$$\sum_{i=0}^{n} B_{i,n}(t) \equiv 1, \quad t \in [0,1]$$

由二项式定理可知，$\sum_{i=0}^{n} B_{i,n}(t) = \sum_{i=0}^{n} C_n^i t^i (1-t)^{n-i} = [(1-t) + t]^n \equiv 1$。

（4）对称性。

$$B_{i,n}(t) = B_{n-i,n}(1-t)$$

因为 $B_{n-i,n}(1-t) = C_n^{n-i} [1-(1-t)]^{n-(n-i)} \cdot (1-t)^{n-i} = C_n^i t^i (1-t)^{n-i} = B_{i,n}(t)$。

（5）递推性。

$$B_{i,n}(t) = (1-t)B_{i,n-1}(t) + tB_{i-1,n-1}(t) \quad (i = 0,1,\cdots,n)$$

即高一次的 Bernstein 基函数可由两个低一次的 Bernstein 基函数线性组合而成。因为

$$B_{i,n}(t) = C_n^i t^i (1-t)^{n-i} = (C_{n-1}^i + C_{n-1}^{i-1}) t^i (1-t)^{n-i}$$
$$= (1-t)C_{n-1}^i t^i (1-t)^{(n-1)-i} + tC_{n-1}^{i-1} t^{i-1} (1-t)^{(n-1)-(i-1)}$$
$$= (1-t)B_{i,n-1}(t) + tB_{i-1,n-1}(t)$$

（6）导函数。

$$B'_{i,n}(t) = n[B_{i-1,n-1}(t) - B_{i,n-1}(t)], \quad i = 0,1,\cdots,n$$

（7）最大值。$B_{i,n}(t)$ 在 $t = \dfrac{i}{n}$ 处达到最大值。

（8）升阶公式。

$$(1-t)B_{i,n}(t) = \left(1 - \frac{i}{n+1}\right)B_{i,n+1}(t)$$

$$tB_{i,n}(t) = \frac{i+1}{n+1}B_{i+1,n+1}(t)$$

$$B_{i,n}(t) = \left(1 - \frac{i}{n+1}\right)B_{i,n+1}(t) + \frac{i+1}{n+1}B_{i+1,n+1}(t)$$

（9）积分。

$$\int_0^1 B_{i,n}(t)\,\mathrm{d}t = \frac{1}{n+1}$$

3. Bézier 曲线的性质

1）端点性质

（1）曲线端点位置矢量。由 Bernstein 基函数的端点性质可以推得，当 $t=0$ 时，$P(0) = P_0$；当 $t=1$ 时，$P(1) = P_n$。由此可见，Bézier 曲线的起点、终点与相应的特征多边形的起点、终点重合。

（2）切矢量。因为 $\boldsymbol{P}'(t) = n\sum_{i=0}^{n-1} \boldsymbol{P}_i[B_{i-1,n-1}(t) - B_{i,n-1}(t)]$，所以当 $t=0$ 时，$\boldsymbol{P}'(0) = n(\boldsymbol{P}_1 - \boldsymbol{P}_0)$；当 $t=1$ 时，$\boldsymbol{P}'(1) = n(\boldsymbol{P}_n - \boldsymbol{P}_{n-1})$。这说明 Bézier 曲线的起点和终点处的切线方向和特征多边形的第一条边及最后一条边的走向一致。

（3）二阶导矢。

$$\boldsymbol{P}''(t) = n(n-1)\sum_{i=0}^{n-2}(\boldsymbol{P}_{i+2} - 2\boldsymbol{P}_{i+1} + \boldsymbol{P}_i)B_{i,n-2}(t)$$

当 $t=0$ 时，$\boldsymbol{P}''(0) = n(n-1)(\boldsymbol{P}_2 - 2\boldsymbol{P}_1 + \boldsymbol{P}_0)$；当 $t=1$ 时，$\boldsymbol{P}''(1) = n(n-1)(\boldsymbol{P}_n - 2\boldsymbol{P}_{n-1} + \boldsymbol{P}_{n-2})$。

上式表明,二阶导矢只与相邻的三个顶点有关。事实上,r 阶导矢只与 $r+1$ 个相邻点有关,与更远点无关。

将 $\boldsymbol{P}'(0)$、$\boldsymbol{P}''(0)$ 及 $\boldsymbol{P}'(1)$、$\boldsymbol{P}''(1)$ 代入曲率公式 $k(t)=\dfrac{|\boldsymbol{P}'(t)\times\boldsymbol{P}''(t)|}{|\boldsymbol{P}'(t)|^3}$,可以得到 Bézier 曲线在端点的曲率分别为

$$\kappa(0)=\frac{n-1}{n}\cdot\frac{|(\boldsymbol{P}_1-\boldsymbol{P}_0)\times(\boldsymbol{P}_2-\boldsymbol{P}_1)|}{|\boldsymbol{P}_1-\boldsymbol{P}_0|^3}$$

$$\kappa(1)=\frac{n-1}{n}\cdot\frac{|(\boldsymbol{P}_{n-1}-\boldsymbol{P}_{n-2})\times(\boldsymbol{P}_n-\boldsymbol{P}_{n-1})|}{|\boldsymbol{P}_n-\boldsymbol{P}_{n-1}|^3}$$

(4) k 阶导函数的差分表示。n 次 Bézier 曲线的 k 阶导数可用差分公式表示为

$$\boldsymbol{P}^k(t)=\frac{n!}{(n-k)!}\sum_{i=0}^{n-k}\Delta^k\boldsymbol{P}_i B_{i,n-k}(t),\quad t\in[0,1]$$

其中高阶向前差分矢量由低阶向前差分矢量递推地定义

$$\Delta^k\boldsymbol{P}_i=\Delta^{k-1}\boldsymbol{P}_{i+1}-\Delta^{k-1}\boldsymbol{P}_i$$

例如

$$\Delta^0\boldsymbol{P}_i=\boldsymbol{P}_i$$
$$\Delta^1\boldsymbol{P}_i=\Delta^0\boldsymbol{P}_{i+1}-\Delta^0\boldsymbol{P}_i=\boldsymbol{P}_{i+1}-\boldsymbol{P}_i$$
$$\Delta^2\boldsymbol{P}_i=\Delta^1\boldsymbol{P}_{i+1}-\Delta^1\boldsymbol{P}_i=\boldsymbol{P}_{i+2}-2\boldsymbol{P}_{i+1}+\boldsymbol{P}_i$$

2) 对称性

由控制顶点 $P_i^*=P_{n-i}(i=0,1,\cdots,n)$,构造出的新 Bézier 曲线与原 Bézier 曲线形状相同,但走向相反。这是因为

$$P^*(t)=\sum_{i=0}^n P_i^* B_{i,n}(t)=\sum_{i=0}^n P_{n-i}B_{i,n}(t)=\sum_{i=0}^n P_{n-i}B_{n-i,n}(1-t)$$

$$=\sum_{i=0}^n P_i B_{i,n}(1-t)=P(1-t),\quad t\in[0,1]$$

这个性质说明 Bézier 曲线在起点处有什么几何性质,在终点处也有相同的性质。

3) 凸包性

由于 $\sum_{i=0}^n B_{i,n}(t)\equiv1$,且 $0\leqslant B_{i,n}(t)\leqslant1(0\leqslant t\leqslant1,i=0,1,\cdots,n)$,这一结果说明当 t 在 $[0,1]$ 区间变化时,对某一个 t 值,$P(t)$ 是特征多边形各顶点 P_i 的加权平均,权因子依次是 $B_{i,n}(t),i=0,1,\cdots,n$。在几何图形上,意味着 Bézier 曲线 $P(t)$ 在 $t\in[0,1]$ 中各点是控制点 P_i 的凸线性组合,即曲线落在 P_i 构成的凸包之中,如图 3.10 所示。

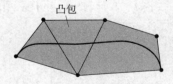

图 3.10　Bézier 曲线的凸包性

4) 几何不变性

这是指某些几何特性不随坐标变换而变化的特性。Bézier 曲线的位置和形状与其特征多边形顶点 $P_i(i=0,1,\cdots,n)$ 的位置有关,它不依赖坐标系的选择,即有

$$\sum_{i=0}^n P_i B_{i,n}(t)=\sum_{i=0}^n P_i B_{i,n}\left(\frac{u-a}{b-a}\right)\quad(参变量 u 是 t 的置换)$$

5) 变差缩减性

若 Bézier 曲线的特征多边形 $P_0 P_1 \cdots P_n$ 是一个平面图形,则平面内任意直线与 $P(t)$ 的交点个数不多于该直线与其特征多边形的交点个数,这一性质叫变差缩减性质。此性质反映了 Bézier 曲线比其特征多边形的波动要小,也就是说 Bézier 曲线比特征多边形的折线更光顺。

6)仿射不变性

对于任意的仿射变换 A:

$$A[P(t)] = A\left\{\sum_{i=0}^{n} P_i B_{i,n}(t)\right\} = \sum_{i=0}^{n} A[P_i] B_{i,n}(t)$$

即在仿射变换下,$P(t)$ 的形式不变。

3.2.2　Bézier 曲线的递推算法

计算 Bézier 曲线上的点,可用 Bézier 曲线方程直接计算,但使用 de Casteljau 提出的递推算法则要简单得多。

如图 3.11 所示,设 P_0、P_0^2、P_2 是一条抛物线上顺序不同的三个点,过 P_0 和 P_2 点的两切线交于 P_1 点,在 P_0^2 点的切线分别交 $P_0 P_1$ 和 $P_2 P_1$ 于 P_0^1 和 P_1^1,则如下比例成立

$$\frac{P_0 P_0^1}{P_0^1 P_1} = \frac{P_1 P_1^1}{P_1^1 P_2} = \frac{P_0^1 P_0^2}{P_0^2 P_1^1}$$

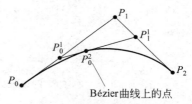

图 3.11　抛物线三切线定理

这是所谓抛物线的三切线定理。

当 P_0,P_2 固定,引入参数 t,令上述比值为 $t:(1-t)$,即有

$$P_0^1 = (1-t)P_0 + tP_1$$
$$P_1^1 = (1-t)P_1 + tP_2$$
$$P_0^2 = (1-t)P_0^1 + tP_1^1$$

t 从 0 变到 1,第一、二式就分别表示控制二边形的第一、二条边,它们是两条一次 Bézier 曲线。将一、二式代入第三式得

$$P_0^2 = (1-t)^2 P_0 + 2t(1-t)P_1 + t^2 P_2$$

当 t 从 0 变到 1 时,它表示了由三个顶点 P_0、P_1、P_2 定义的一条二次 Bézier 曲线,并且表明:这条二次 Bézier 曲线 P_0^2 可以定义为分别由前两个顶点 (P_0, P_1) 和后两个顶点 (P_1, P_2) 决定的一次 Bézier 曲线的线性组合。依此类推,由 4 个控制点定义的三次 Bézier 曲线 P_0^3 可被定义为分别由 (P_0, P_1, P_2) 和 (P_1, P_2, P_3) 确定的两条二次 Bézier 曲线的线性组合;由 $n+1$ 个控制点 $P_i(i=0,1,\cdots,n)$ 定义的 n 次 Bézier 曲线 P_0^n 可被定义为分别由前、后 n 个控制点定义的两条 $n-1$ 次 Bézier 曲线 P_0^{n-1} 与 P_1^{n-1} 的线性组合

$$P_0^n = (1-t)P_0^{n-1} + tP_1^{n-1}, \quad t \in [0,1]$$

由此得到 Bézier 曲线的递推计算公式

$$P_i^k = \begin{cases} P_i, & k=0 \\ (1-t)P_i^{k-1} + tP_{i+1}^{k-1}, & k=1,2,\cdots,n, i=0,1,\cdots,n-k \end{cases}$$

这便是著名的 de Casteljau 算法。用这一递推公式,在给定参数下,求 Bézier 曲线上一点 $P(t)$ 非常有效。上式中,$P_i^0 = P_i$ 是定义 Bézier 曲线的控制点,P_0^n 即为曲线 $P(t)$ 上具有参

数 t 的点。de Casteljau 算法稳定可靠,直观简便,可以编出十分简捷的程序,是计算 Bézier 曲线的基本算法和标准算法。

当 $n=3$ 时,de Casteljau 算法递推出的 P_i^k 呈直角三角形,对应结果如图 3.12 所示。从左向右递推,最右边点 P_0^3 即为曲线上的点。

这一算法可用简单的几何作图来实现。给定参数 $t \in [0,1]$,就把定义域分成长度为 $t:(1-t)$ 的两段;依次对原始控制多边形每一边执行同样的定比分割,所得分点就是第一级递推生成的中间顶点 $P_i^1(i=0,1,\cdots,n-1)$;对这些中间顶点构成的控制多边形再执行同样的定比分割,得第二级中间顶点 $P_i^2(i=0,1,\cdots,n-2)$。重复进行下去,直到 n 级递推得到一个中间顶点 P_0^n 即为所求曲线上的点 $P(t)$。图 3.13 表示用几何作图法求一条三次 Bézier 曲线上 $t=1/3$ 的一点。

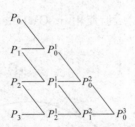

图 3.12　$n=3$ 时 P_i^k 的递推关系

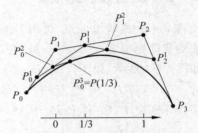

图 3.13　Bézier 曲线的几何作图法

3.2.3　Bézier 曲线的拼接

几何设计中,一条 Bézier 曲线往往难以描述复杂的曲线形状。这是由于增加特征多边形的顶点数会引起 Bézier 曲线次数的提高,而高次多项式又会带来计算上的困难,故实际使用中一般不超过 10 次。所以为了表达复杂的曲线,通常采用分段设计,然后将各段曲线相互连接起来,并在接合处保持一定的连续条件。下面讨论两段 Bézier 曲线达到不同阶几何连续的条件。

给定两条 Bézier 曲线 $P(t)$ 和 $Q(t)$,相应控制点为 $P_i(i=0,1,\cdots,n)$ 和 $Q_j(j=0,1,\cdots,n)$,且令 $\boldsymbol{a}_i = \boldsymbol{P}_i - \boldsymbol{P}_{i-1}$,$\boldsymbol{b}_j = \boldsymbol{Q}_j - \boldsymbol{Q}_{j-1}$,如图 3.14 所示。现在讨论如何把两条曲线光滑地连接起来。

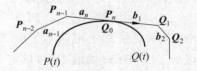

图 3.14　Bézier 曲线的拼接

根据 3.1.6 节可以知道:

(1) 使它们达到 G^0 连续的充要条件是 $\boldsymbol{P}_n = \boldsymbol{Q}_0$。

(2) 使它们达到 G^1 连续的充要条件是 $\boldsymbol{P}_{n-1}$,$\boldsymbol{P}_n = \boldsymbol{Q}_0$,$\boldsymbol{Q}_1$ 三点共线,即 $\boldsymbol{b}_1 = \alpha \boldsymbol{a}_n (\alpha > 0)$。

(3) 使它们达到 G^2 连续的充要条件是在 G^1 连续的条件下,满足方程 $Q''(0) = \alpha^2 P''(1) + \beta P'(1)$。

将 $Q''(0)$、$P''(1)$ 和 $P'(1)$,$Q_0 = P_n$、$Q_1 - Q_0 = \alpha(P_n - P_{n-1})$ 代入并整理,可以得到

$$Q_2 = \left(\alpha^2 + 2\alpha + \frac{\beta}{n-1} + 1\right)P_n - \left(2\alpha^2 + 2\alpha + \frac{\beta}{n-1}\right)P_{n-1} + \alpha^2 P_{n-2}$$

选择 α 和 β 的值,可以利用该式确定曲线段 $Q(t)$ 的特征多边形顶点 Q_2,而顶点 Q_0、Q_1 已被 G^1 连续条件所确定;要达到 G^2 连续的话,只剩下顶点 Q_2 可以自由选取。

如果从上式的两边都减去 P_n，则等式右边可以表示为 (P_n-P_{n-1}) 和 $(P_{n-1}-P_{n-2})$ 的线性组合

$$Q_2 - P_n = \left(\alpha^2 + 2\alpha + \frac{\beta}{n-1}\right)(P_n - P_{n-1}) - \alpha^2(P_{n-1} - P_{n-2})$$

这表明 P_{n-2}、P_{n-1}、$P_n=Q_0$、Q_1 和 Q_2 这 5 点共面。事实上，在接合点两条曲线段的曲率相等，主法线方向一致，还可以断定 P_{n-2} 和 Q_2 位于 $P_{n-1}Q_1$ 直线的同一侧。

3.2.4 Bézier 曲线的升阶与降阶

1. Bézier 曲线的升阶

升阶是指保持 Bézier 曲线的形状与定向不变，增加定义它的控制顶点数，也即提高该 Bézier 曲线的次数。增加了控制顶点数，不仅增加了对曲线进行形状控制的灵活性，还在构造曲面方面有着重要的应用。对于一些由曲线生成曲面的算法，要求那些曲线必须是同次的，应用升阶的方法可以把低于最高次数的曲线提升到最高次数，使所有曲线具有相同的次数。

曲线升阶后，原控制顶点会发生变化。下面来计算曲线提升一阶后的新的控制顶点。

设给定原始控制顶点 $P_0, P_1, \cdots, P_n$，定义了一条 n 次 Bézier 曲线

$$P(t) = \sum_{i=0}^{n} P_i B_{i,n}(t), \quad t \in [0,1]$$

增加一个顶点后，仍定义同一条曲线的新控制顶点为 $P_0^*, P_1^*, \cdots, P_{n+1}^*$，则有

$$\sum_{i=0}^{n} C_n^i P_i t^i (1-t)^{n-i} = \sum_{i=0}^{n+1} C_{n+1}^i P_i^* t^i (1-t)^{n+1-i}$$

对上式左边乘以 $(t+(1-t))$，得到

$$\sum_{i=0}^{n} C_n^i P_i (t^i(1-t)^{n+1-i} + t^{i+1}(1-t)^{n-i}) = \sum_{i=0}^{n+1} C_{n+1}^i P_i^* t^i (1-t)^{n+1-i}$$

比较等式两边 $t^i(1-t)^{n+1-i}$ 项的系数，得到

$$P_i^* C_{n+1}^i = P_i C_n^i + P_{i-1} C_n^{i-1}$$

化简即得

$$P_i^* = \frac{i}{n+1} P_{i-1} + \left(1 - \frac{i}{n+1}\right) P_i \quad (i = 0, 1, \cdots, n+1)$$

其中 $P_{-1}=P_{n+1}=(0,0)$。

此式说明：

(1) 新的控制顶点 P_i^* 是以参数值 $\dfrac{i}{n+1}$ 按分段线性插值从原始特征多边形得到的。

(2) 升阶后的新特征多边形在原始特征多边形的凸包内。

(3) 特征多边形更靠近曲线。

三次 Bézier 曲线的升阶实例如图 3.15 所示。

2. Bézier 曲线的降阶

降阶是升阶的逆过程。给定一条由原始控制顶点 $P_i(i=0,1,\cdots,n)$ 定义的 n 次 Bézier 曲线，要求找到一条由新控制顶点 $P_i^*(i=0,1,\cdots,n-1)$ 定义的 $n-1$ 次 Bézier 曲

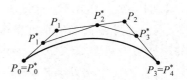

图 3.15 Bézier 曲线升阶

线来逼近原始曲线。

假定 P_i 是由 P_i^* 升阶得到的，则由升阶公式有

$$P_i = \frac{n-i}{n}P_i^* + \frac{i}{n}P_{i-1}^*$$

从这个方程可以导出两个递推公式

$$P_i^* = \frac{nP_i - iP_{i-1}^*}{n-i}, \quad i = 0,1,\cdots,n-1$$

和

$$P_{i-1}^* = \frac{nP_i - (n-i)P_i^*}{i}, \quad i = n,n-1,\cdots,1$$

其中第一个递推公式在靠近 P_0 处趋向生成较好的逼近，而第二个递推公式在靠近 P_n 处趋向生成较好的逼近。

3.2.5　Bézier 曲面

有了 Bézier 曲线的基础知识后，现在可以方便地给出 Bézier 曲面的定义和性质，Bézier 曲线的一些算法也可以很容易推广到 Bézier 曲面的情况。

1. 定义

设 $P_{ij}(i=0,1,\cdots,m;j=0,1,\cdots,n)$ 为 $(m+1)\times(n+1)$ 的空间点列，则 $m\times n$ 次张量积形式的 Bézier 曲面定义为

$$P(u,v) = \sum_{i=0}^{m}\sum_{j=0}^{n}P_{ij}B_{i,m}(u)B_{j,n}(v), \quad u,v \in [0,1]$$

其中 $B_{i,m}(u)=C_m^i u^i(1-u)^{m-i}$，$B_{j,n}(v)=C_n^j v^j(1-v)^{n-j}$ 是 Bernstein 基函数。

依次用线段连接点列 $P_{ij}(i=0,1,\cdots,m;j=0,1,\cdots,n)$ 中相邻两点所形成的空间网格，称之为特征网格。Bézier 曲面的矩阵表示式是

$$P(u,v) = [B_{0,m}(u),B_{1,m}(u),\cdots,B_{m,m}(u)]\begin{bmatrix} P_{00} & P_{01} & \cdots & P_{0n} \\ P_{10} & P_{11} & \cdots & P_{1n} \\ \vdots & \vdots & \vdots & \vdots \\ P_{m0} & P_{m1} & \cdots & P_{mn} \end{bmatrix}\begin{bmatrix} B_{0,n}(v) \\ B_{1,n}(v) \\ \vdots \\ B_{n,n}(v) \end{bmatrix}$$

在实际应用中，n,m 一般不大于 4。

2. 性质

除变差减小性质外，Bézier 曲线的其他性质可顺利推广到 Bézier 曲面。

(1) Bézier 曲面特征网格的 4 个角点正好是 Bézier 曲面的 4 个角点，即 $P(0,0)=P_{00}$，$P(1,0)=P_{m0}$，$P(0,1)=P_{0n}$，$P(1,1)=P_{mn}$。

(2) Bézier 曲面特征网格最外一圈顶点定义了 Bézier 曲面的 4 条边界；Bézier 曲面边界的跨界切矢只与定义该边界的顶点及相邻一排顶点有关，且 $P_{00}P_{01}P_{10}$、$P_{0n}P_{1n}P_{0,n-1}$、$P_{mn}P_{m,n-1}P_{m-1,n}$ 和 $P_{m0}P_{m-1,0}P_{m1}$（图 3.16 中的阴影三角形）所在的平面分别在对应角点处与曲面相切；其跨界二阶导矢只与定义该边界的及相邻两排顶点有关。

（3）几何不变性。

（4）对称性。

（5）凸包性。

3. Bézier 曲面片的拼接

如图 3.17 所示，设两张 $m \times n$ 次 Bézier 曲面片

$$P(u,v) = \sum_{i=0}^{m} \sum_{j=0}^{n} P_{ij} B_{i,m}(u) B_{j,n}(v)$$

$$, \quad u,v \in [0,1]$$

$$Q(u,v) = \sum_{i=0}^{m} \sum_{j=0}^{n} Q_{ij} B_{i,m}(u) B_{j,n}(v)$$

分别由控制顶点 $P_{ij}(0 \leqslant i \leqslant m, 0 \leqslant j \leqslant n)$ 和 $Q_{ij}(0 \leqslant i \leqslant m, 0 \leqslant j \leqslant n)$ 定义。

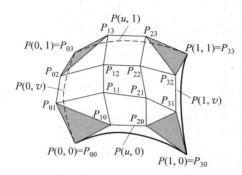

图 3.16 双三次 Bézier 曲面及边界信息

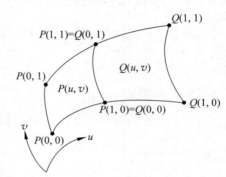

图 3.17 Bézier 曲面片的拼接

如果要求两曲面片达到 G^0 连续，则它们有公共的边界，即

$$\boldsymbol{P}(1,v) = \boldsymbol{Q}(0,v) \tag{3.10}$$

于是有 $\boldsymbol{P}_{mj} = \boldsymbol{Q}_{0j}, j = 0, 1, \cdots, n$。

如果又要求沿该公共边界达到 G^1 连续，则两曲面片在该边界上有公共的切平面，因此曲面的法向应当是跨界连续的，即

$$\boldsymbol{Q}_u(0,v) \times \boldsymbol{Q}_v(0,v) = \alpha(v) \boldsymbol{P}_u(1,v) \times \boldsymbol{P}_v(1,v) \tag{3.11}$$

下面来研究满足这个方程的两种方法。

（1）鉴于式（3.10），式（3.11）最简单的解是

$$\boldsymbol{Q}_u(0,v) = \alpha(v) \boldsymbol{P}_u(1,v) \tag{3.12}$$

这相当于要求合成曲面上 v 为常数的所有曲线，在跨界时有切向的连续性。为了保证等式两边关于 v 的多项式次数相同，必须取 $\alpha(v) = \alpha$（一个正常数）。于是有

$$\overrightarrow{Q_{1j} Q_{0j}} = \alpha \overrightarrow{P_{m,j} P_{m-1,j}} \quad (\alpha > 0, j = 0, 1, \cdots, n)$$

即 $\boldsymbol{Q}_{1j} - \boldsymbol{Q}_{0j} = \alpha(\boldsymbol{P}_{mj} - \boldsymbol{P}_{m-1,j})(\alpha > 0, j = 0, 1, \cdots, n)$。

（2）式（3.12）使得两张曲面片在边界达到 G^1 连续时，只涉及曲面 $P(u,v)$ 和 $Q(u,v)$ 的两列控制顶点，比较容易控制。用这种方法匹配合成的曲面的边界，u 向和 v 向是光滑连续的。但实际上，该式的限制是苛刻的。

为了构造合成曲面时有更大的灵活性,Bézier 在 1972 年放弃把式(3.12)作为 G^1 连续的条件,而以

$$Q_u(0,v) = \alpha(v)P_u(1,v) + \beta(v)P_v(1,v) \tag{3.13}$$

来满足式(3.11),这仅仅要求 $Q_u(0,v)$ 位于 $P_u(1,v)$ 和 $P_v(1,v)$ 所在的平面内,也就是曲面片 $P(u,v)$ 边界上相应点处的切平面,这样就有了大得多的余地,但跨界切矢在跨越曲面片的边界时就不再连续了。

同样,为了保证等式两边关于 v 的多项式次数相同,$\alpha(v)$ 须为任意正常数,$\beta(v)$ 是 v 的任意线性函数。

4. 递推算法

Bézier 曲线的递推算法可以推广到 Bézier 曲面的情形。若给定 Bézier 曲面特征网格的控制顶点 $P_{ij}(i=0,1,\cdots,m;j=0,1,\cdots,n)$ 和一对参数值 (u,v),则

$$P(u,v) = \cdots = \sum_{i=0}^{m-k}\sum_{j=0}^{n-l} P_{i,j}^{k,l} B_{i,m}(u)B_{j,n}(v) = \cdots = P_{00}^{m,n}, \quad u,v \in [0,1] \tag{3.14}$$

$$P_{ij}^{k,l} = \begin{cases} P_{ij} & (k=l=0) \\ (1-u)P_{ij}^{k-1,0} + uP_{i+1,j}^{k-1,0} & (k=1,2,\cdots,m;l=0) \\ (1-v)P_{0,j}^{m,l-1} + vP_{0,j+1}^{m,l-1} & (k=m;l=1,2,\cdots,n) \end{cases} \tag{3.15}$$

或

$$P_{ij}^{k,l} = \begin{cases} P_{ij} & (k=l=0) \\ (1-v)P_{ij}^{0,l-1} + vP_{ij+1}^{0,l-1} & (k=0;l=1,2,\cdots,n) \\ (1-u)P_{i0}^{k-1,n} + uP_{i+1,0}^{k-1,n} & (k=1,2,\cdots,m;l=n) \end{cases} \tag{3.16}$$

式(3.15)与式(3.16)中的下标 i,j 的变化范围已在式(3.14)中给出,同时给出了确定曲面上一点的两种方案。当按式(3.15)方案执行时,先以 u 参数值对控制网格 u 向的 $n+1$ 个多边形执行曲线的 de Casteljau 算法,m 级递推后,得到沿 v 向由 $n+1$ 个顶点 $P_{0j}^{m0}(j=0,1,\cdots,n)$ 构成的中间多边形;再以 v 参数值对它执行曲线的 de Casteljau 算法,n 级递推以后,得到一个 P_{00}^{mm},即所求曲面上的点 $P(u,v)$。也可以按式(3.16)方案执行,先以 v 参数值对控制网格沿 v 向的 $m+1$ 个多边形执行 n 级递推,得沿 u 向由 $m+1$ 个顶点 $P_{i0}^{0n}(i=0,1,\cdots,m)$ 构成的中间多边形;再以 u 参数值对它执行 m 级递推,得所求点 P_{00}^{mm}。

3.2.6 三边 Bézier 曲面片

与 3.2.5 节定义在矩形域上的 Bézier 曲面片不同,本节介绍的三边 Bézier 曲面片是定义在三边形域上的,如图 3.18 所示。为便于区分,把定义在矩形域上的 Bézier 曲面片称为四边 Bézier 曲面片。三边曲面片能较好地适应不规则与散乱数据的几何造型,以及适合有限元分析中三边元素的需要。

1. 三角域内点的表示

三角域内一点可以用面积坐标(或重心坐标)来表示,如图 3.19 所示。

G 是三角形 ABC 内的任意一点。令三角形 ABC 的面积为 s,三角形 GBC 的面积为 s_u,三角形 GCA 的面积为 s_v,三角形 GAB 的面积为 s_w,则

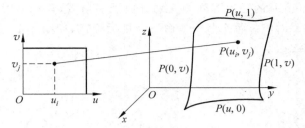

(a) 矩形域曲面

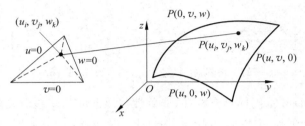

(b) 三角域曲面

图 3.18　两类 Bézier 曲面

$$u = \frac{s_u}{s}, \quad v = \frac{s_v}{s}, \quad w = \frac{s_w}{s}$$

这里所指的三角形面积是有向面积,按顶点字母顺序逆时针旋转为正,顺时针旋转为负。若 $A = [a_x, a_y]$,$B = [b_x, b_y]$,$C = [c_x, c_y]$,则

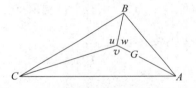

图 3.19　三角形内一点的面积坐标

$$s = \frac{1}{2} \begin{vmatrix} a_x & b_x & c_x \\ a_y & b_y & c_y \\ 1 & 1 & 1 \end{vmatrix}$$

(u, v, w) 即为 G 关于三角形 ABC 的面积坐标,但三个坐标分量 u、v 和 w 只有两个是独立的,因为 $u + v + w = 1$。ABC 称为域三角形,或称为三角域。

2. 三角域上的 Bernstein 基

单变量的 n 次 Bernstein 基 $B_{i,n}(t)(i = 0, 1, \cdots, n)$ 由 $[t + (1-t)]^n$ 的二项式展开各项组成。双变量张量积的 Bernstein 基由两个单变量的 Bernstein 基各取其一的乘积组成。而定义在三角域上的双变量 n 次的 Bernstein 基由 $(u + v + w)^n$ 的展开式各项组成。

由 $(u + v + w)^n = \sum\limits_{\substack{i+j+k=n \\ i,j,k \geqslant 0}} B^n_{i,j,k}(u, v, w)$ 知,定义在三角域上的双变量 n 次 Bernstein 基函数为

$$B^n_{i,j,k}(u, v, w) = \frac{n!}{i!\,j!\,k!} u^i v^j w^k, \quad u, v, w \in [0, 1]$$

可见,三角域上 n 次 Bernstein 基共包含了 $\frac{1}{2}(n+1)(n+2)$ 个基函数,可以用一个三角阵来排列这些基函数。例如,$n = 2$ 时如图 3.20 所示,其位于同一条线上的那些基函数实际是单变量的。

三角域按 Bernstein 基的三角阵列相应划分成子三角域,其中诸直线交点同样称为节点。节点与基函数一一对应。每个节点也由三个指标确定,如图 3.21 所示,它们分别与三个参数 u,v,w 相联系。

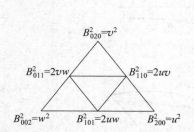

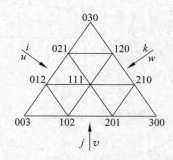

图 3.20　二次 Bernstein 基的三角阵列　　　　图 3.21　$n=3$ 时三角域各节点指标

三角域上 Bernstein 基同样具有权性、非负性与递推性。其递推关系为

$$B_{i,j,k}^n(u,v,w) = uB_{i-1,j,k}^{n-1}(u,v,w) + vB_{i,j-1,k}^{n-1}(u,v,w) + wB_{i,j,k-1}^{n-1}(u,v,w)$$

3. 三边 Bézier 曲面片的方程

要使一个基函数联系一个控制顶点,一张 n 次三边 Bézier 曲面片必须由构成三角阵列的 $\frac{1}{2}(n+1)(n+2)$ 个控制顶点 $T_{i,j,k}(i+j+k=n,i,j,k\geqslant 0)$ 定义。由此可以写出,曲面片的方程为

$$P(u,v,w) = \sum_{\substack{i+j+k=n \\ i,j,k\geqslant 0}} T_{i,j,k}B_{i,j,k}^n(u,v,w), \quad u,v,w \in [0,1]$$

按下标顺序用直线连接控制顶点,就形成了曲面的控制网格,它由三角形组成,网格顶点与三角域的节点一一对应。图 3.22 给出了三次三边 Bézier 曲面片的一个例子。

当固定三参数之一时,将得到曲面片上一条等参数线。例如,当 w 固定,让 u 独立地变化,则得到一条 u 线;若让 v 独立地变化,则得到 v 线,两者实际是同一条曲线。因此,曲面片上有三族等参数线。当三参数之一为 0 时,则得曲面片的一条边界线,它由相

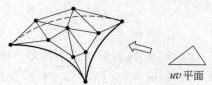

图 3.22　三边 Bézier 曲面片

应那排边界顶点定义,就是一般所指的一条非有理 n 次 Bézier 曲线。当三参数之一为 1 时,则得三边曲面片的一个角点,就是控制网格三角顶点之一。可见,三边 Bézier 曲面片与四边 Bézier 曲面片具有类似的性质,差别在于如下方面。

(1) 定义域不同。

(2) 控制网格不同,后者由呈矩形阵列的控制顶点构成。

(3) 同样是两个独立参数,但最高次数不同,后者两个参数的最高次数是互相独立的,可以不同;而三边 Bézier 曲面片的三个参数的最高次数都是相同的。

(4) 四边 Bézier 曲面片是张量积曲面,三边 Bézier 曲面片是非张量积曲面,这是本质差别。

4. 三边 Bézier 曲面片与四边 Bézier 曲面片的转化

由于三边 Bézier 曲面与四边 Bézier 曲面有不同的基函数和定义方法,当在同一个 CAD 系统中使用这两种类型的曲面片时,会带来不相容问题。1996 年,S. M. Hu 给出了两种曲面片的转化方法[28]。

该方法是将一张三边 Bézier 曲面片转化为三张相同次数的四边 Bézier 曲面片,且各曲面片之间能够很好地匹配。如图 3.23(a)所示,假定三边 Bézier 曲面片定义域为 D,在 D 的三条边上各取一点(不包括三个顶点)P_1、P_2 和 P_3,再在三角形 $P_1P_2P_3$ 内取一点 P,则线段 $\overline{PP_1}$、$\overline{PP_2}$ 和 $\overline{PP_3}$ 将 D 分成三个四边形 D_1、D_2 和 D_3,与三线段对应的曲线将该三边 Bézier 曲面片分成三张四边 Bézier 曲面片。下面给出 D_1 上的四边 Bézier 曲面片的表示,D_2 和 D_3 上曲面片的表示则与在 D_1 上类似。

选取 $D=\{(u,v):u,v\geqslant 0;u+v\leqslant 1\}$,如图 3.23(b)所示。为了方便起见,将 $T_{i,j,k}(k=n-i-j)$ 写为 $T_{i,j}$,$B^n_{i,j,k}(u,v,w)(k=n-i-j;w=1-u-v)$ 写为 $B^n_{i,j}(u,v)$,则三边 Bézier 曲面片方程可以写为

$$T(u,v)=\sum_{i=0}^{n}\sum_{j=0}^{n-i}T_{ij}B^n_{ij}(u,v),\quad u,v\geqslant 0,u+v\leqslant 1$$

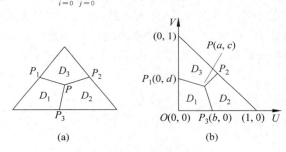

图 3.23　三角定义域的分解

如果继续引入下列运算符:

- 不变运算符 I。$IT_{ij}=T_{ij}$。
- 移位运算符 E_i。$E_1T_{ij}=T_{i+1,j}$,$E_2T_{ij}=T_{i,j+1}$。
- 差分运算符 Δ_i。$\Delta_1T_{ij}=T_{i+1,j}-T_{ij}$,$\Delta_2T_{ij}=T_{i,j+1}-T_{ij}$。

则三边 Bézier 曲面片方程可进一步表示为

$$T(u,v)=(uE_1+vE_2+(1-u-v)I)^nT_{00}=(\Delta_1u+\Delta_2v+I)^nT_{00}$$

S. M. Hu 指出定义在 D_1 上的 $T(u,v)$ 的裁剪曲面可由 $n\times n$ 次的四边 Bézier 曲面片表示,且其控制顶点为

$$P_{ij}=\sum_{k=0}^{i}\sum_{l=0}^{n-i}C_i^k\frac{C_{n-i}^l}{C_n^j}Q_{kl}^{(i)}\quad(0\leqslant i,j\leqslant n,k+l=j)$$

其中

$$Q_{kl}^{(i)}=(aE_1+cE_2+(1-a-c)I)^k(bE_1+(1-b)I)^{i-k}(dE_2+(1-d)I)^lT_{00}$$
$$(0\leqslant i\leqslant n,0\leqslant k\leqslant i,0\leqslant l\leqslant n-i)$$

(a,c)、$(0,d)$、$(b,0)$ 分别是 P、P_1 和 P_3 的坐标。于是,定义在 D_1 上的四边曲面片可表示为

$$P(s,t)=\sum_{i=0}^{n}\sum_{j=0}^{n}P_{ij}B_{i,n}(s)B_{j,n}(t),\quad s,t\in[0,1]$$

3.3 B 样条曲线与曲面

以 Bernstein 基函数构造的 Bézier 曲线或曲面有许多优越性,但有两点不足:其一是 Bézier 曲线或曲面不能作局部修改;其二是 Bézier 曲线或曲面的拼接比较复杂。1972 年,Gordon、Riesenfeld 等人提出了 B 样条方法,在保留 Bézier 方法全部优点的同时,克服了 Bézier 方法的弱点。

3.3.1 B 样条的递推定义和性质

1. 定义

为了保留 Bézier 方法的优点,B 样条曲线的方程定义为

$$P(t) = \sum_{i=0}^{n} P_i N_{i,k}(t)$$

其中,$P_i(i=0,1,\cdots,n)$ 是控制多边形的顶点,$N_{i,k}(t)(i=0,1,\cdots,n)$ 称为 k 阶($k-1$ 次)B 样条基函数,其中每一个称为 B 样条,它是一个由称为节点矢量的非递减参数 t 的序列 T:$t_0 \leqslant t_1 \leqslant \cdots \leqslant t_{n+k}$ 所决定的 k 阶分段多项式,即为 k 阶($k-1$ 次)多项式样条。

B 样条有多种等价定义,在理论上较多地采用截尾幂函数的差商定义。本书只介绍作为标准算法的 de Boor-Cox 递推定义,又称为 de Boor-Cox 公式,即

$$\begin{cases} N_{i,1}(t) = \begin{cases} 1, & t_i \leqslant t \leqslant t_{i+1} \\ 0, & t < t_i \text{ 或 } t \geqslant t_{i+1} \end{cases} \\ N_{i,k}(t) = \dfrac{t-t_i}{t_{i+k-1}-t_i} N_{i,k-1}(t) + \dfrac{t_{i+k}-t}{t_{i+k}-t_{i+1}} N_{i+1,k-1}(t), \quad k \geqslant 2 \end{cases}$$

并约定 $\dfrac{0}{0} = 0$。

该递推公式表明:欲确定第 i 个 k 阶 B 样条 $N_{i,k}(t)$,需要用到 $t_i,t_{i+1},\cdots,t_{i+k}$ 共 $k+1$ 个节点,称区间 $[t_i,t_{i+k}]$ 为 $N_{i,k}(t)$ 的支撑区间。曲线方程中,$n+1$ 个控制顶点 $P_i(i=0,1,\cdots,n)$ 要用到 $n+1$ 个 k 阶 B 样条基 $N_{i,k}(t)$。它们的支撑区间的并集定义了这一组 B 样条基的节点矢量 $T=[t_0,t_1,\cdots,t_{n+k}]$。

2. 性质

(1) 局部支撑性。

$$N_{i,k}(t) \begin{cases} \geqslant 0, & t \in [t_i,t_{i+k}] \\ = 0, & t \notin [t_i,t_{i+k}] \end{cases}$$

(2) 权性。

$$\sum_{i=0}^{n} N_{i,k}(t) = 1, \quad t \in (t_{k-1},t_{n+1})$$

(3) 微分公式。

$$N'_{i,k}(t) = \frac{k-1}{t_{i+k-1}-t_i} N_{i,k-1}(t) - \frac{k-1}{t_{i+k}-t_{i+1}} N_{i+1,k-1}(t)$$

3. B 样条曲线类型的划分

曲线按其首末端点是否重合,分为闭曲线和开曲线。闭曲线又区分为周期和非周期两

种情形,周期闭曲线与非周期闭曲线的区别是:前者在首末端点是 C^2 连续的,而后者一般 C^0 连续。非周期闭曲线可以认为是开曲线的特例,按开曲线处理。

假定控制多边形的顶点为 $P_i(i=0,1,\cdots,n)$,阶数为 k(次数为 $k-1$),则节点矢量是 $T=[t_0,t_1,\cdots,t_{n+k}]$。B 样条曲线按其节点矢量中节点的分布情况,可划分为 4 种类型。

1) 均匀 B 样条曲线

节点矢量中节点为沿参数轴均匀或等距分布,所有节点区间长度 $\Delta_i=t_{i+1}-t_i=$ 常数 $>0(i=0,1,\cdots,n+k-1)$,这样的节点矢量定义了均匀的 B 样条基。图 3.24 是均匀 B 样条曲线实例。

图 3.24　三次均匀的 B 样条曲线

2) 准均匀 B 样条曲线

准均匀 B 样条曲线与均匀 B 样条曲线的差别在于两端节点具有重复度 k,这样的节点矢量定义了准均匀的 B 样条基。

均匀 B 样条曲线在曲线定义域内各节点区间上具有用局部参数表示的统一表达式,使得计算与处理简单方便。但用它定义的均匀 B 样条曲线没有保留 Bézier 曲线端点的几何性质,即样条曲线的首末端点不再是控制多边形的首末端点。采用准均匀的 B 样条曲线就是为了解决这个问题,能较好地控制曲线在端点的行为,如图 3.25 所示。

3) 分段 Bézier 曲线

节点矢量中两端节点具有重复度 k,所有内节点重复度为 $k-1$,这样的节点矢量定义了分段的 Bernstein 基。

B 样条曲线用分段 Bézier 曲线表示后,各曲线段就具有了相对的独立性,移动曲线段内的一个控制顶点只影响该曲线段的形状,对其他曲线段的形状没有影响,并且 Bézier 曲线一整套简单有效的算法都可以原封不动地采用。其他三种类型的 B 样条曲线可通过插入节点的方法转换成分段 Bézier 曲线类型,缺点是增加了定义曲线的数据,控制顶点数及节点数都将增加,最多增加将近 $k-1$ 倍。分段 Bézier 曲线实例如图 3.26 所示。

图 3.25　准均匀三次 B 样条曲线

图 3.26　三次分段 Bézier 曲线

4) 非均匀 B 样条曲线

在这种类型里,任意分布的节点矢量 $T=[t_0,t_1,\cdots,t_{n+k}]$,只要在数学上成立(节点序列递增,两端节点重复度 $\leqslant k$,内节点重复度 $\leqslant k-1$)都可选取。这样的节点矢量定义了非均匀 B 样条基。

3.3.2　B 样条曲线的性质

1. 局部性

由于 B 样条的局部性,k 阶 B 样条曲线上参数为 $t\in[t_i,t_{i+1}]$ 的一点 $P(t)$ 至多与 k 个控制顶点 $P_j(j=i-k+1,\cdots,i)$ 有关,与其他控制顶点无关;移动该曲线的第 i 个控制顶点 P_i 至多影响到定义在区间 (t_i,t_{i+k}) 上那部分曲线的形状,对曲线的其余部分不产生影响。

2. 连续性

$P(t)$ 在 r 重节点 $t_i(k \leqslant i \leqslant n)$ 处的连续阶不低于 $k-1-r$;整条曲线 $P(t)$ 的连续阶不低于 $k-1-r_{\max}$,其中 $r_{\max}$ 表示位于区间 (t_{k-1}, t_{n+1}) 内节点的最大重数。

3. 凸包性

$P(t)$ 在区间 (t_i, t_{i+1}),$k-1 \leqslant i \leqslant n$ 上的部分位于 k 个点 $P_{i-k+1}, \cdots, P_i$ 的凸包 C_i 内,整条曲线则位于各凸包 C_i 的并集 $\bigcup\limits_{i=k-1}^{n} C_i$ 之内。

4. 分段参数多项式

$P(t)$ 在每一区间 (t_i, t_{i+1}),$k-1 \leqslant i \leqslant n$ 上都是次数不高于 $k-1$ 的参数 t 的多项式,$P(t)$ 是参数 t 的次数不高于 $k-1$ 次分段多项式。

5. 导数公式

由 B 样条基的微分差分公式,有

$$P'(t) = \Big(\sum_{i=0}^{n} P_i N_{i,k}(t) \Big)' = \sum_{i=0}^{n} P_i N'_{i,k}(t)$$

$$= (k-1) \sum_{i=1}^{n} \Big(\frac{P_i - P_{i-1}}{t_{i+k-1} - t_i} \Big) N_{i,k-1}(t), \quad t \in [t_{k-1}, t_{n+1}]$$

6. 变差缩减性

设平面内 $n+1$ 个控制顶点 $P_0, P_1, \cdots, P_n$ 构成 B 样条曲线 $P(t)$ 的控制多边形,则在该平面内的任意一条直线与 $P(t)$ 的交点个数不多于该直线和控制多边形的交点个数。

7. 几何不变性

B 样条曲线的形状和位置与坐标系的选择无关。

8. 仿射不变性

对任一仿射变换 A 有

$$A[P(t)] = \sum_{i=0}^{n} A[P_i] N_{i,k}(t), \quad t \in [t_{k-1}, t_{n+1}]$$

即在仿射变换下,$P(t)$ 的表达式具有形式不变性。

9. 直线保持性

控制多边形退化为一条直线时,曲线也退化为一条直线。

10. 造型的灵活性

用 B 样条曲线可以构造直线段、尖点和切线等特殊情况,如图 3.27 所示。

对于四阶(三次)B 样条曲线 $P(t)$,若要在其中得到一条直线段,只要 P_i、P_{i+1}、P_{i+2}、P_{i+3} 这 4 点位于一条直线上,此时 $P(t)$ 对应的 $t_{i+3} \leqslant t \leqslant t_{i+4}$ 的曲线即为一条直线,且和 P_i、P_{i+1}、P_{i+2}、P_{i+3} 所在的直线重合。

为了使 $P(t)$ 能过 P_i 点,只要使 P_i、P_{i+1}、P_{i+2} 重合,此时 $P(t)$ 过 P_i 点(尖点),尖点也可通过三重节点的方法得到,与三重顶点的效果相似。

为了使曲线 $P(t)$ 和某一直线 L 相切,只要取 P_i、P_{i+1}、P_{i+2} 位于 L 上及 t_{i+3} 的重数不大于 2。

3.3.3　de Boor 算法

给定控制顶点 $P_i(i=0,1,\cdots,n)$ 及节点矢量 $T=[t_0, t_1, \cdots, t_{n+k}]$ 后,就定义了 k 阶($k-1$

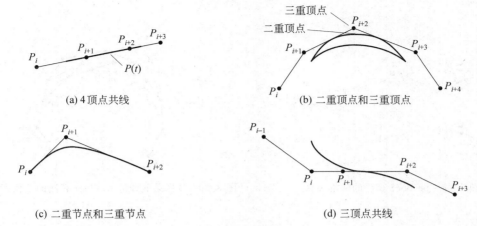

(a) 4顶点共线

(b) 二重顶点和三重顶点

(c) 二重节点和三重节点

(d) 三顶点共线

图 3.27　三次 B 样条曲线的一些特例

次)B 样条曲线。欲计算 B 样条曲线上对应一点 $P(t)$，可以利用 B 样条曲线方程，但是采用 de Boor 算法计算更加快捷。

1. de Boor 算法

先将 t 固定在区间 $[t_j, t_{j+1})(k-1 \leqslant j \leqslant n)$ 上，由 de Boor-Cox 公式有

$$
\begin{aligned}
P(t) &= \sum_{i=0}^{n} P_i N_{i,k}(t) = \sum_{i=j-k+1}^{j} P_i N_{i,k}(t) \\
&= \sum_{i=j-k+1}^{j} P_i \Big[\frac{t-t_i}{t_{i+k-1}-t_i} N_{i,k-1}(t) + \frac{t_{i+k}-t}{t_{i+k}-t_{i+1}} N_{i+1,k-1}(t) \Big] \\
&= \sum_{i=j-k+1}^{j} \Big[\frac{t-t_i}{t_{i+k-1}-t_i} P_i + \frac{t_{i+k-1}-t}{t_{i+k-1}-t_i} P_{i-1} \Big] N_{i,k-1}(t), \quad t \in [t_j, t_{j+1}) \quad (3.17)
\end{aligned}
$$

现令

$$
P_i^{[r]}(t) = \begin{cases} P_i, \quad r=0, i=j-k+1, j-k+2, \cdots, j \\ \dfrac{t-t_i}{t_{i+k-r}-t_i} P_i^{[r-1]}(t) + \dfrac{t_{i+k-r}-t}{t_{i+k-r}-t_i} P_{i-1}^{[r-1]}(t), \\ \qquad r=1,2,\cdots,k-1; i=j-k+r+1, j-k+r+2, \cdots, j \end{cases} \quad (3.18)
$$

则式(3.17)可表示为

$$
P(t) = \sum_{i=j-k+1}^{j} P_i N_{i,k}(t) = \sum_{i=j-k+2}^{j} P_i^{[1]}(t) N_{i,k-1}(t)
$$

上式是同一条曲线 $P(t)$ 从 k 阶 B 样条表示到 $k-1$ 阶 B 样条表示的递推公式，反复应用此公式，得到

$$
P(t) = P_j^{[k-1]}(t)
$$

于是，$P(t)$ 的值可以通过递推关系式(3.18)求得。这就是著名的 de Boor 算法，该算法的递推关系如图 3.28 所示。

2. de Boor 算法的几何意义

de Boor 算法有着直观的几何意义——割角，即以线段 $P_i^{[r]} P_{i+1}^{[r]}$ 割去角 $P_i^{[r-1]}$。从多边形 $P_{j-k+1} P_{j-k+2}, \cdots, P_j$ 开始，经过 $k-1$ 层割角，最后得到 $P(t)$ 上的点 $P_j^{[r-1]}(t)$，如图 3.29

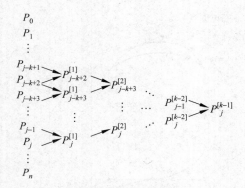

图 3.28　de Boor 算法的递推关系

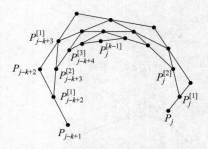

图 3.29　B 样条曲线的 de Boor 算法的几何意义

所示。

3. 三次 B 样条的 Bézier 表示

在使用时，为了减少计算量，希望曲线次数越少越好，但二次曲线是一条抛物线，不能反应曲线的拐点，所以一般使用三次（四阶）样条曲线。下面来讨论三次（四阶）样条曲线与 Bézier 曲线的关系。由 de Boor 算法，知下列公式成立

$$P(t_j) = P_j^{[3]}(t_j) = P_{j-1}^{[2]}(t_j)$$

$$P(t_{j+1}) = P_{j+1}^{[3]}(t_{j+1}) = P_j^{[2]}(t_{j+1})$$

$$P'(t_j) = 3(P_{j-1}^{[1]}(t_j) - P_{j-1}^{[2]}(t_j))$$

$$P'(t_{j+1}) = 3(P_j^{[2]}(t_{j+1}) - P_{j-1}^{[1]}(t_{j+1}))$$

由于 $P(t)$ 在区间 $t_j \leqslant t \leqslant t_{j+1}$ 上是三次多项式，故以上两个性质表明：这段曲线如表示成三次 Bézier 曲线，则其控制顶点为

$$P_{j-1}^{[2]}(t_j), \quad P_{j-1}^{[1]}(t_j), \quad P_{j-1}^{[1]}(t_{j+1}), \quad P_j^{[2]}(t_{j+1})$$

如图 3.30 所示，即 $P(t)$ 可表示为

$$
\begin{aligned}
P(t) &= \sum_{i=j-3}^{j} P_i N_{i,4}(t) \\
&= P_{j-1}^{[2]}(t_j) B_{0,3}\left(\frac{t-t_j}{\Delta t_j}\right) + P_{j-1}^{[1]}(t_j) B_{1,3}\left(\frac{t-t_j}{\Delta t_j}\right) \\
&\quad + P_{j-1}^{[1]}(t_{j+1}) B_{2,3}\left(\frac{t-t_j}{\Delta t_j}\right) + P_j^{[2]}(t_{j+1}) B_{3,3}\left(\frac{t-t_j}{\Delta t_j}\right)
\end{aligned}
\tag{3.19}
$$

其中，$t_j \leqslant t \leqslant t_{j+1}$，$\Delta t_j = t_{j+1} - t_j$。式(3.19)表明：对四阶 B 样条曲线 $P(t)$ 而言，de Boor 算法不仅是求 $P(t)$ 的方法，也是把 $P(t)$ 转化为一段 Bézier 曲线的工具。

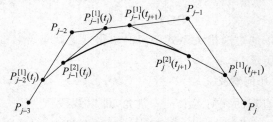

图 3.30　四阶 B 样条曲线转化成 Bézier 曲线

3.3.4 节点插入算法

节点插入算法是 B 样条方法的重要技术之一。通过插入节点可以进一步改善 B 样条曲线的局部性质,提高 B 样条曲线形状控制的灵活性,可以实现对曲线的分割等。

给定一条 k 阶($k-1$ 次)B 样条曲线

$$P(t) = \sum_{j=0}^{n} P_j N_{j,k}(t)$$

其中 B 样条基由节点矢量 $T = [t_0, t_1, \cdots, t_{n+k}]$ 完全决定。

现在要在定义域某个节点区间 $[t_i, t_{i+1}]$ 内插入一个节点 $t \in [t_i, t_{i+1}] \subset [t_{k-1}, t_{n+1}]$,得到新的节点矢量

$$T^1 = [t_0, t_1, \cdots, t_i, t, t_{i+1}, \cdots, t_{n+k}]$$

重新编号成为

$$T^1 = [t_0^1, t_1^1, \cdots, t_i^1, t_{i+1}^1, t_{i+2}^1, \cdots, t_{n+k+1}^1]$$

这个新的节点矢量 T^1 决定了一组新的 B 样条基 $N_{i,k}^1(t)$,$i = 0, 1, \cdots, n+1$。原始的 B 样条曲线就可以用这组新的 B 样条基与未知新顶点 P_i^1 表示,即

$$P(t) = \sum_{j=0}^{n+1} P_j^1 N_{j,k}^1(t)$$

1980 年,Boehm 给出了这些未知新顶点的计算公式

$$P_j^1 = \begin{cases} P_j, & j = 0, 1, \cdots, i-k+1 \\ (1-\beta_j)P_{j-1} + \beta_j P_j, & j = i-k+2, \cdots, i-r \\ P_{j-1}, & j = i-r+1, \cdots, n+1 \end{cases}$$

其中 $\beta_j = \dfrac{t-t_j}{t_{j+k-1}-t_j}$,$r$ 表示所插节点 t 在原始节点矢量 T 中的重复度。若 $t_i < t < t_{i+1}$,则 $r = 0$;若 r 为正整数,且 $r < k-1$,则有 $t = t_i = t_{i-1} = \cdots = t_{i-r+1}$。

当 $r = 0$ 时,它仅涉及节点序列 $t_{i-k+2}, \cdots, t_{i+k-1}$ 和控制顶点序列 $P_{i-k+1}, \cdots, P_i$,生成新顶点 $P_{i-k+2}^1, \cdots, P_i^1$,取代原始顶点 $P_{i-k+2}, \cdots, P_{i-1}$。如图 3.31 所示,虚线框内 $k-2$ 个旧顶点由实线框内 $k-1$ 个新顶点所替代,其他原始控制顶点保持不变。图 3.32 给出了三次 B 样条曲线插入一个节点 $t \in [t_3, t_4]$ 的图解过程,生成三个新顶点 P_1^1、P_2^1、P_3^1 取代两个原始顶点,其余不变。

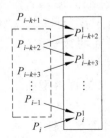

图 3.31 新顶点、原始顶点的取代关系

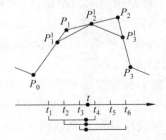

图 3.32 三次 B 样条曲线插入一个节点

若 $0 < r < k-1$,涉及的原始节点仅仅是 $t_{i-k+2}, \cdots, t_{i+k-r-1}$,涉及的原始顶点仅仅是 $P_{i-k+1}, \cdots, P_{i-r}$,生成 $k-r-1$ 个新顶点 $P_{i-k+2}^1, \cdots, P_{i-r}^1$ 取代 $k-r-2$ 个原始顶点

$P_{i-k+2}, \cdots, P_{i-r-1}$。图 3.33 给出了三次 B 样条曲线插入一个重复度 $r=2$ 的节点的例子，插入节点 $t=t_3=t_2$。这时仅有一个非 0 的比例因子 β_1。由两个原始顶点 P_0 与 P_1 生成一个新顶点 P_1^1，所有原始顶点都保留。

3.3.5 B 样条曲面

给定参数轴 u 和 v 的节点矢量 $U=[u_0, u_1, \cdots, u_{m+p}]$ 和 $V=[v_0, v_1, \cdots, v_{n+q}]$，$p \times q$ 阶 B 样条曲面定义如下

$$P(u,v) = \sum_{i=0}^{m} \sum_{j=0}^{n} P_{ij} N_{i,p}(u) N_{j,q}(v)$$

$P_{ij}(i=0,1,\cdots,m; j=0,1,\cdots,n)$ 是给定的空间 $(m+1) \times (n+1)$ 个点列，构成一张控制网格，称为 B 样条曲面的特征网格。$N_{i,p}(u)$ 和 $N_{j,q}(v)$ 是 B 样条基，分别由节点矢量 U 和 V 按 de Boor-Cox 递推公式决定。B 样条曲线的一些几何性质可以推广到 B 样条曲面，图 3.34 是一张双三次 B 样条曲面片实例。

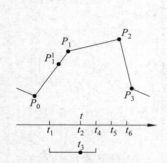

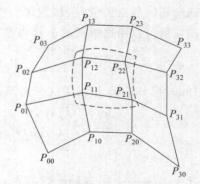

图 3.33　三次 B 样条曲线插入一个节点　　　　图 3.34　双三次 B 样条曲面片

3.4　NURBS 曲线与曲面

B 样条方法在表示与设计自由型曲线曲面形状时显示了强大的威力，然而在表示与设计初等曲线曲面时却遇到了麻烦。因为 B 样条曲线（或曲面）包括其特例的 Bézier 曲线（或曲面）都不能精确表示出抛物线（或抛物面）以外的二次曲线（或曲面），而只能给出近似表示。提出 NURBS 方法，即非均匀有理 B 样条方法，主要是为了找到与描述自由型曲线曲面的 B 样条方法既相统一、又能精确表示二次曲线弧与二次曲面的数学方法。NURBS 方法的主要优点如下：

（1）既为标准解析形状（即前面提到的初等曲线曲面），又为自由型曲线曲面的精确表示与设计提供了一个统一的数学形式。

（2）修改控制顶点和权因子，为各种形状设计提供了充分的灵活性。

（3）具有明显的几何解释和强有力的几何配套技术（包括节点插入、细分和升阶等）。

（4）对几何变换和投影变换具有不变性。

（5）非有理 B 样条、有理与非有理 Bézier 方法是其特例。

不过,目前应用 NURBS 还有一些难以解决的问题。

(1) 比传统的曲线曲面定义方法需要更多的存储空间,如空间圆需 7 个参数(圆心、半径、法矢),而 NURBS 定义空间圆需 38 个参数。

(2) 权因子选择不当会引起畸变。

(3) 对搭接、重叠形状的处理很麻烦。

(4) 反求曲线曲面上点的参数值的算法,存在数值不稳定问题。

3.4.1 NURBS 曲线的定义

NURBS 曲线是由分段有理 B 样条多项式基函数定义的,即

$$P(t) = \frac{\sum_{i=0}^{n} \omega_i P_i N_{i,k}(t)}{\sum_{i=0}^{n} \omega_i N_{i,k}(t)} = \sum_{i=0}^{n} P_i R_{i,k}(t)$$

其中,$R_{i,k}(t) = \dfrac{\omega_i N_{i,k}(t)}{\sum\limits_{j=0}^{n} \omega_j N_{j,k}(t)}(i=0,1,\cdots,n)$ 称为 k 阶有理基函数,$N_{i,k}(t)$ 是 k 阶 B 样条基函数,$P_i(i=0,1,\cdots,n)$ 是特征多边形控制顶点的位置矢量;ω_i 是与 P_i 对应的权因子,首末权因子 $\omega_0,\omega_n > 0$,其余 $\omega_i \geqslant 0$,以防止分母为 0,保留凸包性质以及防止曲线因权因子而退化为一点;节点矢量为 $T = [t_0, t_1, \cdots, t_{n+k}]$,节点个数是 $m = n+k+1$(n 为控制项的点数,k 为 B 样条基函数的阶数)。

对于非周期 NURBS 曲线,常取两端节点的重复度为 k,即有 $T = [\alpha, \cdots, \alpha, t_k, \cdots, t_n, \beta, \cdots, \beta]$,在大多数实际应用中取 $\alpha=0, \beta=1$。$P(t)$ 在 $[t_{k-1}, t_{n+1}]$ 内每个节点区间上是一个 $k-1$ 次有理多项式。若 (t_{k-1}, t_{n+1}) 内没有重节点,$P(t)$ 在整条曲线上具有 $k-2$ 阶连续性,对于三次 B 样条基函数,具有 C^2 连续性。当 $n=k-1$ 时,k 阶 NURBS 曲线变成 $k-1$ 次有理 Bézier 曲线,k 阶 NURBS 曲线的节点矢量中两端节点的节点重复度取成 k 就使得曲线具有同次有理 Bézier 曲线的端点几何性质。

$R_{i,k}(t)$ 具有 k 阶 B 样条基函数类似的性质。

(1) 局部支撑性。$R_{i,k}(t) = 0, t \notin [t_i, t_{i+k}]$。

(2) 权性。$\sum\limits_{i=0}^{n} R_{i,k}(u) = 1$。

(3) 可微性。如果分母不为 0,在节点区间内是无限次连续可微的,在节点处 $(k-1-r)$ 次连续可导,r 是该节点的重复度。

(4) 若 $\omega_i = 0$,则 $R_{i,k}(t) = 0$。

(5) 若 $\omega_i = +\infty$,则 $R_{i,k}(t) = 1$。

(6) 若 $\omega_j = +\infty$,且 $j \neq i$,则 $R_{i,k}(t) = 0$。

(7) 若 $\omega_i = 1, i = 0, 1, \cdots, n$,则 $R_{i,k}(t) = N_{i,k}(t)$ 是 B 样条基函数;若 $\omega_i = 1, i = 0, 1, \cdots, n$,且 $T = \{0, \cdots, 0, 1, \cdots, 1\}$,则 $R_{i,k}(t) = B_{i,k}(t)$,$B_{i,k}(t)$ 是 Bernstein 基函数。

$R_{i,k}(t)$ 与 $N_{i,k}(t)$ 具有类似的性质,使得 NURBS 曲线与 B 样条曲线也具有类似的几何性质。

(1) 局部性质。k 阶 NURBS 曲线上参数为 $t \in [t_i, t_{i+1}] \subset [t_{k-1}, t_{n-1}]$ 的一点 $P(t)$ 至多

与 k 个控制顶点 P_j 及权因子 $\omega_j(j=i-k+1,\cdots,i)$ 有关，与其他顶点和权因子无关。另一方面，若移动 k 阶 NURBS 曲线的一个控制顶点 P_i 或改变所联系的权因子，仅仅影响定义在区间 $[t_i,t_{i+k}]\subset[t_{k-1},t_{n+1}]$ 上那部分曲线的形状。

（2）变差减小性质。

（3）凸包性。定义在非 0 节点区间 $t\in[t_i,t_{i+1}]\subset[t_{k-1},t_{n+1}]$ 上的曲线段位于定义它的 k 个控制顶点 $P_{i-k+1},\cdots,P_i$ 的凸包内。整条 NURBS 曲线位于所有定义各曲线段的控制顶点的凸包并集内。所有权因子的非负性，保证了凸包性质的成立。

（4）在仿射与透射变换下的不变性。

（5）在曲线定义域内有与有理基函数同样的可微性。

（6）如果某个权因子 ω_i 为 0，那么相应控制顶点 P_i 对曲线没有影响。

（7）若 $\omega_i\rightarrow\infty$，则当 $t\in[t_i,t_{i+k}]$ 时，$P(t)=P_i$。

（8）非有理与有理 Bézier 曲线和非有理 B 样条曲线是 NURBS 曲线的特殊情况。

3.4.2　齐次坐标表示

为了便于讨论，仅考虑平面 NURBS 曲线的情况。

如图 3.35 所示，如果给定一组控制顶点 $P_i=(x_i,y_i)(i=0,1,\cdots,n)$ 及对应的权因子 $\omega_i(i=0,1,\cdots,n)$，则在齐次坐标系 $xy\omega$ 中的控制顶点为 $P_i^\omega=(\omega_ix_i,\omega_iy_i,\omega_i)(i=0,1,\cdots,n)$。齐次坐标下的 k 阶非有理 B 样条曲线可表示为

$$P^\omega(t)=\sum_{i=0}^{n}P_i^\omega N_{i,k}(t)$$

若以坐标原点为投影中心，则得到平面曲线

$$P(t)=\frac{\sum_{i=0}^{n}\omega_iP_iN_{i,k}(t)}{\sum_{i=0}^{n}\omega_iN_{i,k}(t)}$$

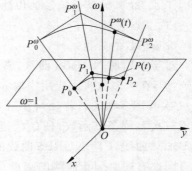

图 3.35　平面 NURBS 曲线齐次坐标表示

三维空间的 NURBS 曲线可以类似地定义，即对于给定的一组控制顶点 $P_i(x_i,y_i,z_i)(i=0,1,\cdots,n)$ 及对应的权因子 $\omega_i(i=0,1,\cdots,n)$，有相应的带权控制点 $P_i^\omega=(\omega_ix_i,\omega_iy_i,\omega_iz_i,\omega_i)(i=0,1,\cdots,n)$ 定义了一条四维的 k 阶非有理 B 样条曲线 $P^\omega(t)$。然后，取它在第四坐标 $\omega=1$ 的超平面上的中心投影，即得三维空间里定义的一条 k 阶 NURBS 曲线 $P(t)$。这种表示方法不仅包含了明确的几何意义，同时也说明了非有理 B 样条的算法可以推广到 NURBS 曲线，只不过是在齐次坐标下进行。

3.4.3　权因子的几何意义

由于 NURBS 曲线权因子 ω_i 只影响参数区间定义在区间 $[t_i,t_{i+k}]\subset[t_{k-1},t_{n+1}]$ 上的那部分曲线的形状，因此，研究 ω_i 对曲线形状的影响可以只考察整条曲线的这一部分。如果固定曲线的参数 t，而使 ω_i 变化，则 NURBS 曲线方程变成以 ω_i 为参数的直线方程，即 NURBS 曲线上 t 值相同的点都位于同一直线上，如图 3.36 所示。

把曲线与有理基函数的记号用包含其权因子 ω_i 为变量的记号替代。因当 $\omega_i \to \infty$ 时，$R_{i,k}(t;\omega_i \to \infty)=1$，故该直线通过控制顶点 P_i，而 B,N_i,B_i 分别是 $\omega_i=0,\omega_i=1,\omega_i \neq 0,1$ 时对应曲线上的点，即 $B=P(t;\omega_i=0),N=P(t;\omega_i=1),B_i=P(t;\omega_i \neq 0,1),P_i=P(t;\omega_i \to \infty)$。

令

$$\alpha = R_{i,k}(t;\omega_i=1), \quad \beta = R_{i,k}(t)$$

N,B_i 可表示为

$$N = (1-\alpha)B + \alpha P_i$$
$$B_i = (1-\beta)B + \beta P_i$$

用 α、β 可得到下述比例关系

$$\frac{1-\alpha}{\alpha} : \frac{1-\beta}{\beta} = \frac{P_i N}{BN} : \frac{P_i B_i}{BB_i} = \omega_i$$

上式是 (P_i,B_i,N,B) 这 4 点的交比，由此式可知：

(1) 若 ω_i 增大或减小，则 β 也增大或减小，所以曲线被拉向或推离开 P_i 点。

(2) 若 ω_i 增大或减小，曲线被推离或拉向 $P_j(j \neq i)$。

3.4.4 圆锥曲线的 NURBS 表示

若取节点向量为 $T=[0,0,0,1,1,1]$，则 NURBS 曲线退化为二次有理 Bézier 曲线，即

$$P(t) = \frac{(1-t^2)\omega_0 P_0 + 2t(1-t)\omega_1 P_1 + t^2 \omega_2 P_2}{(1-t)^2 \omega_0 + 2t(1-t)\omega_1 + t^2 \omega_2}$$

可以证明，这是圆锥曲线弧方程，$C_{sf} = \dfrac{\omega_1^2}{\omega_0 \omega_2}$ 称为形状因子，它的值确定了圆锥曲线的类型。$C_{sf}=1$ 时，上式是抛物线弧；$C_{sf} \in (1,\infty)$ 时，上式是双曲线弧；$C_{sf} \in (0,1)$ 时，上式是椭圆弧；$C_{sf}=0$ 时，上式退化为连接 P_0、P_2 两点的直线段；$C_{sf} \to +\infty$ 时，上式退化为一对直线段 $P_0 P_1$ 和 $P_1 P_2$，如图 3.37 所示。

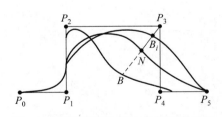

图 3.36　NURBS 曲线中权因子的作用

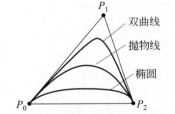

图 3.37　圆锥曲线的 NURBS 表示

3.4.5 NURBS 曲线的修改

NURBS 曲线的修改有多种方式，常用的方法有修改权因子、控制点和反插节点。

1. 修改权因子

权因子的作用是：当保持控制顶点和其他权因子不变，减少或增加某权因子时，曲线被推离或拉向相应顶点。假定已给 k 阶 $(k-1)$ 次 NURBS 曲线上参数为 t 的一点 S，欲将曲线在该点拉向或推离控制顶点 P_i 一个距离 d，以得到新点 S^*，可由重新确定相应的权因子

ω_i, 使之改变为 ω_i^* 来达到, 如图 3.38 所示。

$$\omega_i^* = \omega_i \left[1 + \frac{d}{R_{i,k}(t)(P_iS - d)} \right]$$

其中, P_iS 表示 P_i 和 S 两点间的距离; d 有正负之分, 若 S^* 在 P_i 和 S 之间, 即曲线被拉向顶点 P_i, d 为正, 反之为负。

修改过程是拾取曲线上一点 S, 并确定该点的参数 $t \in [t_j, t_{j+1}]$, 再拾取控制多边形的一个顶点 P_i, 它是 $k+1$ 个控制顶点 $P_{j-k+1}, \cdots, P_j$ 中的一个, 即 $j-k+1 \leqslant i \leqslant j$, 便可算出两点间的距离 d。若在直线段 SP_i 上拾取一点 S^*, 就能确定替代旧权因子 ω_i 的新权因子 ω_i^*, 修改后的曲线将通过 S^* 点。

2. 修改控制顶点

若给定曲线上参数为 t_i 的一点 S、方向矢量 V 和距离 d, 计算控制顶点 P_i 的新位置 P_i^*, 以使曲线上 S 点沿 V 移动距离 d 到新位置 S^*。S^* 可表示为

$$S^* = \sum_{\substack{j=0 \\ j \neq i}}^{n} P_j R_{j,k}(t) + (P_i + \alpha V) R_{i,k}(t)$$

于是

$$|S^* - S| = d = \alpha |V| R_{i,k}(t) \Rightarrow \alpha = \frac{d}{|V| R_{i,k}(t)}$$

由此可得新控制顶点

$$P_i^* = P_i + \alpha V$$

3. 反插节点

给定控制多边形顶点 P_i 与权因子 $\omega_i (i=0, 1, \cdots, n)$ 及节点矢量 $T = [t_0, t_1, \cdots, t_{n+k}]$, 就定义了一条 k 阶 NURBS 曲线。欲在该多边形的 $P_i P_{i+1}$ 边上选取一点 $\bar{P}$, 使得 $\bar{P}$ 点成为一个新的控制顶点, 这就是所谓反插节点。$\bar{P}$ 点可按有理线性插值给出, 即

$$\bar{P} = \frac{(1-s)\omega_i P_i + s\omega_{i+1} P_{i+1}}{(1-s)\omega_i + s\omega_{i+1}}$$

于是

$$s = \frac{\omega_i |\bar{P} - P_i|}{\omega_i |\bar{P} - P_i| + \omega_{i+1} |P_{i+1} - \bar{P}|}$$

所以有

$$\bar{t} = t_{i+1} + s(t_{i+k} - t_{i+1})$$

这就是使得 $\bar{P}$ 成为一个新控制顶点而要插入的新节点。

当插入新节点 $\bar{t} \in [t_j, t_{j+1}]$ 使 $\bar{P}$ 成为新控制顶点的同时, 将有 $k-2$ 个旧控制顶点被包括 $\bar{P}$ 在内的新控制顶点所替代, 如图 3.39 所示。

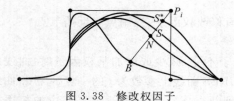

图 3.38　修改权因子

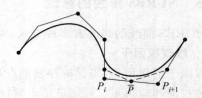

图 3.39　使 $\bar{P}$ 成为新控制顶点

3.4.6 NURBS 曲面

1. NURBS 曲面的定义

由双参数变量分段有理多项式定义的 NURBS 曲面是

$$P(u,v) = \frac{\sum_{i=0}^{m}\sum_{j=0}^{n}\omega_{ij}P_{ij}N_{i,p}(u)N_{j,q}(v)}{\sum_{i=0}^{m}\sum_{j=0}^{n}\omega_{ij}N_{i,p}(u)N_{j,q}(v)} = \sum_{i=0}^{m}\sum_{j=0}^{n}P_{ij}R_{i,p,j,q}(u,v), \quad u,v \in [0,1]$$

式中 P_{ij} 是矩形域上特征网格控制点列，ω_{ij} 是相应控制点的权因子，规定四角点处用正权因子，即 $\omega_{00},\omega_{m0},\omega_{0n},\omega_{mn} > 0$，其余 $\omega_{ij} \geqslant 0$。$N_{i,p}(u)$ 和 $N_{j,q}(v)$ 分别是 p 阶和 q 阶的 B 样条基函数，$R_{i,p,j,q}(u,v)$ 是双变量有理基函数。

$$R_{i,p,j,q}(u,v) = \frac{\omega_{ij}N_{i,p}(u)N_{j,q}(v)}{\sum_{r=0}^{m}\sum_{s=0}^{n}\omega_{rs}N_{r,p}(u)N_{s,q}(v)}$$

节点矢量 $U = [u_0,u_1,\cdots,u_{m+p}]$ 和 $V = [v_0,v_1,\cdots,v_{n+q}]$ 通常取为下面的形式

$$U = [\underbrace{0,0,\cdots,0}_{p\text{ 个}},u_p,\cdots,u_{m+p},\underbrace{1,1,\cdots,1}_{p\text{ 个}}],$$

$$V = [\underbrace{0,0,\cdots,0}_{q\text{ 个}},v_p,\cdots,v_{m+p},\underbrace{1,1,\cdots,1}_{q\text{ 个}}],$$

2. NURBS 曲面的性质

有理双变量基函数 $R_{i,p,j,q}(u,v)$ 具有与非有理 B 样条基函数相类似的性质。

（1）局部支撑性质。当 $u \in [u_i,u_{i+p}]$ 且 $v \in [v_j,v_{j+q}]$ 时，$R_{i,p,j,q}(u,v) \geqslant 0$。

（2）权性。$\sum_{i=0}^{m}\sum_{j=0}^{n}R_{i,p,j,q}(u,v) = 1$。

（3）可微性。在每个子矩形域内所有偏导数存在，在重复度为 r 的 u 节点处，沿 u 向是 $p-r-1$ 次连续可微；在重复度为 r 的 v 节点处，沿 v 向是 $q-r-1$ 次连续可微。

（4）极值。若 $p,q > 1$，恒有一个极大值存在。

（5）$R_{i,p,j,q}(u,v)$ 是双变量 B 样条基函数的推广。

NURBS 曲面与非有理 B 样条曲面也有相类似的几何性质，权因子的几何意义及修改、控制顶点的修改等也与 NURBS 曲线类似，这里不再赘述。

3.5 Coons 曲面

1964 年，美国麻省理工学院 S. A. Coons 提出了一种曲面分片、拼合造型的思想。Bézier 曲面和 B 样条曲面的特点是曲面逼近控制网格；Coons 曲面的特点是插值，即利用满足给定的边界条件的方法构造 Coons 曲面。

3.5.1 基本概念

假定参数曲面片方程为 $P(u,v)$，$u,v \in [0,1]$，参数曲线 $P(u,0)$、$P(u,1)$、$P(0,v)$、$P(1,v)$ 称为曲面片的 4 条边界，$P(0,0)$、$P(0,1)$、$P(1,0)$、$P(1,1)$ 称为曲面片的 4 个角点。

$P(u,v)$ 的 u 向和 v 向求偏导矢

$$P_u(u,v) = \frac{\partial P(u,v)}{\partial u}, \quad P_v(u,v) = \frac{\partial P(u,v)}{\partial v}$$

分别称为 u 线上和 v 线上的切矢。边界线 $P(u,0)$ 上的切矢为

$$P_u(u,0) = \frac{\partial P(u,v)}{\partial u}\Big|_{v=0}$$

同理，$P_u(u,1)$、$P_v(0,v)$、$P_v(1,v)$ 也是边界线上的切矢。

边界曲线 $P(u,0)$ 上的法向(指参数 v 向)偏导矢

$$P_v(u,0) = \frac{\partial P(u,v)}{\partial v}\Big|_{v=0}$$

称为边界曲线的跨界切矢。同理，$P_v(u,1)$、$P_u(0,v)$、$P_u(1,v)$ 也是边界曲线的跨界切矢。

$$P_u(0,0) = \frac{\partial P(u,v)}{\partial u}\Big|_{\substack{u=0\\v=0}}, \quad P_v(0,0) = \frac{\partial P(u,v)}{\partial v}\Big|_{\substack{u=0\\v=0}}$$

分别称为角点 $P(0,0)$ 的 u 向和 v 向切矢，在曲面片的每个角点上都有两个这样的切矢量。

$$P_{uv}(u,v) = \frac{\partial^2 P(u,v)}{\partial u \partial v}$$

称为混合偏导矢或扭矢，它反映了 P_u 对 v 的变化率或 P_v 对 u 的变化率。同样，

$$P_{uv}(0,0) = \frac{\partial^2 P(u,v)}{\partial u \partial v}\Big|_{\substack{u=0\\v=0}}$$

称为角点 $P(0,0)$ 的扭矢，显然，曲面片的每个角点都有这样的扭矢。

3.5.2　双线性 Coons 曲面

如果给定 4 条在空间围成封闭曲边四边形的参数曲线 $P(u,0)$、$P(u,1)$、$P(0,v)$、$P(1,v)$，$u,v\in[0,1]$，$u,v\in[0,1]$，如图 3.40 所示，怎样构造一张参数曲面 $P(u,v)$，$u,v\in[0,1]$，使得 $P(u,v)$ 以给定的 4 条参数曲线为边界?

问题的解有无穷多个，先来看一种最简单的情况。首先，在 u 向进行线性插值，可以得到以 $P(0,v)$ 和 $P(1,v)$ 为边界的直纹面 $P_1(u,v)$，如图 3.41(a)所示。

$$P_1(u,v) = (1-u)P(0,v) + uP(1,v), \quad u,v\in[0,1]$$

再在 v 向进行线性插值，可以得到以 $P(u,0)$ 和 $P(u,1)$ 为边界的直纹面 $P_2(u,v)$，如图 3.41(b)所示。

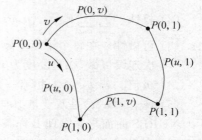

图 3.40　4 条边界曲线

$$P_2(u,v) = (1-v)P(u,0) + vP(u,1), \quad u,v\in[0,1]$$

如果把 $P_1(u,v)$ 和 $P_2(u,v)$ 叠加，产生的新曲面的边界是除给定的边界外，叠加了一个连接边界两个端点的直边。为此，再构造分别过端点 $P(0,0)$、$P(0,1)$ 及 $P(1,0)$、$P(1,1)$ 的直线段

$$\begin{cases} (1-v)P(0,0) + vP(0,1) \\ (1-v)P(1,0) + vP(1,1) \end{cases}, \quad v\in[0,1]$$

然后，以这两条直线段为边界，构造直纹面 $P_3(u,v)$

$$P_3(u,v) = (1-u)[(1-v)P(0,0) + vP(0,1)] + u[(1-v)P(1,0) + vP(1,1)]$$

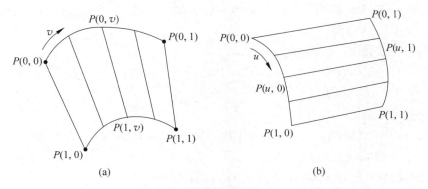

图 3.41 以两条给定曲线为边界的直纹面

$$= \begin{bmatrix} 1-u & u \end{bmatrix} \begin{bmatrix} P(0,0) & P(0,1) \\ P(1,0) & P(1,1) \end{bmatrix} \begin{bmatrix} 1-v \\ v \end{bmatrix}, \quad u,v \in [0,1]$$

容易验证 $P(u,v) = P_1(u,v) + P_2(u,v) - P_3(u,v)$, $u,v \in [0,1]$ 便是所要求构造的曲面, 称之为双线性 Coons 曲面片。

$P(u,v)$ 可进一步改写成矩阵的形式

$$P(u,v) = - \begin{bmatrix} -1 & 1-u & u \end{bmatrix} \begin{bmatrix} 0 & P(u,0) & P(u,1) \\ P(0,v) & P(0,0) & P(0,1) \\ P(1,v) & P(1,0) & P(1,1) \end{bmatrix} \begin{bmatrix} -1 \\ 1-v \\ v \end{bmatrix}, \quad u,v \in [0,1]$$

$$(3.20)$$

式 (3.20) 右端的三阶方阵包含了曲面的全部边界信息, 称之为边界信息矩阵。其右下角二阶子块的 4 个矢量是曲面边界的端点, 称之为曲面的角点。

上面已经构造了双线性 Coons 曲面片, 可以看出, 用它来进行曲面拼合时, 可以自动保证整张曲面在边界的位置连续。

3.5.3 双三次 Coons 曲面

双线性 Coons 曲面能够自动保证各曲面片边界位置连续, 那么, 曲面片边界的跨界切矢是否连续呢? 对式 (3.20) 中的 v 求偏导后, 代入 $v=0$, 可得 $P(u,0)$ 的跨界切矢

$$P_v(u,0) = P(u,1) - P(u,0) + \begin{bmatrix} 1-u & u \end{bmatrix} \begin{bmatrix} P_v(0,0) + P(0,0) - P(0,1) \\ P_v(1,0) + P(1,0) - P(1,1) \end{bmatrix}$$

可见, 跨界切矢不仅与该边界端点的切矢有关, 还与该边界曲线有关。因此, 双线性 Coons 曲面在曲面片的边界上, 跨界切矢一般不连续, 也就是说, 不能达到曲面片的光滑拼接。

为了构造光滑拼接的 Coons 曲面, 除了给定边界信息外, 还要给定边界的跨界切矢。也就是说, 构造出的 Coons 曲面片不仅以给定的 4 条参数曲线为边界, 还要保持 4 条曲线的跨界切矢。假定 4 条边界曲线为

$$P(u,0), P(u,1), P(0,v), P(1,v), \quad u,v \in [0,1]$$

4 条边界曲线的跨界切矢为

$$P_v(u,0), P_v(u,1), P_u(0,v), P_u(1,v), \quad u,v \in [0,1]$$

不妨取 Hermite 基函数 F_0, F_1, G_0, G_1 作为调和函数,以类似于双线性 Coons 曲面的构造方法构造双三次 Coons 曲面。

在 u 向可得曲面 $P_1(u,v)$ 为

$$P_1(u,v) = F_0(u)P(0,v) + F_1(u)P(1,v) + G_0(u)P_u(0,v) + G_1(u)P_u(1,v),$$
$$u,v \in [0,1]$$

在 v 向可得曲面 $P_2(u,v)$ 为

$$P_2(u,v) = F_0(v)P(u,0) + F_1(v)P(u,1) + G_0(v)P_v(u,0) + G_1(v)P_v(u,1),$$
$$u,v \in [0,1]$$

对角点的数据进行插值,可得曲面 $P_3(u,v)$ 为

$$P_3(u,v) = \begin{bmatrix} F_0(u) & F_1(u) & G_0(u) & G_1(u) \end{bmatrix}$$
$$\begin{bmatrix} P(0,0) & P(0,1) & P_v(0,0) & P_v(0,1) \\ P(1,0) & P(1,1) & P_v(1,0) & P_v(1,1) \\ P_u(0,0) & P_u(0,1) & P_{uv}(0,0) & P_{uv}(0,1) \\ P_u(1,0) & P_u(1,1) & P_{uv}(1,0) & P_{uv}(1,1) \end{bmatrix} \begin{bmatrix} F_0(v) \\ F_1(v) \\ G_0(v) \\ G_1(v) \end{bmatrix}, \quad u,v \in [0,1]$$

可以验证,曲面 $P(u,v) = P_1(u,v) + P_2(u,v) - P_3(u,v)$, $u,v \in [0,1]$ 的边界及边界跨界切矢就是已经给定的 4 条边界曲线和 4 条边界曲线的跨界切矢,称之为双三次 Coons 曲面片。$P(u,v)$ 改成矩阵的形式为

$$P(u,v) = -\begin{bmatrix} -1 & F_0(u) & F_1(u) & G_0(u) & G_1(u) \end{bmatrix}$$
$$\begin{bmatrix} 0 & P(u,0) & P(u,1) & p_v(u,0) & P_v(u,1) \\ P(0,v) & P(0,0) & P(0,1) & P_v(0,0) & P_v(0,1) \\ P(1,v) & P(1,0) & P(1,1) & P_v(1,0) & P_v(1,1) \\ P_u(0,v) & P_u(0,0) & P_u(0,1) & P_{uv}(0,0) & P_{uv}(0,1) \\ P_u(1,v) & P_u(1,0) & P_u(1,1) & P_{uv}(1,0) & P_{uv}(1,1) \end{bmatrix} \begin{bmatrix} -1 \\ F_0(v) \\ F_1(v) \\ G_0(v) \\ G_1(v) \end{bmatrix},$$
$$u,v \in [0,1] \tag{3.21}$$

在式(3.21)右边的五阶方阵(即边界信息矩阵)中,第一行与第一列包含着给定的两对边界与相应的跨界切矢,剩下的四阶子方阵的元素由 4 个角点上的信息组成,包括角点的位置矢量、切矢及扭矢。

观察式(3.20)与式(3.21),可以发现:对曲面片满足边界条件的要求提高一阶,曲面方程中的边界信息矩阵就要扩大二阶,并且要多用一对调和函数;边界信息矩阵的第一行与第一列包含着全部给定边界信息;余下的子方阵则包含着角点信息。认识了这些规律后,就能容易地构造出满足更高阶边界条件的 Coons 曲面方程。

3.6 形体在计算机内的表示

我们之前已经指出,计算机中表示形体通常用线框、表面和实体三种模型。线框模型和表面模型保存的三维形体信息都不完整,只有实体模型才能够完整地、无歧义地表示三维形体。前面已经介绍了曲线曲面常用的数学表示形式及其理论基础。从本节开始,将继续介绍实体造型技术的有关问题,主要包括形体在计算机内的表示、分类求交算法和典型的实体造型系统。

3.6.1 引言

实体造型技术的研究可以追溯到 20 世纪 60 年代初期,不过,直到 60 年代后半期,有关实体造型的报道仍然很少。70 年代初期,出现了一些实体造型系统,如英国剑桥大学的 BUILD-1 系统,德国柏林工业大学的 COMPAC 系统,日本北海道大学的 TIPS-1 系统和美国罗切斯特大学的 PADL-1、PADL-2 系统等。

这些早期的实体造型系统有一个共同的特点:用多面体表示形体,不支持精确的曲面表示。多面体模型的优点是数据结构相对简单,集合运算、明暗图生成和显示速度快。但是,同一系统中存在两种表示——精确的曲面表示和近似的多面体逼近,违背了几何定义的唯一性原则。而且,曲面形体使用多面体模型只是近似表示,存在误差,若要提高表示精度,就需要增加离散平面片的数量,庞大数据量直接影响计算速度,同时计算机的存储管理也难以接受。显然,为了解决这个问题,就需要在几何造型系统中采用精确的形体表示模型。

20 世纪六、七十年代,雕塑曲面的研究取得了很大的进展,Coons 曲面、Bézier 曲线和曲面、B 样条曲线和曲面等设计方法相继提出,并在汽车、航空和造船等行业得到了广泛应用。曲面造型系统由于缺乏面片的连接关系,不仅使曲面的交互修改非常复杂,而且也难于构造封闭的形体。实体造型系统则由于不能有效地处理复杂曲面,也使其几何造型的覆盖域受到了很大的限制。在这样的形势下,如何构造能够精确表示形体的几何造型系统成了人们研究的目标。1978 年,英国 Shape Data 公司推出了实体造型系统 Romulus,首次引入了采用代数方程的形式精确表示的二次曲面。

20 世纪 80 年代末,出现了 NURBS 曲线曲面设计方法,已有的曲线曲面表示方法,如 Bézier 方法、B 样条方法等,可以用 NURBS 方法统一表示,且能精确表示二次曲线曲面。由于 NURBS 具有精确表示形体的强大表示能力,随后的几何造型系统纷纷采用了 NURBS 方法,国际标准化组织也已将 NURBS 作为定义工业产品形状的唯一数学方法。

早期的几何造型系统还有一个特点,就是只支持正则的形体造型。正则形体集(R-Set)的概念由罗切斯特大学 Requicha 引入造型系统,并为几何造型奠定了初步的理论基础。

为了描述正则形体,引入了二维流形(2-manifold)的概念。二维流形是指这样一些面,其上任一点都存在一个充分小的邻域,该邻域与平面上的圆盘是同构的,即在该邻域与圆盘之间存在连续的 1-1 映射。

对于任一形体,如果它是三维欧氏空间 R^3 中非空、有界的封闭子集,且其边界是二维流形(即该形体是连通的),那么称该形体为正则形体,否则称为非正则形体。图 3.42 给出了一些非正则形体的实例。

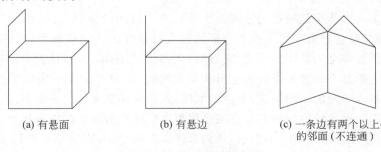

(a) 有悬面　　　　(b) 有悬边　　　　(c) 一条边有两个以上的邻面(不连通)

图 3.42　非正则形体实例

基于正则形体表示的实体造型形体只能表示正则的三维"体",低于三维的形体是不能存在的。这样,线框模型中的"线"、表面模型中的"面"都是实体造型系统中所不能表示的。但在实际应用中,有时候人们希望在系统中也能处理像形体中心轴、剖切平面这样低于三维的形体,这就要求造型系统的数据结构能统一表示线框、表面和实体模型。

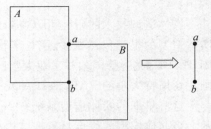

图 3.43　两个二维图形的交产生一个退化的结果

集合运算(并、交、差)是构造形体的基本方法。正则形体经过集合运算后,可能会产生悬边、悬面等低于三维的形体,如图 3.43 所示。Requicha 在引入正则形体概念的同时,还定义了正则集合运算的概念,正则集合运算保证集合运算的结果仍是一个正则形体,即丢弃悬边、悬面等,如图 3.44 所示。但是,这些信息在很多应用中是有用的,不能丢弃,这也要求几何造型系统要能够表示边、面等低于三维的形体。即是说,几何造型系统要求能够处理非正则形体,于是,产生了非正则造型技术。

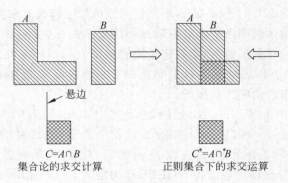

图 3.44　集合和正则的交运算

20 世纪 90 年代以来,基于约束的参数化、变量化造型和支持线框、曲面、实体统一表示的非正则形体造型技术已成为几何造型技术的主流。

3.6.2　形体表示模型

在实体模型的表示中,出现了许多方法,基本上可以分为分解表示、构造表示和边界表示三大类。

1. 分解表示

分解表示是将形体按某种规则分解为小的更易于描述的部分,每一小部分又可分为更小的部分,这种分解过程直至每一小部分都能够直接描述为止。分解表示的一种特殊形式是每一个小的部分都是一种固定形状(正方形、立方体等)的单元,形体被分解成这些分布在空间网格位置上的具有邻接关系的固定形状单元的集合,单元的大小决定了单元分解形式的精度。根据基本单元的不同形状,常用四叉树、八叉树和多叉树等表示方法。

分解表示中一种比较原始的表示方法是将形体空间细分为小的立方体单元。与此相对应,在计算机内存中开辟一个三维数组,凡是形体占有的空间,存储单元中记为 1,其余空间记为 0。这种表示方法的优点是简单,容易实现形体的交、并、差计算,但是占用的存储量太大,物体的边界面没有显式地解析表达式,不便于运算,实际上并未采用。

图 3.45 是八叉树表示形体的一个实例。八叉树法表示形体的过程是这样的,首先对形体定义一个外接立方体,再把它分解成 8 个子立方体,并对立方体依次编号为 0,1,2,…,7。如果子立方体单元已经一致,即为满(该立方体充满形体)或为空(没有形体在其中),则该子立方体可停止分解;否则,需要对该立方体作进一步分解,再细分为 8 个子立方体。在八叉树中,非叶节点的每个节点都有 8 个分支。

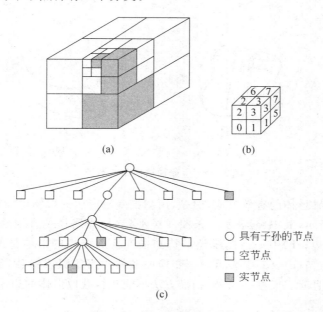

图 3.45　用八叉树表示形体

八叉树表示法有一些优点,近年来受到人们的注意。这些优点主要如下。

(1) 形体表示的数据结构简单。

(2) 简化了形体的集合运算。对形体执行交、并、差运算时,只需同时遍历参加集合运算的两形体相应的八叉树,无须进行复杂的求交运算。

(3) 简化了隐藏线(或面)的消除,因为在八叉树表示中,形体上各元素已按空间位置排成了一定的顺序。

(4) 分析算法适合于并行处理。

八叉树表示的缺点也是明显的,主要是占用的存储多,只能近似表示形体,以及不易获取形体的边界信息等。

2. 构造表示

构造表示是按照生成过程来定义形体的方法。构造表示通常有扫描表示、构造实体几何表示和特征表示三种。

1) 扫描表示

扫描表示是基于一个基体(一般是一个封闭的平面轮廓)沿某一路径运动而产生形体。可见,扫描表示需要两个分量,一个是运动的基体,另一个是基体运动的路径。如果是变截面的扫描,还要给出截面的变化规律。图 3.46 给出了扫描表示的一些例子,(a)是拉伸体

（扫描路径是直线），(c)是回转体，(b)、(d)扫描体的扫描路径是曲线，且(b)是等截面扫描，(d)是变截面扫描。

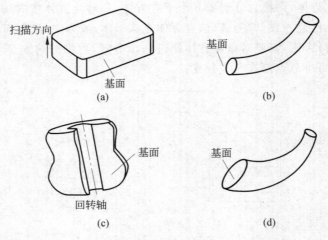

图 3.46　生成扫描形体的例子

　　扫描是生成三维形体的有效方法，但是，用扫描变换产生的形体可能出现维数不一致的问题。如图 3.47 所示，其中(a)表示一条曲线经平移（扫描路径是直线）扫描变换后产生了一个表面和两条悬边；(b)中一条曲线经平移扫描变换后产生的形体是两个二维的表面间有一条一维的边相连；(c)、(d)中表示扫描变换的基体本身维数不一致，因而产生的结果形体也是维数不一致且有二义性。另外，扫描方法不能直接获取形体的边界信息，表示形体的覆盖域非常有限。

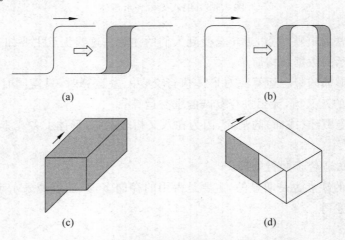

图 3.47　生成扫描体时维数不一致的情况

　　2）构造实体几何表示

　　构造实体几何（Constructive Solid Geometry, CSG）表示是通过对体素定义运算而得到新的形体的一种表示方法。体素可以是立方体、圆柱和圆锥等几何体，也可以是半空间，其运算为几何变换或正则集合运算并、交、差。

　　CSG 表示可以看成是一棵有序的二叉树，其终端节点或是体素或是形体变换参数；非终端结点或是正则的集合运算,或是几何变换(平移和/或旋转)操作,这种运算或变换只对其紧接着的子节点(子形体)起作用。每棵子树(非变换叶子节点)表示其下两个节点组合及变换的结果。如图 3.48 所示,三个叶子节点代表体素 π_1、π_2 和平移变换 Δx,两个中间节点为 $(\pi_1 - \pi_2)$ 和 $\pi_2[\Delta x]$ 的运算结果,根节点表示了最终的形体,这里的体素和中间形体都是合法边界的形体。几何变换并不限定为刚体变换,可以是任意范围的比例变换和对称变换。

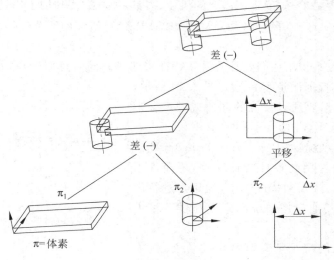

图 3.48　CSG 表示

CSG 树是无二义性的,但不唯一,它的定义域取决于其所用体素以及所允许的几何变换和正则集合运算算子。若体素是正则集,则只要体素叶子是合法的,正则集的性质就保证了任何 CSG 树都是合法的正则集。

CSG 表示的优点如下:

(1) 数据结构比较简单,数据量比较小,内部数据的管理比较容易。

(2) 可方便地转换成边界表示。

(3) CSG 方法表示的形体形状比较容易修改。

CSG 表示的缺点如下:

(1) 对形体的表示受体素的种类和对体素操作的种类的限制,也就是说,CSG 方法表示形体的覆盖域有较大的局限性。

(2) 对形体的局部操作不易实现,例如,不能对基本体素的交线倒圆角。

(3) 由于形体的边界几何元素(点、边、面)是隐含地表示在 CSG 中,故显示与绘制 CSG 表示的形体需要较长的时间。

3) 特征表示

20 世纪 80 年代末,出现了参数化、变量化的特征造型技术,并出现了以 Pro/Engineering 为代表的特征造型系统,在几何造型领域产生了深远影响。特征技术是在以 CSG 和 Brep 为代表的几何造型技术已较为成熟的背景下产生的,此时实体造型系统在工业界得到了广泛应用的同时,用户对实体造型系统也提出了更高的要求。

人们并不满足于用点、线、面等基本几何和拓扑元素来设计形体,原因是多方面的:一是几何建模的效率较低;二是需要用户懂得几何造型的一些基本理论。还有一个重要的原因是实体造型系统需要与应用系统的集成。以机械设计为例,机械零件在实体系统中设计完成以后,需要进行结构、应力分析,需要进行工艺设计、加工和检验等。用户进行工艺设计时,需要的并不是构成形体的点、线、面这些几何和拓扑信息,而是需要高层的机械加工特征信息,诸如光孔、螺孔、环形槽、键槽和滚花等,并根据零件的材料特性、加工特征的形状、精度要求、表面粗糙度要求等,确定所需要的机床、刀具、加工方法和加工用量等。传统的几何造型系统远不能提供这些信息,以至 CAD 与 CAPP(计算机辅助工艺过程设计)成为世界性的难题。

很显然,用户更希望用他们熟悉的设计特征来建模。同时可以看出,特征是面向应用、面向用户的。基于特征的造型系统如图 3.49 所示,特征模型的表示仍然要通过传统的几何造型系统来实现。不同的应用领域,具有不同的应用特征。一些著名的特征造型系统(如 Pro/Engineering)除提供了一个很大的面向应用的设计特征库外,还允许用户定义自己的特征,加入到特征库中,为用户进行产品设计和 CAD 与其他应用系统的集成提供了极大的方便。

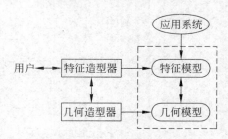

图 3.49 基于特征的造型系统

不同应用领域的特征都有其特定的含义,例如机械加工中,提到孔,就会想到是光孔还是螺孔,孔径有多大,孔有多深,孔的精度是多少等。特征的形状常用若干个参数来定义,如图 3.50 所示,圆柱和圆锥特征用底面半径 R 和高度 H 来定义,方块特征用长度 L、宽度 W 和高度 H 来定义。

(a) 方块   (b) 圆柱   (c) 圆锥

图 3.50 特征形状表示

所以,在几何造型系统中,根据特征的参数,用户并不能直接得到特征的几何元素信息,而在对特征及在特征之间进行操作时需要这些信息。特征方法表示形体的覆盖域受限于特征的种类。

上面介绍了构造表示的三种表示方法,并可以了解到,构造表示通常具有不便于直接获取形体几何元素的信息、覆盖域有限等缺点,但却便于用户输入形体,在 CAD/CAM 系统中,通常作为辅助表示方法。

3. 边界表示

图 3.51 给出了一个边界表示的实例。边界表示(boundary representation)也称为 BR 表示或 BRep 表示,它是几何造型中最成熟、无二义的表示法。实体的边界通常是由面的并集来表示,而每个面又由它所在曲面的定义加上其边界来表示,面的边界是边的并集,而边又是由点来表示的。边界表示的一个重要特点是描述形体的信息包括几何信息(geometry)

和拓扑信息(topology)两个方面。拓扑信息描述形体上的顶点、边、面的连接关系,它形成物体边界表示的"骨架"。形体的几何信息犹如附着在"骨架"上的肌肉。例如,形体的某个表面位于某一个曲面上,定义这一曲面方程的数据就是几何信息。此外,边的形状、顶点在三维空间中的位置(点的坐标)等都是几何信息,一般来说,几何信息描述形体的大小、尺寸、位置和形状等。

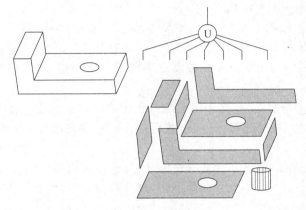

图 3.51　边界表示

在边界表示法中,边界表示就按照体-面-环-边-点的层次,详细记录构成形体的所有几何元素的几何信息及其相互连接的拓扑关系。这样,在进行各种运算和操作中,就可以直接取得这些信息。

Brep 表示的优点如下:

(1) 表示形体的点、边、面等几何元素是显式表示的,使得绘制 Brep 表示的形体的速度较快,而且比较容易确定几何元素间的连接关系。

(2) 容易支持对物体的各种局部操作,例如进行倒角,不必修改形体的整体数据结构,而只需提取被倒角的边和与它相邻两面的有关信息,然后施加倒角运算就可以了。

(3) 便于在数据结构上附加各种非几何信息,如精度、表面粗糙度等。

Brep 表示的缺点如下:

(1) 数据结构复杂,需要大量的存储空间,维护内部数据结构的程序也比较复杂。

(2) Brep 表示不一定对应一个有效形体,通常运用欧拉操作来保证 Brep 表示形体的有效性、正则性等。

由于 Brep 表示覆盖域大,原则上能表示所有的形体,而且易于支持形体的特征表示等,Brep 表示已成为当前 CAD/CAM 系统的主要表示方法。

3.6.3　形体的边界表示模型

用边界表示法建立三维形体时,经常用到欧拉操作与集合运算保证形体的有效性、正则性等。本小节对边界表示的数据结构、欧拉操作及集合运算作一个简单的介绍。

1. 基本实体

上节已经指出,边界模型由几何信息和拓扑信息两部分组成。表达形体的基本拓扑实体(entity)包括如下几种:

（1）顶点。顶点（vertex）的位置用（几何）点（point）来表示。一维空间的点用一元组$\{t\}$表示；二维空间中的点用二元组$\{x,y\}$或$\{x(t),y(t)\}$表示；三维空间中的点用三元组$\{x,y,z\}$或$\{x(t),y(t),z(t)\}$表示；n维空间中的点在齐次坐标下用$n+1$维表示。点是几何造型中的最基本元素，自由曲线、曲面或其他形体均可用有序的点集表示。用计算机存储、管理、输出形体的实质就是对点集及其连接关系的处理。

在正则形体定义中，不允许孤立点存在。

（2）边。边（edge）是两个邻面（对正则形体而言）或多个邻面（对非正则形体而言）的交集。边有方向，它由起始顶点和终止顶点来界定；边的形状（curve）由边的几何信息来表示，可以是直线或曲线，曲线边可用一系列控制点或型值点来描述，也可用显式、隐式或参数方程来描述。

（3）环。环（loop）是有序、有向边组成的封闭边界。环中的边不能相交，相邻两条边共享一个端点。环有方向、内外之分，外环边通常按逆时针方向排序，内环边通常按顺时针方向排序。

（4）面。面（face）由一个外环和若干个内环（可以没有内环）来表示，内环完全在外环之内。根据环的定义，在面上沿环的方向前进，左侧总在面内，右侧总在面外。面有方向性，一般用其外法矢方向作为该面的正向。若一个面的法矢向外，称为正向面；反之，称为反向面。面的形状（surface）由面的几何信息来表示，可以是平面或曲面，平面可用平面方程来描述，曲面可用控制多边形或型值点来描述，也可用曲面方程（隐式、显式或参数形式）来描述。对于参数曲面，通常在其二维参数域上定义环，这样就可由一些二维的有向边来表示环，集合运算中对面的分割也可在二维参数域上进行。

（5）体。体（body）是面的并集。在正则几何造型系统中，要求体是正则的，非正则形体的造型技术将线框、表面和实体模型统一起来，可以存取维数不一致的几何元素，并可对维数不一致的几何元素进行求交分类，从而扩大了几何造型的形体覆盖域。

2. 数据结构

在实体造型研究中，相继提出了有不少边界表示的数据结构，比较著名的有半边数据结构、翼边数据结构和辐射边数据结构等。

翼边数据结构是在 1972 年，由美国斯坦福大学 Baumgart 作为多面体的表示模式而被提出来的，它基于边表示的数据结构，如图 3.52 所示。它用指针记录了每一边的两个邻面（即左外环和右外环）、两个顶点、两端各自相邻的两个邻边（即左上边、左下边、右上边和右下边），用这一数据结构表示多面体模型是完备的，但它不能表示带有精确曲面边界的实体。

为了表示非正则形体，Weiler 在 1986 年提出了辐射边（radial edge）数据结构，如图 3.53 所示。辐射边结构的形体模型由几何信息（geometry）和拓扑信息（topology）两部分组成。几何信息有面、环、边和点，拓扑信息有模型（model）、区域（region）、外壳（shell）、面引用（face use）、环引用（loop use）、边引用（edge use）和点引用（vertex use）。这里点是三维空间的一个位置，边可以是直线边或曲线边，边的端点可以重合。环是由首尾相接的一些边组成，而最后一条边的终点与第一条边的起点重合，环也可以是一个孤立点。外壳是一些

图 3.52　翼边数据结构

点、边、环、面的集合,所含的面集有可能围成封闭的三维区域,从而构成一个实体。外壳还可以表示任意的一张曲面或若干个曲面构成的面组。外壳还可以是一条边或一个孤立点。外壳中的环和边有时被称为"线框环"和"线框边",这是因为它们可以用于表示形体的线框图。区域由一组外壳组成,而模型由区域组成。图 3.54 是用辐射边数据结构表示的一个形体模型,注意其中实体、面、线是用统一的数据结构表示的。

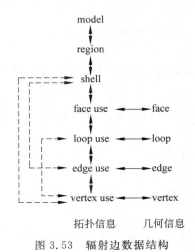

图 3.53　辐射边数据结构

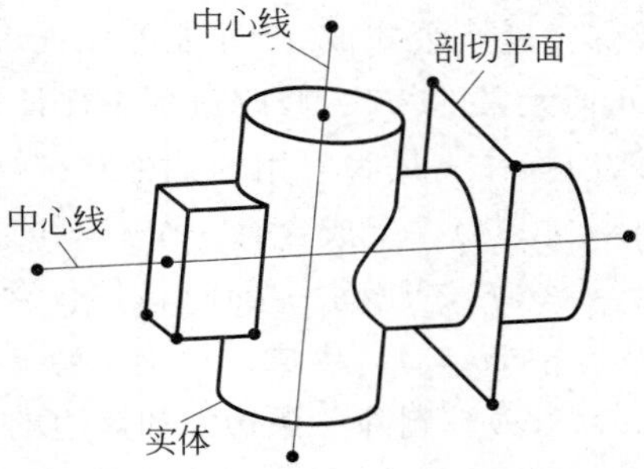

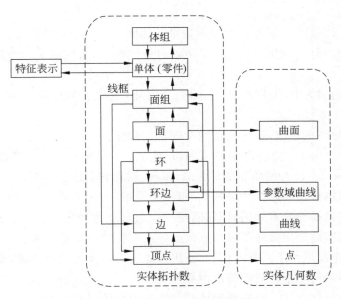

图 3.54　一个用辐射边结构表示的非正则形体模型

清华大学国家 CAD 工程中心开发的几何造型系统 GEMS5.0 中,采用的数据结构如图 3.55 所示。

图 3.55　GEMS5.0 的数据结构

该数据结构基于线框、表面、实体和特征统一表示,且具有以下特点。

(1) 采用自顶向下的设计思想。在形体的表示上,遵循了从大到小,分解表示的原则。

(2) 支持非流形形体的表示。

（3）实体拓扑数据与几何数据双链表连接，存放紧凑。

（4）能够支持特征造型。

3. 欧拉操作

对于任意的简单多面体，其面（f）、边（e）和顶点（v）的数目满足公式

$$v - e + f = 2$$

这就是著名的欧拉公式。对于任意的正则形体，引入形体的其他几个参数：形体所有面上的内孔总数（r）、穿透形体的孔洞数（h）和形体非连通部分总数（s），则形体满足公式

$$v - e + f = 2(s - h) + r$$

欧拉公式给出了形体的点、边、面、体、孔、洞数目之间的关系，在对形体的结构进行修改时，必须要保证这个公式成立，才能够保证形体的有效性。由此而构造出一套操作，完成对形体局部几何元素的修改，修改过程中保证各几何元素的数目保持这个关系式不变，这一套操作就是欧拉操作。最为常用的几种欧拉操作如下。

（1）mvsf（v, f）。生成含有一个点 v 的面，并且构成一个新的体。

（2）kvsf（v, f）。删除一个体，该体仅含有一个点 v 的面。

（3）mev（v_1, v_2, e）。生成一个新的点 v_2，连接该点到已有的点 v_1，构成一条新的边 e。

（4）kev（e, v）。删除一条边 e 和该边的一个端点 v。

（5）mef（v_1, v_2, f_1, f_2, e）。连接面 f_1 上的两个点 v_1 和 v_2，生成一条新的边 e，并产生一个新的面 f_2。

（6）kef（e）。删除一条边 e 和该边的一个邻面 f。

（7）mekr（v_1, v_2, e）。连接两个点 v_1 和 v_2，生成一条新的边 e，并删除掉 v_1 和 v_2 所在面上的一个内环。

（8）kemr（e）。删除一条边 e，生成该边某一邻面上的一个新的内环。

（9）kfmrh（f_1, f_2）。删除与面 f_1 相接触的一个面 f_2，生成面 f_1 上的一个内环，并形成体上的一个通孔。

（10）mfkrh（f_1, f_2）。删除面 f_1 上的一个内环，生成一个新的面 f_2，由此也删除了体上的一个通孔。

为了方便对形体的修改，还定义了两个辅助的操作。

（1）semv（e_1, v, e_2）。将边 e_1 分割成两段，生成一个新的点 v 和一条新的边 e_2。

（2）jekv（e_1, e_2）。合并两条相邻的边 e_1 和 e_2，删除它们的公共端点。

以上 10 种欧拉操作和两个辅助操作，每两个一组，构成了 6 组互为可逆的操作。

可以证明：欧拉操作是有效的，即用欧拉操作对形体操作的结果在物理上是可实现的；欧拉操作是完备的，即任何形体都可用有限步骤的欧拉操作构造出来。

以上欧拉操作仅适用于正则形体，非正则形体已不再满足欧拉公式，但是欧拉操作中对形体点、边、面、体几何元素作局部修改的原理仍然适用。Weiler 定义了扩展的欧拉操作来构造非正则形体，仍然把这一套操作形体拓扑结构的方法叫作欧拉操作。

4. 集合运算

集合运算是实体造型系统中非常重要的模块，也是一种非常有效的形体构造方法。从一维几何元素到三维几何元素，人们针对不同的情况和应用要求，提出了不少集合运算算法。

在早期的造型系统中,处理对象是正则形体,因此定义了正则形体集合运算,用以保证正则形体在集合运算下是封闭的。在非正则形体造型中,参与集合运算的形体可以是体、面、边、点,运算的结果也是这些形体,这就要求集合运算算法中能统一处理这些不同维数的形体,因此需要引入非正则形体运算。

1) 正则集与正则集合运算算子

Tilove 根据点集拓扑学的原理,给出了正则集的定义。认为正则的几何形体是由其内部点的闭包构成,即由内部点和边界两部分组成。对于几何造型中的形体,规定正则形体是三维欧氏空间中的正则集合,因此对正则几何形体有如下描述。

设 G 是三维欧氏空间 R^3 中的一个有界区域,且 $G = bG \bigcup iG$,其中 bG 是 G 的 $n-1$ 维边界,iG 是 G 的内部。G 的补空间 cG 称为 G 的外部,此时正则形体 G 需满足:

(1) bG 将 iG 和 cG 分为两个互不连通的子空间。

(2) bG 中的任意一点可以使 iG 和 cG 连通。

(3) bG 中任一点存在切平面,其法矢指向 cG 子空间。

(4) bG 是二维流形。

对于正则形体集合,可以定义正则集合运算算子。设 $\langle OP \rangle$ 是集合运算算子(交、并或差),如果 R^3 中任意两个正则形体 A、B 作集合运算

$$R = A \langle OP \rangle B$$

运算结果 R 仍是 R^3 中的正则形体,则称 $\langle OP \rangle$ 为正则集合算子,正则并、正则交、正则差分别记为 $\bigcup_*$、$\bigcap_*$ 和 $-_*$。

2) 分类

几何造型中的集合运算实质上是对集合中的成员进行分类的问题,Tilove 给出了集合成员分类问题的定义及判定方法。

Tilove 对分类问题的定义为:设 S 为待分类元素组成的集合,G 为一正则集合,则 S 相对于 G 的成员分类函数为

$$C(S,G) = \{S\ in\ G, S\ out\ G, S\ on\ G\} \qquad (3.22)$$

其中

$$S\ in\ G = S \bigcap iG$$
$$S\ out\ G = S \bigcap cG$$
$$S\ on\ G = S \bigcap bG$$

如果 S 是形体的表面,G 是一正则形体,则定义 S 相对于 G 的分类函数时,需考虑 S 的法向量。记 $-S$ 为 S 的反向面。形体表面 S 上一点 P 相对于外侧的法向量为 $NP(S)$,相反方向的法向量为 $-NP(S)$,则式(3.22)中 $S\ on\ G$ 可分为两种情况

$$S\ on\ G = \{S\ shared\ (bG), S\ shared(-bG)\}$$

其中

$$S\ shared\ (bG) = \{P \mid P \in S, P \in bG, NP(S) = NP(bG)\}$$
$$S\ shared\ (-bG) = \{P \mid P \in S, P \in bG, NP(S) = NP(-bG)\}$$

于是,S 相对于 G 的分类函数 $C(S,G)$ 可写为

$$C(S,G) = \{S\ in\ G, S\ out\ G, S\ on\ G, S\ shared\ (bG), S\ shared(-bG)\}$$

由此,正则集合运算定义的形体边界可表达为

$$b(A \bigcup B) = \{bA \ out \ B, bB \ out \ A, bA \ shared \ (bB)\}$$
$$b(A \bigcap B) = \{bA \ in \ B, bB \ in \ A, bA \ shared \ (bB)\}$$
$$b(A - B) = \{bA \ out \ B, -(b B \ in \ A), bA \ shared \ (-bB)\}$$

3）集合运算算法

正则集合运算与非正则形体运算的区别在于增加了正则化处理步骤。下面给出一组非正则形体的集合运算算法。

假定参与集合运算的形体为 A 和 B，运算的结果形体 $C = A\langle OP\rangle B$，其中集合运算符 $\langle OP\rangle$ 为通常的集合运算并、交、差（$\bigcup$、$\bigcap$、$-$）。

对于一个非正则形体 L，可以将其分解为 $L = L_3 \bigcup L_2 \bigcup L_1 \bigcup L_0$，其中 L_3 为 R^3 中的正则闭集之并，存在面表、边表、点表等拓扑元素；L_2 是悬面集，存在边表和点表；L_1 是悬边集，只有端点；L_0 是孤立点集。

集合运算的整个算法包括以下几部分：

（1）求交。参与运算的一个形体的各拓扑元素求交，求交的顺序采用低维元素向高维元素进行。用求交结果产生的新元素（维数低于参与求交的元素）对求交元素进行划分，形成一些子元素。这种经过求交步骤之后，每一形体产生的子拓扑元素的整体相对于另一形体有外部、内部、边界上的分类关系。

（2）成环。由求交得到的交线将原形体的面进行分割，形成一些新的面环。再加上原形体的悬边、悬点经求交后得到的各子拓扑元素，形成一拓扑元素生成集。

（3）分类。对形成的拓扑元素生成集中的每一拓扑元素，取其上的一个代表点，根据点/体分类的原则，决定该点相对于另一形体的位置关系，同时考虑该点代表的拓扑元素的类型（即其维数），来决定该拓扑元素相对于另一形体的分类关系。

（4）取舍。根据拓扑元素的类型及其相对另一形体的分类关系，按照集合运算的运算符要求，决定拓扑元素是保留还是舍去；保留的拓扑元素形成一个保留集。

（5）合并。对保留集中同类型可合并的拓扑元素进行合并，包括面环的合并和边的合并。

（6）拼接。以拓扑元素的共享边界作为其连接标志，按照从高维到低维的顺序，收集分类后保留的拓扑元素，形成结果形体的边界表示数据结构。

3.7 求交分类

在几何造型中，通常利用集合运算（并、交、差运算）实现复杂形体的构造，而集合运算需要大量的求交运算。如何提高求交的实用性、稳定性、速度和精度等，对几何造型系统至关重要。

3.7.1 求交分类简介

在早期的几何造型系统中，用多面体来表示形体。在这种多面体模型中，形体所有的表面都是平面，所有的边都是直线段，因此求交计算主要是线段和平面的求交，求交问题的解决相对简单。

但多面体模型的缺点是明显的。它只能近似表示形体。同时，复杂形体表面的离散会带来巨大的数据量,要求计算机有较高的存储量和运算速度。因此,有必要采用精确表示的形体模型,然而精确表示的形体也会给几何造型系统引入复杂的几何元素,也必然给几何元素的求交带来困难。

CSG 模型是曾被广泛使用的形体表示模型,在这种模型中,形体通过基本体素的组合来实现,基本体素通常是立方体、圆柱、圆锥、球和圆环等。基于 CSG 表示的造型系统,如 PADL-1、PADL-2 和 GMSOLID 等,引入了二次曲面体的基本体素后,二次曲面的求交在这些造型系统中是不可避免的。

当前的几何造型系统,大多采用精确的边界表示模型。在这种表示法中,形体的边界元素和某类几何元素相对应,它们可以是直线、圆(圆弧)、二次曲线、Bézier 曲线和 B 样条曲线等,也可以是平面、球面、二次曲面、Bézier 曲面和 B 样条曲面等,求交情况十分复杂。在一个典型的几何造型系统中,用到的几何元素通常有 25 种,为了建立一个通用的求交函数库,所要完成的求交函数多达 $C_{25}^2 + 25 = 325$ 种。进入 20 世纪 90 年代以来,NURBS 技术被成功地应用于 CAD 系统。由于 NURBS 具有强大的表示能力,能使造型系统的几何元素表示统一起来。那么,几何造型系统的求交是否可以简化为 NURBS 求交呢? 特别是曲面求交,是否可以毕其功于一役,只考虑 NURBS 曲面的求交呢? 这曾是 90 年代初的研究热点。事实上,这种尝试最后被证明是行不通的。以求交而论,本来很简单的二次面求交,转化为 NURBS 曲面求交后,问题被复杂化了,而且统一表示后,使某些二次曲面,如平面、柱面等的一些特性,未能用于简化求交。所以,二次曲面与各种自由曲面并存的混合表示模型,又逐渐被人们所接受。清华大学国家 CAD 工程中心在 1992 年推出的 GEMS3.0 系统,就是采用统一的 NURBS 表示。后来由于造型的速度和效率太低,在 1995 年推出 GEMS4.0 时,已采用混合表示模型了。二次曲面与各种自由曲面并存的混合表示模型的采用,导致了归类求交思想的产生。

3.7.2　求交分类策略

通常,在几何造型系统中用到的 25 种几何元素主要分为以下三种。

(1) 点。指 3D 点。

(2) 线。包括 3D 直线段、二次曲线(包括圆弧和整圆、椭圆弧和椭圆、抛物线段、双曲线段)、Bézier 曲线(有理和非有理)、B 样条曲线和 NURBS 曲线。

(3) 面。平面、二次曲面(包括球面、圆柱面、圆锥/台面、双曲面、抛物面、椭球面和椭圆柱面)、Bézier 曲面(有理和非有理)、B 样条曲面和 NURBS 曲面。

上面已经提到,为了建立一个通用的求交函数库,所要完成的求交函数多达 325 种。对如此多的求交方法逐一进行研究不是一个好方法。一种好的做法是:将几何元素进行归类,利用同类元素之间的共性来研究求交算法;同时对每一类元素,在具体求交算法中要考虑它们的特性,以提高算法的效率,发挥混合表示方法的优势。这些几何元素可以按照其维数归为三大类:点、线、面。这样,求交方法就可分为点点、点线、点面、线线、线面和面面 6 种。点只有三维点一种,比较简单。线和面又可分别归为二次曲线、自由曲线和二次曲面、自由曲面两类。这样,求交算法可以归为 $C_5^2 + 5 = 15$ 种。

3.7.3　基本的求交算法

由于计算机内浮点数有误差,求交计算必须引进容差。假定容差为 ε,则点被看成是半径为 ε 的球,线被看成是半径为 ε 的圆管,面被看成是厚度为 2ε 的薄板。

点相对于其他几何元素的求交比较简单,计算两个点是否相交,实际上是判断两个点是否重合;判断点和线(或面)是否相交,实际上是判断点是否在线(或面)上。

这里重点讨论线与线的求交及线与面的求交。根据前面的分类方法,线与线的求交有二次曲线与二次曲线、二次曲线与自由曲线及自由曲线与自由曲线求交三种。类似地,面与面求交有三种。线与面的求交有二次曲线与二次曲面、二次曲线与自由曲面、自由曲线与二次曲面及自由曲线与自由曲面求交 4 种。

1. 线与线的求交计算

1) 二次曲线与二次曲线的求交

二次曲线在非退化的情况下,也称为圆锥曲线(椭圆、双曲线和抛物线)。由于圆锥曲线在其标准(局部)坐标系下具有标准的隐式方程和参数方程的形式,因而,这类求交的策略是将坐标系变换到该圆锥曲线的局部坐标系下,一个圆锥曲线用隐式方程的形式表示,而另一圆锥曲线采用参数方程的形式,代入即可获得有关参数的 4 次方程。4 次代数方程具有精确的求根公式,因而可计算出二者的交点。

2) 二次曲线与 NURBS 曲线求交

自由曲线(Bézier 曲线、B 样条曲线和 NURBS 曲线)可用 NURBS 方法统一表示。二次曲线与 NURBS 曲线求交,可将 NURBS 曲线的参数方程代入圆锥曲线的隐式方程,得到参数的一元高次方程;然后,使用一元高次方程的求根方法解出交点参数,或把圆锥曲线也表示为参数形式,转化为两个 NURBS 曲线的求交问题。

3) NURBS 曲线与 NURBS 曲线求交

解决这类求交问题,通常采用离散法求初始交点,再用迭代法求精确解的办法,具体求解步骤如下。

(1) 初始化。依据离散精度,生成 NURBS 曲线对应的二叉树表示,叶子结点是对应于该曲线的某一离散子线段及其包围盒,非叶子结点是对应于该段 NURBS 曲线的包围盒。

(2) 求初始交点。遍历两曲线的二叉树,若其叶子结点的包围盒相交,则将两者的数据(曲线段中点的参数值,二者坐标的平均值)存入初始交点队列。

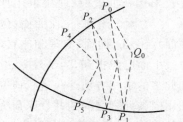

(3) 迭代求精确交点。将初始交点代入迭代方程迭代求解,可形象地用图 3.56 表示。计算过程为:设初始交点为 (Q_0, s_0, t_0),其中 Q_0 是初始点的空间坐标,s_0 和 t_0 分别为两 NURBS 曲线的初始交点参数值,将 Q_0 投影至两曲线上,得两点 (P_0, s_1) 和 (P_1, t_1),由此构造另一个更精确的初始点 $\left(\dfrac{P_0 + P_1}{2}, s_1, t_1\right)$,依次可得 $P_0, \cdots,$ 图 3.56　NURBS 曲线与 NURBS 曲线迭代求交过程示意图

$P_{2n}, \cdots$ 和 $P_1, P_3, \cdots, P_{2n+1}, \cdots$,直至 P_{2n} 与 P_{2n+1} 两点间的距离小于 ε 为止。

2. 线与面的求交计算

与自由曲线的表示类似,自由曲面(Bézier 曲面、B 样条曲面和 NURBS 曲面)可用 NURBS 方法统一表示。二次曲线与 NURBS 曲面的求交计算通常转化为 NURBS 曲线与 NURBS 曲面的求交计算的问题。

二次曲线与二次曲面的求交计算,可以把二次曲线的参数形式代入二次曲面的隐式方程,得到关于参数的 4 次方程,然后用 4 次方程的求根公式计算出交点的参数。

NURBS 曲线与二次曲面的求交计算,可以把 NURBS 曲线的参数形式代入二次曲面的隐式方程,得到关于参数的高次方程,然后用高次方程的求根方法求解。

下面重点介绍 NURBS 曲线与 NURBS 曲面的求交计算,计算过程叙述如下。

(1) 初始化。依据离散精度,将 NURBS 曲线离散成二叉树的形式,将 NURBS 曲面离散成四叉树的形式。四叉树的叶子结点是 NURBS 曲面的子曲面片,并存储其包围盒的坐标,非叶子结点记录对应子面片的包围盒。

(2) 求初始交点。遍历该二叉树和四叉树,如果曲线二叉树叶子结点的包围盒与曲面四叉树的叶子结点的包围盒有交点,则将子曲线段中点的参数值、子曲面片的中心点的坐标值与参数值作为初始交点,记录入初始交点点列中去。

(3) 对初始交点进行迭代,形成精确交点。可用牛顿迭代法求解精确交点。设 NURBS 曲线为 $C(t)$,NURBS 曲面为 $S(u,v)$,则在交点处应满足

$$C(t) - S(u,v) = 0$$

设 $f(u,v,t) = C(t) - S(u,v)$,则问题转化为求函数 $f(u,v,t)$ 的根。

因为 $\mathrm{d}f = \dfrac{\mathrm{d}C(t)}{\mathrm{d}t}\mathrm{d}t - \dfrac{\partial S(u,v)}{\partial u}\mathrm{d}u - \dfrac{\partial S(u,v)}{\partial v}\mathrm{d}v$,两边同时叉积 $\dfrac{\partial S}{\partial u}$,并考虑到 $\dfrac{\partial S}{\partial u} \times \dfrac{\partial S}{\partial u} = 0$,得到

$$\frac{\partial S}{\partial u} \times \mathrm{d}f = \left(\frac{\partial S}{\partial u} \times \frac{\mathrm{d}C}{\mathrm{d}t}\right)\mathrm{d}t - \left(\frac{\partial S}{\partial u} \times \frac{\partial S}{\partial v}\right)\mathrm{d}v$$

两边再点积 $\dfrac{\mathrm{d}C}{\mathrm{d}t}$,并考虑到 $\dfrac{\mathrm{d}C}{\mathrm{d}t} \cdot \left(\dfrac{\partial S}{\partial u} \times \dfrac{\mathrm{d}C}{\mathrm{d}t}\right) = 0$,得到

$$\frac{\mathrm{d}C}{\mathrm{d}t} \cdot \left(\frac{\partial S}{\partial u} \times \mathrm{d}f\right) = -\frac{\mathrm{d}C}{\mathrm{d}t} \cdot \left(\frac{\partial S}{\partial u} \times \frac{\partial S}{\partial v}\right)\mathrm{d}v$$

类似可得到

$$\frac{\mathrm{d}C}{\mathrm{d}t} \cdot \left(\frac{\partial S}{\partial v} \times \mathrm{d}f\right) = \frac{\mathrm{d}C}{\mathrm{d}t} \cdot \left(\frac{\partial S}{\partial u} \times \frac{\partial S}{\partial v}\right)\mathrm{d}u$$

$$\frac{\partial S}{\partial u} \cdot \left(\frac{\partial S}{\partial v} \times \mathrm{d}f\right) = -\frac{\partial S}{\partial u} \cdot \left(\frac{\partial S}{\partial v} \times \frac{\mathrm{d}C}{\mathrm{d}t}\right)\mathrm{d}t$$

令 $D = \dfrac{\mathrm{d}C}{\mathrm{d}t} \cdot \left(\dfrac{\partial S}{\partial u} \times \dfrac{\partial S}{\partial v}\right)$,则可建立迭代方程

$$\begin{cases} t_{i+1} = t_i + \left[\dfrac{\partial S}{\partial u} \cdot \left(\dfrac{\partial S}{\partial v} \times \mathrm{d}f\right)\right] \Big/ D \, \Big|_{(t_i, u_i, v_i)} \\[3mm] u_{i+1} = u_i + \left[\dfrac{\mathrm{d}C}{\mathrm{d}t} \cdot \left(\dfrac{\partial S}{\partial v} \times \mathrm{d}f\right)\right] \Big/ D \, \Big|_{(t_i, u_i, v_i)} \\[3mm] v_{i+1} = v_i - \left[\dfrac{\mathrm{d}C}{\mathrm{d}t} \cdot \left(\dfrac{\partial S}{\partial u} \times \mathrm{d}f\right)\right] \Big/ D \, \Big|_{(t_i, u_i, v_i)} \end{cases}$$

设初值为(t_0, u_0, v_0)，一般迭代 3～5 次便可达到要求的精度。

3. 曲面与曲面的求交

在几何元素之间的求交算法中，曲面与曲面之间的求交是最为复杂的一种，比其他元素的求交要复杂得多。本节根据近年来人们在研究求交方法中所取得的成果，对求交的几种方法进行概述，有兴趣了解更详细情况的读者，请参考有关资料。曲面与曲面求交的基本方法主要有代数方法、几何方法、离散方法和跟踪方法 4 种，下面简单地介绍一下这 4 种方法。

1) 代数方法

代数方法是利用代数运算，特别是求解代数方程的方法求出曲面的交线。对于一些简单的曲面求交，如平面和平面、平面和二次曲面，可以直接通过方程求解计算交线，对于某些复杂的情况，则需要进行分析和化简运算后求解。

根据表示曲面的方程的形式可以将曲面分为隐式表示和参数表示两种类型：隐式表示的曲面为 $f(x, y, z) = 0$，参数表示的曲面为 $r = r(u, v)$。所以，根据参与求交的两曲面的表示形式的不同，可以把求交分为三种情况。

（1）对于隐式表示和参数表示的曲面求交，通过把参数方程代入隐式方程，可以将交线表示为 $g(u, v) = 0$ 的形式。此时得到的交线方程是平面代数曲线方程，可根据平面代数曲线理论的方法求解交线。求解的过程是先构造特征初始点（边界点、转折点和奇异点），这可用数值方法求解方程组得到，特征点把交线分成若干单调段，从特征初始点出发可求出每一单调段。

（2）对于两个曲面都是参数表示的情形，只需要将其中之一隐式化，然后用前面的方法求解。而参数多项式或有理多项式曲面的隐式化可通过消元来实现。Sederberg、Goldman 等人借用经典代数方法将参数曲线、曲面隐式化。但是，参数曲面经隐式化后将变得十分复杂，使得该方法在实际应用时仅适合于低次曲线、曲面，对于一般情形还只是理论上的探讨而已。

（3）如果两个曲面都是隐式曲面，一种方法是将其中一个曲面参数化后，用第一种情况来求解。但是，一般情况下这种参数化很困难，对于某些情况可以采用另外的方法计算参数化的曲面。Levin 在研究两个二次曲面求交时，通过构造二次曲面族的方法，在二次曲面族中计算出一个直纹面作为可参数化曲面。这样可转化为通过直纹面上一系列直母线与二次曲面求交来求解交线。Sarraga 在造型系统 GMsolid 中，以此为基础具体实现了圆柱面、圆锥面和球面之间的求交。

代数法有一个严重的弱点，就是对误差很敏感。这是因为代数法经常需要判别某些量是否大于 0、等于 0 或小于 0，而在计算机中的浮点数近似表示的误差常常会使这种判别出现错误，而且这种误差会随着运算步骤的增多而不断扩大。

2) 几何方法

几何方法求交是利用几何的方法，对参与求交的曲面的形状大小、相互位置以及方向等进行计算和判断，识别出交线的形状和类型，从而精确求出交线。对于一些交线退化或相切的情形，交线往往是点、直线或圆锥曲线，用几何方法求交可以更加迅速和可靠。

几何求交适应性不是很广，一般仅用于平面以及二次曲面等简单曲面的求交。Miller 在研究自然曲面（球面、圆柱面和圆锥面）求交时，使用几何方法穷举出交线的各种情况。Piegl 利用几何作图的方法，对二次曲面求交的各种情况进行分类，然后分别予以处理，取得了较为满意的结果。金通洸在研究锥面和柱面求交时,引进了几何参数,可十分直观、简洁地求出整条交线。

3) 离散方法

离散方法求交是利用分割的方法,将曲面不断离散成较小的曲面片,直到每一子曲面片均可用比较简单的面片(如四边形或三角形平面片)来逼近,然后用这些简单面片求交得一系列交线段,连接这些交线段即得到精确交线的近似结果。离散求交一般包括下面的步骤:用包围盒作分离性检查排除无交区域;根据平坦性检查判断是否终止离散过程;连接求出的交线段作为求交结果。

由于 Bézier 曲面和 B 样条曲面具有离散性质,使得它们最适合于离散法求交。汪国昭首先给出了 Bézier 曲面离散层数的公式,可用检查曲面的离散层数来代替平坦性检查,后来 Filp 将之推广到一般 C^2 连续的参数曲面。

然而离散法求出的交线逼近精度不高。如果要求的精度较高,需要增加离散层数,这将大大增加数据储存量和计算量。此外,对处于不同离散层数的相邻子曲面片,由它们产生的交线段可能会出现裂缝。为此,彭群生在考虑求两个 B 样条曲面的交线时,采用四叉树结构来描述曲面的离散情况,采用深度优先遍历来尽早发现交线段,然后根据交线的相贯性相继地求出交点。

针对一般的参数曲面,Houghton 给出了一个不依赖于曲面类型的矩形域上的 C^1 连续曲面的求交方法。

4) 跟踪方法

跟踪方法求交是通过先求出初始交点,然后从已知的初始交点出发,相继跟踪计算出下一交点,从而求出整条交线的方法。

跟踪法的本质是构造交线满足的微分方程组,先求出满足方程组的某个初值解,通过数值求解微分方程组的方法来计算整个交线。在计算相继交点的时候,利用了曲面的局部微分性质,一般采用数值迭代的方法求解,使得计算效率较高。Wang 利用分析微分方程组的方法还讨论了参数曲面的 offset 曲面的求交。

跟踪法求交中要考虑的主要问题包括:如何求出初始交点并保证每一交线分支都有初始交点被求出;如何计算奇异情况下的跟踪方向以及合理选取跟踪的前进步长;如何处理相切的情况。Sinha 和 Sederberg 等人提出所谓环检查的方法确保没有交线分支的遗漏。Cheng 利用平面向量场的技术求出所有交线。

以上几种方法是曲面求交中常采用的几种基本方法。在实际应用中,往往根据具体应用的需要,结合采用这些方法来实现求交,如在跟踪法中的初始交点常采用离散法求得。

3.8 实体造型系统简介

在早期开发的实体造型系统中,值得提及的是剑桥大学的 BUILD-1 系统,5 年以后又出现了 BUILD-2 系统,但都没有公开使用,更遗憾的是系统的研究小组在 1980 年也解散了。研究小组的一部分人组建了 Shape Data 公司,并开发出实体造型系统 Romulus,Romulus 孕育了最著名的两个实体造型系统开发环境:Parasolid 和 ACIS。

Parasolid 和 ACIS 均采用精确的边界表示,且混合使用 NURBS 和解析曲面。

Parasolid 和 ACIS 并不是面向最终用户的应用系统,而是"几何引擎",作为应用系统的核心。用户可以用它们作为平台,开发自己的应用系统。当今许多流行的商用 CAD/CAM 软件,如 Unigraphics、Solidedge、Solidwork 和 MDT 等,都是在 Parasolid 或 ACIS 的基础上开发出来的。Parasolid 和 ACIS 是两个最有代表性的几何造型系统的开发平台,本节简要地介绍一下这两个系统。

3.8.1 Parasolid 系统

Parasolid 是用 C 语言开发的,其前身是 Romulus。为了在实体造型系统中支持精确的曲面表示,1985 年,Shape Data 公司开始了 Parasolid 的开发。

1. Parasolid 的主要功能

Parasolid 有较强的造型功能,但只能支持正则实体造型。主要包括如下功能。

(1) Parasolid 采用自由曲面和解析曲面的混合表示,共提供了 9 种标准的曲面类型和 7 种标准的曲线类型,并且是完全集成的。应用程序操作模型时,无须关心它们的几何结构。9 种曲面类型分别是平面、圆柱、圆锥、圆环、球、精确过渡面、扫描面、旋转面和 NURBS 面。7 种曲线类型分别是直线、圆、椭圆、曲面与曲面的交线、NURBS 曲线、曲面的裁剪线和等参数线。

(2) Parasolid 可用简单的方法生成复杂的实体,实体之间可有多种操作方式。Parasolid 实体创建方法包括块创建、圆柱创建、球创建、圆环创建、棱柱创建、扫描轮廓创建、旋转轮廓创建、缝合裁剪曲面创建及重建外部造型器的 Brep 模型创建。

(3) 对于早期的实体造型系统,需要用户理解与造型技术密切相关的全局和局部操作的概念。当前,用户可用自己理解的工程特征进行设计,即实体模型根据工程特征建立。Parasolid 提供了特征的创建和编辑功能,特征可以是一组拓扑面、边、顶点,或几何曲面、曲线、点,或它们的组合。

(4) 为了能够将实体模型转化为产品定义模型,Parasolid 能够提供称为属性 (attributes) 的非拓扑和非几何数据,如加工容差、表面粗糙度、表面反射率、实体透明度和实体密度等。属性包括系统定义的属性和用户定义的属性两种,且依附于模型实体(entities)。

(5) Parasolid 支持局部操作,由于完全集成了几何实体,所以对任何模型进行局部操作时,无须关心模型的几何结构。Parasolid 的局部操作包括改变面几何、变换面几何、使面成锥形、摆动面、扫描面及删除面。提供了多半径、变半径的过渡功能。

2. Parasolid 的模型结构

Parasolid 创建的模型实体包括三种,即拓扑、几何和相关数据,它们之间的关系如图 3.57 所示。

1) 拓扑实体

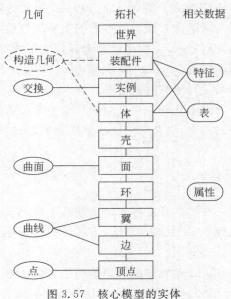

图 3.57 核心模型的实体

拓扑实体包括构造模型结构的所有实体,共有如下几种:

(1) 体。Parasolid 模型通常包括一个或多个体,体包括顶点、边、翼、环、面和壳。

(2) 壳。壳是实体(Solid)和空气之间封闭的边界,每一个壳是面、边和顶点的集合。

(3) 面、边和顶点。面、边和顶点通常有几何实体,分别对应曲面(surfaces)、曲线(curves)和点。

(4) 翼(Fin)。翼表示一条边的一侧,可能依附有一条曲线,每一条边有一个左翼和一个右翼。

(5) 环。环属于面,环是由一个面上封闭的翼组成的。

(6) 装配件(assembly)和实例(instance)。一个装配件是一个对其他装配件或体的指针的集合。每一个指针(被称为一个实例)有一个变换与之相关,以控制被引用的零件相对于装配件中的其他零件的位置和方向。

(7) 世界(world)。世界是一个独特的实体,它包含模型中所有的体(bodies)和装配件。

2) 几何实体

几何实体有 4 种:变换(transformation)、点、曲线和曲面。

(1) 点。点主要依附于顶点,它们也依附于体和装配件作为构造点(construction points)。

(2) 曲线。曲线主要依附于面,但也依附于体和装配件作为构造几何(construction geometry)。

(3) 曲面。曲面主要依附于模型的边或翼,但也依附于体和装配件作为构造几何。

(4) 变换。变换表示几何操作,如平移、修剪等,主要依附于实例。

3) 相关的数据实体

相关的数据实体允许附加的数据能被操作或依附于模型,共有三种:

(1) 特征(feature)。特征是实体的集合,依附于体和装配件。

(2) 表。表提供了结构化数据的方法,它们一般独立使用,也可依附于体和装配件。表有整数表(integer)、实数表(real)和标志表(tag)三种。

(3) 属性。属性是用于附着信息到实体的数据结构。

3. Parasolid 的界面

如图 3.58 所示,Parasolid 有两个界面,一个在造型器顶部,称为核心界面(KI),通过 KI,用户可以造型、操作对象和控制造型器;另一个在造型器下部,它包括 Frustrum(用户写的函数集)、GO(Graphics Output,图形输出)和 FG(Foreign Geometry,外部几何)三个部分。

(1) Frustrum。Frustrum 是用户写的函数集,当数据被存储、提取或进行内存分配时,它们被核心调用。

(2) GO。图形输出函数也是被用户写的,不过与 Frustrum 不同,从这些函数输出的通常不是数据文件,而是要求核心(kernel)绘图的指令。

(3) FG。Parasolid 称外部定义的曲线、曲面为外部几何。FG 功能允许 Parasolid 通过 FG 模块界面访问用户定义的曲线、曲面,使得用户可以使用 Parasolid 造型出用户定义的曲线、曲面及标准的 Parasolid 曲线、曲面类型(参见"1. Parasolid 主要功能"介绍)。

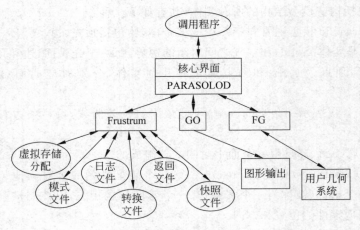

图 3.58　Parasolid 界面

3.8.2　ACIS 系统

ACIS 是由美国 Spatial Technology 公司推出的。Spatial Technology 公司成立于 1986 年,并于 1990 年首次推出 ACIS。ACIS 最早的开发人员来自美国 Three Space 公司,而 Three Space 公司的创办人来自于 Shape Data 公司,因此 ACIS 必然继承了 Romulus 的核心技术。

ACIS 的重要特点是支持线框、曲面、实体统一表示的非正则形体造型技术,能够处理非流形形体。

1. ACIS 的结构

ACIS 产品采用了组件技术,其核心是几何造型器(geometric modeler),还包括一些可与核心集成的组件,称为外壳(husk)。核心只提供一些基本的几何造型功能,其他高级功能在外壳中提供,外壳可以是 Spatial Technology 公司提供的,如高级渲染(advanced rendering)外壳、三维工具箱(3D toolkit)外壳等,也可以是用户开发的。ACIS 核心结构如图 3.59 所示,与 ACIS 核心集成的外壳如图 3.60 所示。

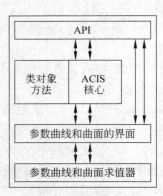

图 3.59　ACIS 核心结构

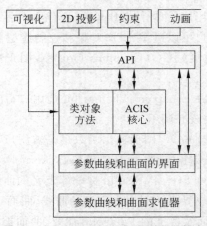

图 3.60　与 ACIS 核心集成均衡的外壳

2. ACIS 的模型表示

ACIS 模型表示由各种属性、几何（geometries）和拓扑（topologies）组成。ACIS 是用 C++ 开发的，用 C++ 类的层次实现了概念模型。C++ 类的层次如图 3.61 所示。

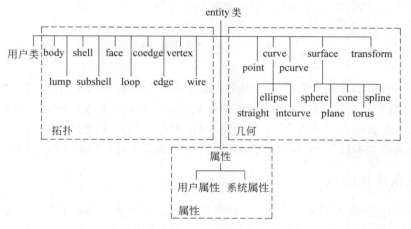

图 3.61　C++ 类层次

几何是指模型的物理描述，如点、曲线、曲面、直线（straight）和椭圆（ellipse）等；拓扑是指各种几何实体在空间的关联，如体、线（wire）、块（lump）、壳（shell）、子壳（subshell）、面、环、环边（coedge）、边和顶点等。属性依附于模型实体。更详细的说明请参见 ACIS 有关文档。

3. ACIS 的几何总线

ACIS 核心提供了一个几何总线，以连接其他的外壳与应用程序，如图 3.62 所示。

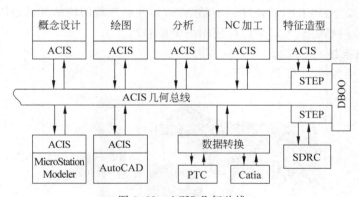

图 3.62　ACIS 几何总线

4. ACIS 的界面

ACIS 与应用程序的界面包括如下几种。

（1）API 函数。API（Application Procedural Interface）函数是一个函数集，应用程序通过调用这些函数可以操作模型。API 函数融入了变量错误检查、日志处理和中继模型管理。

（2）属性。ACIS 属性机制向开发者提供了具体的应用程序数据到 ACIS 几何或拓扑实体的方法。属性与模型数据一起存储或恢复。开发者也能利用现存的属性机制，为特定的应用用途导出新的属性类。

（3）类。类（classes）界面是定义 ACIS 几何和拓扑模型及其他 ACIS 特征的 C++ 类的集合，开发者可以直接利用这些类和方法，为特定的用途导出新的类和方法。

（4）宏。预处理器宏（macros）用于简化通常的编码任务。这些任务包括从实体和属性类派生出新的、具体的应用类，定义 API 函数和处理日志。

3.9　三角网格

图形学中表示形体通常采用基于表面或基于实体的表达方法。前面已经讨论了基于实体的表达方法以及基于连续参数曲面（包括样条）的表面表示方法。在这一节中，将介绍最广泛使用的离散表面表示方法，即三角网格，讨论网格常用的半边结构表示方法，以及针对网格进行处理的基本操作，特别是网格的简化、细分和基于特征敏感度量的网格重剖。

3.9.1　三角网格的概念

我们知道，实体模型能够完整地、无歧义地表达三维形体。然而，对于涉及物体表面的运算，如光照计算、阴影计算和光线求交计算等，使用实体模型并不方便。Bézier、B 样条和 NURBS 曲线曲面用于表达工业造型中较光滑的曲线曲面非常合适，然而，却不能有效地表达真实世界中的物体，如茶壶、兔子模型等。为此，图形学中广泛使用三角形网格来表达三维模型，即用三角形组成的面片列表来近似三维模型。由于三角网格模型采用一系列分段线性的三角形来逼近曲面，因而不能精确地表达解析曲面。但用来表达真实世界中的物体时，三角网格表示则有一系列优点：容易通过三维扫描技术大量获取，采用足够多的面片时可以任意精度逼近复杂的曲面，网格模型的数据结构简单、光照计算和显示速度快并且适合硬件并行处理。如今，随着图形硬件的不断增强，其处理三角网格的性能也以指数级别的速度不断增长，三角网格已成为最为广泛使用的模型表达方法。

1. 三角网格描述

三角网格模型如图 3.63 所示。

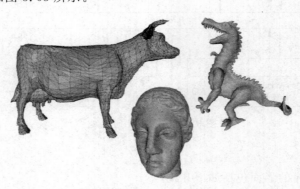

图 3.63　三角网格模型

三角网格的数据结构非常简单，主要包括如下部分：

（1）描述顶点位置的几何信息，$V = \{v_1, v_2, \cdots, v_n\}$。假设模型包含 n 个顶点，几何信息对应每个顶点在 R^3 空间中的位置。

（2）描述三角网格拓扑连接关系的信息，包括一维的边和二维的面。每条边对应顶点的二元组，而每个面对应顶点的有序三元组，一般假设构成一个三角面片的三个顶点按逆时针顺序排列。由于面的信息蕴涵了边的信息，如果三角网格只是用于存储和绘制，往往只要提供面片列表 $F = \{f_1, f_2, \cdots, f_m\}$（假设模型包含 m 个面）即可。

除了这些必要信息之外，还可以包含诸如法向、纹理坐标等附加属性，这些信息通常与某个顶点、边或者面关联。

2. 三角网格模型的存储

三角网格模型可以通过不同的方法获得，包括三维扫描仪、三维动画和造型软件等。不同软件生成的模型可以采用不同的文件格式，某些文件格式被广泛采用，因而可用于不同软件之间的数据交换。这些文件格式可以是文本的，也可以采用二进制方式编码。前者易于阅读和理解，而后者则往往具有较高的编码效率。这里介绍一种广为使用的 Alias | Wavefront 的 OBJ 文件格式的子集，该格式为文本格式，易于理解，并被绝大多数商业软件支持。

在 OBJ 文件中，"♯"开头的行作为注释，在读取时被忽略。基本的 OBJ 文件格式非常简单，首先是一系列由 v 开头的行，v 之后是三个浮点数，彼此之间由空格分开。每一行定义了一个顶点，三个浮点数对应该顶点的 x、y、z 坐标。在 OBJ 文件中，顶点的编号从 1 开始，即第一个顶点的编号是 1，第二个顶点的编号是 2，依此类推。在描述顶点之后，OBJ 文件中包含一系列由 f 开头的行，f 之后是由空格分开的三个整数，对应三角网格模型中的每个三角面片，顶点编号采用逆时针的顺序。

采用这种简单的格式，就可以实现基本的三角网格模型的读取和保存。

3.9.2　三角网格的半边表示

前面提到，只存储顶点位置和每个面包含的顶点就可以准确地表示一个三维网格模型。如果网格仅用来绘制，那么很多时候这种简单的表示就足够了。但是，在对三角网格进行处理过程中，常常需要对网格的拓扑进行某种程度的检索和遍历。例如，需要按逆时针顺序遍历包含某个顶点的所有面。使用前述基本的存储结构进行这样的访问需要遍历整个模型，而这显然不是必要的。半边结构只需要增加很少的存储量，就可以提供一系列访问上的便利，因而在很多针对三角网格模型的处理中得到了广泛应用。

半边（half-edge）结构也称为双向链接边表（Doubly Connected Edge List，DCEL），其基本思想是把一条无向的边拆分成两条有向的"半边"，半边的方向在模型中总是沿着逆时针方向。如图 3.64 所示，每个三角形都相应地包含三条半边。如其中的半边 e 和半边 opposite(e) 对应同一个边。

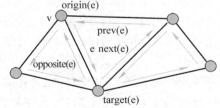

图 3.64　网格的半边结构

半边结构需要针对顶点、半边和面存储一些相关信息。这些信息比前面简单的顶点列表-面列表的方式要花费稍多的空间，但很快将看到这种方法在访问上的灵活性。

半边结构中每个顶点至少需要保存两部分信息。首先是顶点的几何信息，即空间坐标等。此外，还包括其中一条从这个顶点出发的半边。例如，对图 3.64 中的顶点 v（即 origin(e)）而言，可以保存半边 e，或者其他任何一条从 v 出发的半边。

半边结构中每条半边(例如图 3.64 中的 e)需要存储如下信息。

(1) 该半边的源顶点 origin(e)。

(2) 该半边在同一三角形中的下一半边 next(e)。

(3) 与半边同属一条边的对边 opposite(e)。

(4) 该半边所属的面 IncFace(e)(即图中中间的三角形)。

在这些信息的基础上,就可以完成各种网格上的遍历操作。有些情况下,希望得到半边 e 的上一半边 prev(e),对三角网格而言这可以通过两次使用下一半边操作来得到,即 prev(e) = next(next(e))。如果希望得到半边 e 指向的顶点 target(e),则可以通过半边 e 的下一半边的源顶点来获得,即 target(e) = origin(next(e))。由于这些操作可能经常需要访问,有些实现也存储这些冗余的信息,不过,当网格结构发生变化时,这些冗余的信息也要相应进行更新,以保证数据的一致性。

半边结构中为了便于访问,每个面需要保存这个三角形包含的三条半边中的任何一条。显然,可以反复使用下一半边操作 next() 来遍历三角形中的所有半边。通过这些半边的 opposite() 操作,可以得到与这些半边相对的半边,并进而使用 IncFace() 操作获取与当前面相邻接的其他面。

半边结构为各种网格上的访问操作提供了很大的便利,并且提高了处理效率。以前面提及的枚举一个顶点 v 周围的所有面为例。首先,从该顶点 v 的存储结构中获得由它出发的一条半边 e,通过 IncFace(e) 操作可以获得第一个与 v 邻接的面。利用 prev(e) 或者 next(next(e)) 操作得到它的上一条半边,并利用 opposite() 操作得到相应的对边,该边恰好是从 v 出发按逆时针方向的下一条半边。同样地,利用 IncFace() 操作可以得到下一个与 v 邻接的面。这个操作可以反复进行,从而枚举顶点 v 出发的所有面。

3.9.3 网格处理概述

随着三维扫描获取技术的逐渐成熟,人们可以方便地获得大量高精度的三角网格模型,因而对三角网格模型进行处理,使之满足人们需要的需求也日益迫切。从应用角度上来说,人们提出了一系列基本的网格处理操作,每类操作又根据优化的目标、效率和效果的平衡及数据的特性等,提出了各种算法。详尽介绍这些算法不是本书的目的,本书以典型的网格简化、网格细分以及特征敏感的网格重剖为例,介绍网格处理的基本思想和方法。

从应用目标出发,网格处理首先包括网格模型的简化、细分、重剖、光顺。这些操作生成与原始模型几何上类似的新模型,但是网格的连接关系不同。其中,简化操作采用较少的面片来表示几何,因而可以提高绘制的效率,但通常会有一定的损失。细分则以原始网格为基础,按一定的规则生成包含更多面片(从而更光滑)的几何。网格重剖的目的则往往为了获得更规则的网格模型,模型可能具有更少或更多的面片。网格光顺则可以得到与原网格基本一致的模型,但是更光滑,从而可以去除不需要的几何细节或者噪声。

网格模型由于表示嵌入在三维空间中的二维曲面,相对于二维的图像和三维的视频这些定义在规则欧氏空间上的数据,其处理存在一定的复杂性。为了便于对其进行处理,需要将其映射到更简单的参数域上,因而参数化也是网格模型处理中的一个基本工具。网格的参数化要求曲面与映射后的参数域之间是拓扑同胚的,理想的参数化应当是 1-1 映射,即要求不存在参数域交叠的现象。根据参数域的不同,目前的参数化可以大致分成基网格参数化、平面参数化、球面参数化和其他参数化(包括多立方体参数化、网格间参数化等)4大类。

由于通过三维扫描获取的数据常常含有噪声,多次扫描的数据在配准时又存在一定的整体误差,这都会给网格重构算法带来困难,使生成的网格含有几何错误或拓扑错误。另一方面,网格处理的很多算法效果很大程度上依赖于模型的质量,所以需要对重构生成的网格进行几何及拓扑错误修复,以便更加方便和鲁棒地应用到后续的处理当中去。几何缺陷是指网格表面含有洞、自相交、面片重合等几何位置缺失或者交叠。拓扑缺陷是指重构的网格经常会含有多余的环、孤岛和空洞,这些拓扑缺陷会极大地影响网格简化、参数化等处理算法的效果,给实际应用带来了很大的困难。通常可以采用基于网格面或者基于体数据的方法对其进行处理。

虽然网格是由一系列三角形组成的,但是构成网格的三角形并不是同等重要的,那些尖锐或光滑的边缘区域(称为特征)对于网格模型的准确表示具有特别重要的作用。对于特征进行有效的分析,不仅可以改进其他处理算法的效率和效果,而且有助于对模型的理解。网格分割可视作网格分析的一个基本处理工具,它把模型分解成若干个有意义的部分,即希望与人的主观想法相一致。

网格变形通常是指在不改变网格拓扑连接关系的同时改变网格顶点的坐标,使得原来网格模型的姿态发生变化。网格变形技术在计算机动画等领域具有广泛应用。采用网格变形也可以生成新的模型,例如从静止状态的马通过变形得到奔跑形态的马等。除此之外,也可以利用基于草图或基于样例的方法,快速生成新的模型。

随着扫描获取技术和三维建模技术的日益成熟,大量的三维模型被构建出来。模型数量的增加给人们提出了这样一个问题,如何从模型库中选取满足自己需要的模型。模型检索主要研究的问题就在于如何根据模型的内在特征衡量模型之间的相似性,即匹配程度,进而在模型库中检索与输入模型相似的模型。

这里介绍的主要是网格处理的一些典型情节。在实际应用中,这些处理方法本身并不是孤立的,例如网格的参数化就是很多网格处理中的一个基本工具。限于篇幅,在后面几节中简要介绍一些基本的网格处理方法,包括网格简化、网格细分以及特征敏感的网格重剖。

3.9.4　网格简化

网格简化是指减少一个已有网格的面片数量,同时仍能表达原三维模型的过程。进行网格简化有时候是为了减少不必要的几何信息,例如,一个由众多共面小三角形组成的大正方形,事实上,将其简化为两个三角形也可以精确地表达原来的几何。有时候的目的是为了减少网格的大小,便于存储和传输;更多时候的目的是为了降低网格的复杂度,提高绘制速度。下面重点介绍提高绘制速度的层次细节网格简化技术。

在实时生成真实感图形图像的过程中,要得到某种特定的视觉效果,而生成图像的算法的选择是有限的,因此要实现实时性,只有从需要绘制的三维场景本身入手。在当前的真实感图形学中,需要绘制的三维场景的复杂度都非常高,一个复杂的场景可能会包含几十甚至几百万个多边形,要实现对这种复杂场景的实时真实感图形绘制是困难的。一种自然的想法就是通过减少场景的复杂度,提高图像绘制的速度。层次细节显示和简化技术就是在这种背景下提出来的。

当场景中许多面片在屏幕上的投影小于一个像素时,可以合并这些可见面而不损失画面的视觉效果。层次细节技术最初是为简化采样密集的多面体网格物体而设计的一种算法。这些复杂的多面体网格往往通过激光扫描测距系统扫描真实三维物体而得到,为真实反映原物体的表面变化,扫描过程中所采取的采样点非常稠密,这为三维场景的存储、传输及绘制带来极大的困难,为此人们开始研究复杂多面体网格的简化。

层次细节显示简化技术就是在不影响画面视觉效果的条件下,通过逐次简化景物的表面细节来减少场景的几何复杂性,从而提高绘制算法的效率。该技术通常对一个原始多面体模型建立几个不同逼近程度的几何模型。与原模型相比,每个模型均保留一定层次的细节,当从近处观察物体时,采用精细的模型;而当从远处观察物体时,则采用较粗糙的模型。这样对于一个较复杂场景而言,可以减少场景的复杂度,同时对于生成的真实图像的质量的损失还可以限定在用户给定的阈值以内,而生成图像的速度却大幅度提高。这是层次细节显示和简化技术的基本原理。但需要注意的是,当视点连续变化时,在两个不同层次的模型之间就存在一个明显的跳跃,有必要在相邻层次的模型之间形成光滑的视觉过渡,即几何形状过渡,使生成的真实感图像序列是视觉光滑的。层次细节显示和简化技术的研究主要集中于如何建立原始网格模型的不同层次细节的模型以及如何建立相邻层次的多边形网格模型之间的几何形状过渡。

对于原始网格模型的不同层次细节模型的建立,假设场景的模型都是三角形网格(在实际应用中,为了绘制方便,三维场景最后一般都被转化为三角形网格),从网格的几何及拓扑特性出发,存在着如下三种不同的基本化简操作。

(1) 顶点删除操作[41]。删除网格中的一个顶点,然后对它的相邻三角形形成的空洞重新作三角剖分,以保持网格的拓扑一致性。

(2) 边压缩操作[42]。把网格上的一条边压缩为一个顶点,与该边相邻的两个三角形都退化(面积为 0),而它的两个顶点融合为一个新的顶点。

(3) 面片收缩操作[43]。把网格上的一个面片收缩为一个顶点,该三角形本身和与其相邻的三个三角形都退化,而它的三个顶点收缩为一个新的顶点。这些操作如图 3.65 所示。

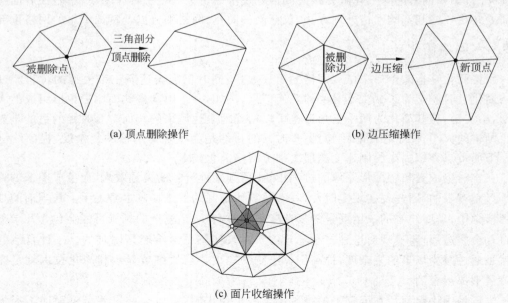

(a) 顶点删除操作　　　　　　　　　　(b) 边压缩操作

(c) 面片收缩操作

图 3.65　层次细节模型化简的基本操作

利用这些基本操作,只要确定每次操作给网格场景带来的误差,用这个误差代价作为原始网格上的每一个基本元素的权值,插入到一个按权值增序排列的队列中。然后对网格进行循环基本简化操作。在每一次循环中,选取队首权值最小的操作并执行,更新变化的网格信息,并重新计算改变了的网格基本元素的误差,插入到队列中,再开始下一个循环,直到队列的最小误差达到用户设定的阈值或者已经得到用户希望的化简网格数目。

通过上面的方法建立原始场景的不同层次细节的模型。所建立的模型具有一定层次的细节,相对于原始网格,它们之间的误差是逐步递增的,这样的模型可以很好地用于层次细节的显示。建立相邻层次的多边形网格模型之间的几何形状过渡,基本的方法就是通过插值对应网格基本元素的位置来实现光滑过渡,问题的关键是如何得到两个相邻层次的多边形网格模型的基本元素之间的对应关系。对于顶点删除操作和面片收缩操作,可以用被操作的对象与其相邻的基本元素之间建立对应关系,而对于边压缩操作,只要简单地把压缩边上的两点与压缩后的新点建立对应关系。有了这些对应关系之后,就可以通过插值的方法来实现光滑过渡。在实际的应用中,线性插值就可以达到很好的视觉效果。

层次细节显示和简化技术是实时真实感图形学技术中应用较多的一个技术,通过这种技术,可以较好地简化场景的复杂度,同时,采用不同分辨率的模型来显示复杂场景的不同物体,使在生成的真实感图像质量损失很小的情况下,实时产生真实感图像,满足某些关键任务的实时性要求。图 3.66 是牛模型的三个不同层次细节简化模型的示意。

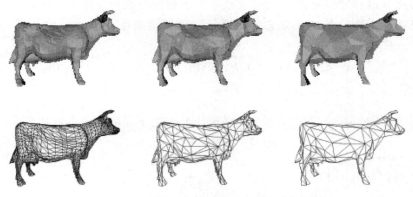

图 3.66　牛模型的层次细节简化模型(摘自[44])

3.9.5　网格细分

网格细分则是和网格简化相反的操作。网格细分通过按一定规则给网格增加顶点和面片数量,让网格模型变得更加光滑。图 3.67 为两个细分的示意。左图为一个一维时的情况,一个三段的折线通过 4 次细分的操作变为很光滑的曲线;右图是一个人头模型的细分变化过程。

细分可以根据针对的网格(三角网格、四边网格等),以及细分规则的不同而有不同的方法。下面介绍一种最常用的网格细分方法——Loop 细分方法,它是最早的一种基于三角网格的细分方法。一次细分过程分为两个步骤,第一步是增加顶点;第二步是对顶点位置进行调整,使得网格更加平滑。

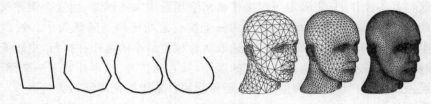

图 3.67　网格细分示意

1. 增加顶点

如图 3.68 所示，左侧为原有网格，右侧为细分后的网格，灰色的顶点为原有的顶点，黑色的顶点为新增的顶点。可以看出，Loop 方法在每条边上都新增一个顶点，并且同一个三角形内的新增顶点都连接起来，以构成新的三角形。一次"增加顶点"操作之后，三角形的个数变为原来的 4 倍。

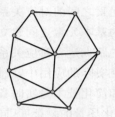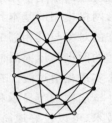

图 3.68　Loop 细分方法

2. 顶点位置调整

在"增加顶点"操作之后，网格的拓扑结构已经调整到位，然而，由于没有更改顶点的位置，网格的粗糙平滑程度并没有发生变化。Loop 方法按照下面的公式调整顶点坐标。

对于已经存在的顶点 p，假定它的度为 n，它的邻接顶点为 $\{p_0, p_1, \cdots, p_n\}$，则按下面的公式更新顶点坐标

$$p' = (1 - n\beta)p + \beta(p_1 + p_2 + \cdots + p_n)$$

其中，$\beta = \dfrac{1}{n}\left(5/8 - \left(\dfrac{3}{8} + \dfrac{1}{4}\cos\dfrac{2\pi}{n}\right)^2\right)$。

对于新添加的顶点 q_i（假设其位于边 pp_i 上），则按下面的公式设定其坐标

$$q_i = \frac{3p + 3p_i + p_{i-1} + p_{i+1}}{8}$$

生成规则如图 3.69 所示。

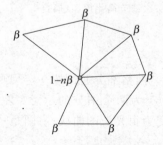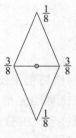

图 3.69　Loop 细分规则模板（左图为原网格顶点；右图为新添加顶点）

3.9.6　特征敏感网格重剖

前面讨论了网格的简化，虽然网格简化也能得到几何上近似而连接关系不同的网格，但由于简化的目标在于使用较少的三角面片尽可能好地逼近给定的网格，在简化后的模型上，

通常三角形的形状难以有较好的保证。网格重剖的目标则是生成较规则的网格模型,在此基础上,尽可能与原网格在几何上相近。

三角网格模型的规则性一般从如下指标上反映:网格中顶点的度数(每个顶点相邻接的边数)尽可能接近于 6,每个三角面的顶角尽可能接近于 60°,构成网格的各边的边长尽可能相近等。规则的网格有助于改善有限元分析等应用的计算效率。

1. 特征敏感度量

在几何处理中,度量具有重要的作用。度量用于描述几何空间中两点之间的距离。最通常使用的度量即所谓欧氏度量,在欧氏度量中,三维空间中的两个点 $P_1 = (x_1, y_1, z_1)$ 和 $P_2 = (x_2, y_2, z_2)$ 之间的距离为 $\| P_1 - P_2 \|$,即使用

$$\| P_1 - P_2 \| = \sqrt{\| x_1 - x_2 \|^2 + \| y_1 - y_2 \|^2 + \| z_1 - z_2 \|^2}$$

进行计算。

在几何模型上,特征区域,或者说具有至少一个较大主曲率的区域具有特别重要的作用。典型的特征包括尖锐或光滑的边缘、脊、谷、刺、桥等。相对于网格模型的其他区域,特征区域对于几何模型的外观及准确表达都尤为重要。特征敏感度量通过改变度量,而不是改变算法,为与特征相关的网格处理提供一种统一的解决方案。下面首先介绍特征敏感度量,然后讨论它在网格重剖中的应用。

从特征的角度,一个基本的出发点是,特征区域曲面上单位法向通常会较快地发生变化。尖锐特征这种变化非常剧烈,而平滑特征区域单位法向的变化也比平坦区域要强。把网格视作连续曲面的离散近似,设曲面 Φ 上一点 $x \in \Phi$ 处的单位法向量为 $n(x)$,可以将曲面上任意一点 x 映射到六维空间 R^6 中的一个点 $x_f = (x, wn)$,其中 w 是一个非负的权重,w 越大,则法向所起的作用越大,特征敏感的程度也越强。假设网格是连续曲面的足够好的近似,那么网格上两个顶点 v_1 和 v_2,坐标和法向分别是 (x_1, n_1) 和 (x_2, n_2),则它们之间的特征敏感度量下的距离,可以通过

$$fs\_dist(v_1, v_2) = \sqrt{\| x_1 - x_2 \|^2 + w^2 \| n_1 - n_2 \|^2}$$

进行计算。由于很多网格处理算法都或多或少依赖于度量,因此,该方法能应用于各种不同的网格处理算法中,包括网格重剖、特征分析与编辑等[45]。从直观角度上讲,与通常的欧氏度量相比,特征敏感度量由于综合考虑了位置和法向的变化,在法向变化剧烈的区域,距离也相应增加,采用这种度量,往往有助于更好地处理和保持特征。图 3.70 给出了特征敏感度量下到中心点等距离的点的连线,可以对特征敏感度量有一个直观的认识。

图 3.70　特征敏感度量下的等距离线(摘自[45])

2. 特征敏感网格重剖

这里以特征敏感网格重剖为例,介绍特征敏感度量在网格处理中的应用。首先介绍各

向同性网格重剖。各向同性网格重剖试图生成尽可能均匀的模型（如图3.71中的左图所示），即边长尽可能相近，三角形的顶角尽可能接近60°，每个顶点的度接近于6。可以采用不同的方法来生成各向同性网格，其中一种方法是首先调整一系列采样点的位置，使它们在模型上均匀分布，然后利用局部参数化将局部区域映射到平面上，并使用带约束的Delaunay参数化来恢复网格的连接关系。

从图3.71中的左图可以看到，基本的各向同性网格重剖的三角形形状比较好，但是，特征区域由于和其他区域一样进行采样，因而变得有些模糊。可以将特征敏感度量应用于网格重剖中，只要将整个算法过程中使用的度量修改为使用特征敏感度量即可。通过调整 w 的取值，还可以改变生成的网格对于特征的保持程度。特征敏感网格重剖在特征敏感度量下仍然是均匀的，虽然在 R^3 中看起来，三角形的形状沿着特征方向拉伸，但是三角形的度仍然接近于6，并且改进了特征区域的保持，可以使用较少的三角面片来比较精确地表示几何模型。图3.71中的中图和右图给出了使用两种不同权重 w 的特征敏感网格重剖的结果。

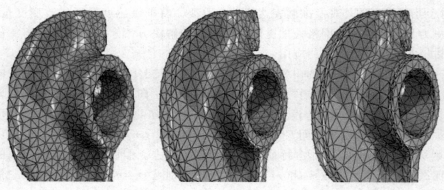

图3.71　特征敏感网格重剖，从左向右 $w=0, 0.1, 0.2$（摘自[45]）

习　题　3

1. 参数曲线曲面有几种表示形式？

2. 设有控制顶点为 $P_0(0,0)$，$P_1(48,96)$，$P_2(120,120)$，$P_3(216,72)$ 的三次 Bézier 曲线 $P(t)$，试计算 $P(0,4)$ 的 (x,y) 坐标，并写出 $(x(t),y(t))$ 的多项式表示。

3. 设一条二次 Bézier 曲线的控制顶点为 P_0,P_1,P_2，另一条二次 Bézier 曲线的控制顶点为 $Q_0,Q_1,Q_2,P_2=Q_0$。写出两条曲线可以精确合并（表示）为一条二次 Bézier 曲线的条件。

4. 已知 Bézier 曲线上的 4 个点分别为 $Q_0(50,0)$，$Q_1(100,0)$，$Q_2(0,50)$ 和 $Q_3(0,100)$，它们对应的参数分别为 $0,1/3,2/3,1$，反求 Bézier 曲线的控制顶点。给出 4 次 Bézier 曲线退化为三次 Bézier 曲线，控制顶点 P_0,P_1,P_2,P_3,P_4 应满足的条件。

5. 设一条三次 Bézier 曲线的控制顶点为 P_0,P_1,P_2,P_3。对曲线上一点 $P(0,5)$ 及一个给定的目标点 T，给出一种调整 Bézier 曲线形状的方法，使得 $P(0,5)$ 精确通过点 T。

6. 计算以 $(30,0)$，$(60,10)$，$(80,30)$，$(90,60)$，$(90,90)$ 为控制顶点的 4 次 Bézier 曲线

在 $t=\dfrac{1}{2}$ 处的值,并画出 de Casteljau 三角形。

7. 给定三次 Beizer 曲线的控制顶点 $(0,0)$,$(0,100)$,$(100,0)$,$(100,100)$,计算升阶一次后的控制顶点。

8. 用 de Boor 算法求以 $(30,0)$,$(60,10)$,$(80,30)$,$(90,60)$,$(90,90)$ 为控制顶点,以 $T=(0,0,0,0,0.5,1,1,1,1)$ 为节点向量的三次 B 样条曲线在 $t=1/4$ 处的值。

9. 试证明 n 次 Bézier 曲线退化为 $n-1$ 次 Bézier 曲线的条件为 $\Delta^{n}P_{0}=0$。

10. NURBS 曲线的凸包性指什么?

11. Q,Q_1,Q_2,S_1,S_2 是平面上 5 点,请设计一条均匀三次 B 样条曲线,使曲线经过这 5 个点,且满足如下设计要求:

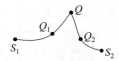

(1) 在 Q_1、Q_2 点与 QQ_1、QQ_2 相切。

(2) 分别在 Q、Q_1 和 Q、Q_2 间生成一段直线段。

(3) Q 是一尖点。

12. 常见的曲面、曲面求交方法有哪些?原理是什么?

13. 用几何法求平面和球的交线。

14. 形体表示有哪些常见的方法?

15. 网格简化时如何度量删除一个顶点的误差?

第 4 章 真实感图形学

真实感图形学是计算机图形学中一个重要的组成部分,它的基本要求就是在计算机中生成带三维场景的真实感图形图像。随着计算机图形学和计算机本身的发展,真实感图形学在人们日常的工作、学习和生活中已经有了非常广泛的应用,如在计算机辅助设计、多媒体教育、虚拟现实系统、科学计算可视化、动画制作、电影特技、计算机游戏和训练模拟等许多方面,都可以看到真实感图形学在其中发挥了重要的作用,而且人们对于计算机在视觉感受方面的要求越来越严格,这就需要研究更多、更逼真的真实感图像生成算法。

对于场景中的物体,要得到它的真实感图像,就要对它进行透视投影,并作隐藏面的消隐,然后计算可见面的光照明暗效果,得到场景的真实感图像显示。隐藏面消除可以排除图形的二义性,是得到真实感场景的一个步骤,在前面的章节中已经介绍了相关的一些方法,但是仅仅对场景进行隐藏面消除所得到图像的真实感与现实世界给人们的感觉仍相距太远。在本章中,主要介绍如何处理物体表面的光照明暗效果,通过使用不同的色彩灰度来增加图形图像的真实感,这也是场景图像真实感的主要来源。给定一个三维场景及其光照明条件,如何确定它在屏幕上生成的真实感图像,即确定图像每一个像素的明暗、颜色,是真实感图形学需要解决的问题。

本章将首先介绍颜色视觉,这是真实感图形学的生理基础;然后按照光照明模型的发展过程,依次介绍不同的光照明模型,并结合不同的光照明效果,穿插介绍光透射模型和纹理的基本方法;最后针对当今真实感图形学研究的热点,简单讨论了一些实时真实感图形学的技术和景物仿真技术,目的是想起一个抛砖引玉的作用,使我国的图形学研究能够跟上国际的潮流,提高我们的计算机图形学发展水平。

4.1 真实图像的生成

在真实感图形学中,为了模拟真实世界中的场景,一般需要知道这个场景光照明效果的物理模型,然后用一个数学模型来表示它,通过计算这个数学模型可以得到计算机模拟出来的真实感效果。

在具体展开本章的讨论之前,首先看看一幅现实的图像是如何生成的。

设 $I(x,y,t,\lambda)$ 代表像源(成像平面)的空间辐射能量分布,其中 (x,y) 为图像平面坐标,t 为时间,λ 为波长,它代表真实场景的物体对该点的辐射光能贡献。在一般的环境中,由于光线具有复杂的物理特性(如波粒二象性),同时自然景物本身各种可能的几何外形和物理性质诱发出各类光学现象,如衍射、折射和散射等,因此 $I(x,y,t,\lambda)$ 没有具体表达式。但在一定的理想条件下,可以推导出一般解。在计算机图形学中可由一般式计算[9],即

$$I = \frac{\int_s \left[D K I_i (\boldsymbol{N}_0 \cdot \boldsymbol{L}_0) \mathrm{d}\omega_i \right]}{(\boldsymbol{N}_0 \cdot \boldsymbol{V}_0)} \tag{4.1}$$

式中：I_i 是发光面元 dS_i（可认为是一个点光源 R，如图 4.1 所示）向曲面元 dS_j（可认为是环境中的一点 P）辐射的光亮度，辐射立体角为 $d\omega_i$；N_0 为 P 的单位法向量，L_0 为 P 指向光源 R 的单位向量（单位光线向量），V_0 为 P 指向观察点 U 的单位向量（单位视线向量）；光通量的分布函数 D 定义为向立体角内辐射的概率密度（图 4.1 中为 P 指向 U），K 是光通量的辐射比；S 为对 P 有光能贡献的所有发光表面的集合，dS_i 是 S 中的一面元。注意，式中的 I，I_i，K 均是可见光波长 λ 的函数（光谱分布）。

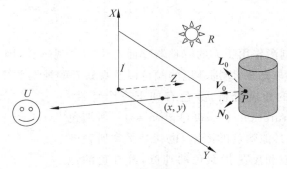

图 4.1　一般光照模型

观察者对图像光函数的亮度响应，通常用光场的瞬时光亮度（luminance）计量，由下式定义为

$$Y(x,y,t) = \int_0^\infty I(x,y,t,\lambda)V_S(\lambda)\mathrm{d}\lambda \tag{4.2}$$

式中：$V_S(\lambda)$ 代表相对光效函数，即人视觉的光谱响应。

这样便生成了一幅现实的图像。从上述的说明可以看出，生成一幅具有真实感的图像，关键在于 $I(x,y,t,\lambda)$ 的计算。在一个漆黑的环境中，人们将什么也看不见[①]，因此 $I(x,y,t,\lambda)$ 计算的核心在于如何仿真光源发出的光线在物体间的传播。

在现实世界中，光的照明效果一般包括光的反射、光的透射、表面纹理和阴影等。一般把在已知物体物理形态和光源性质的条件下，能够计算出场景的光照明效果的数学模型称为光照明模型，这种模型可以用描述物体表面光强度的物理公式推导出来。式（4.1）就是一种光照明模型，但只是理论计算公式，由于太抽象、太复杂，根本无法实际使用，而且还未考虑复杂的场景造型等具体因素。一般具有实用价值的光照模型都是实际光照效果的不同层次的简化，早期的光照明模型都是基于经验的模型，只能反映光源直接照射的情况，而一些比较精确的模型，通过模拟物体之间光的相互作用，可以得到令人满意的结果。

下文将对这些问题作详细的讨论。

4.2　颜 色 视 觉

对于真实感图形学，要产生具有高度真实感的图像，颜色是其中最重要的成分。颜色与光线的波长密切相关，但直接讨论光的光谱能量分布非常不便，在图形学中一般采用三基色

---

①　本书只讨论可见光范围，即波长为 $380\sim780$mm。

颜色系统。从第 1 章的介绍可知,目前的光栅扫描显示器采用的就是这种颜色系统。类似地,在光照明模型中,通常只要分别计算 R、G、B 三个分量的光强值,就可以得到某个像素点上的颜色值,给人以某种颜色的感觉。这个过程看起来很简单,可是为什么简单地通过三个分量的计算就可以产生颜色感觉,却包含着许多很复杂的概念,其中涉及到物理学、心理学、生理学和美学等不同的学科。为了使读者更好地理解后面所讲的光照明模型以及有关真实感图形学的内容,首先从人体视觉的角度出发,介绍计算机图形学中颜色视觉的一些相关知识。

4.2.1 基本概念

颜色是外来的光刺激作用于人的视觉器官而产生的主观感觉,因而物体的颜色不仅取决于物体本身,而且还与光源、周围环境的颜色以及观察者的视觉系统有关。

从心理学和视觉的角度分析,颜色有如下三个特性:色调(hue)、饱和度(saturation)和亮度(lightness)。所谓色调,是一种颜色区别于其他颜色的因素,也就是平常所说的红、绿、蓝、紫等颜色;饱和度是指颜色的纯度,鲜红色的饱和度高,而粉红色的饱和度低;亮度就是光的强度,是光给人刺激的强度。与之相对应,从光学物理学的角度出发,颜色的三个特性分别为主波长(dominant wavelength)、纯度(purity)和明度(luminance)。主波长是产生颜色的光的波长,对应于视觉感知的色调;光的纯度对应于饱和度;明度就是光的亮度。这是从两个不同方面来描述颜色的特性。

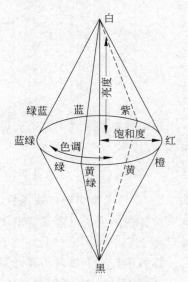

图 4.2 颜色纺锤体

在三维空间中,可以用一个纺锤体来表示颜色的三种基本特性(如图 4.2 所示)。在颜色纺锤体的垂直轴线上表示白黑亮度的系列变化,顶部是白色,沿着灰度过渡,到底部是黑色。在垂直轴线的上下方向上,越往上,亮度越大。色调由水平的圆周表示,圆周上不同角度的点代表了不同色调的颜色,如红、橙、黄、绿、青、蓝、紫等。圆周中心的色调是中灰色,它的亮度和该水平圆周上各色调的亮度相同。从圆心向圆周过渡表示同一色调下饱和度的提高。在颜色纺锤体的一个平面圆形上,它们的色调和饱和度不同,而亮度是相同的。

由于颜色是因外来光刺激而使人产生的某种感觉,有必要先了解一些光的知识。

从本质上讲,光是人的视觉系统能够感知到的电磁波,它的波长在 400nm~700nm 之间,正是这些电磁波使人产生了红、橙、黄、绿、蓝、紫等的颜色感觉。某种光可以由它的光谱能量分布 $P(\lambda)$ 来表示,其中 λ 是波长。当一束光的各种波长的能量大致相等时,称其为白光;若其中各波长的能量分布不均匀,则它为彩色光;一束光只包含一种波长的能量,而其他波长都为 0 时,它是单色光。它们的光谱能量分布分别如图 4.3、图 4.4 和图 4.5 所示。

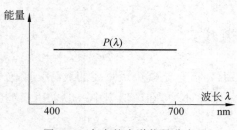

图 4.3 白光的光谱能量分布

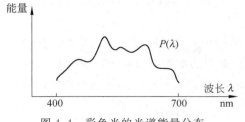
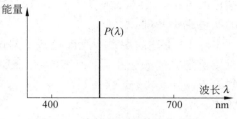

图 4.4　彩色光的光谱能量分布　　　　　　　图 4.5　单色光的光谱能量分布

由光线的光谱能量分布来定义颜色是十分麻烦的。物理上可以用主波长、纯度和明度来简洁地描述任何光谱分布的视觉效果。但由实验结果知道,光谱与颜色的对应关系是多对一的,也就是说,具有不同光谱分布的光产生的颜色感觉是有可能一样的,这种两种光的光谱分布不同而颜色相同的现象称为"异谱同色"。也正是由于这种现象的存在,必须采用其他定义颜色的方法,使光本身与颜色一一对应。

4.2.2　三色学说

通过以往物理学上对光与颜色的研究,人们发现颜色具有恒常性,可以根据物体的固有颜色来感知它们,而不会受外界条件变化的影响,颜色之间的对比效应能够使人区分不同的颜色。同时,颜色还具有混合性。牛顿在 17 世纪后期用棱镜把太阳光分散成光谱上的颜色光带,用实验证明了白光是由很多颜色的光混合而成。19 世纪初,Yaung 提出某一种波长的光可以通过三种不同波长的光混合而复现出来的假设,红(R)、绿(G)、蓝(B)三种单色光可以作为基本的颜色——原色,把这三种光按照不同的比例混合就能准确地复现其他任何波长的光,而它们等量混合就可以产生白光。后来 Maxwell 用旋转圆盘所作的颜色混合实验也验证了 Yaung 的假设。在此基础上,Helmhotz 在 1862 年进一步提出颜色视觉机制学说,即三色学说,也称为三刺激理论。到现在,用三种原色能够产生各种颜色的三色原理已经成为当今颜色科学中最重要的原理和学说。

近代的三色学说研究认为,人眼的视网膜中存在着三种锥体细胞,它们包含不同的色素,对光的吸收和反射特性不同,对于不同的光就有不同的颜色感觉。研究发现,第一种锥体细胞是专门感受红光的红胞,相似地,第二和第三种锥体细胞则分别感受绿光和蓝光。它们三者共同作用,使人产生了不同的颜色感觉。例如,当黄光刺激眼睛时,将会引起红、绿两种锥体细胞几乎相同的反应,而只引起蓝细胞很小的反应,这三种不同锥体细胞的不同程度的兴奋程度的结果就产生了黄色的感觉。这正如颜色混合时,等量的红和绿加上极小量的蓝可以复现黄色,两者原理是相同的。

三色学说是真实感图形学的生理视觉基础,是颜色视觉中最基础、最根本的理论,计算机图形学中所采用的 RGB 颜色模型以及其他的颜色模型都是根据这个学说提出来的,本书也根据三色学说用 RGB 来定义颜色。

4.2.3　CIE 色度图

由三色学说的原理可以知道,任何一种颜色可以用红、绿、蓝三原色按照不同比例混合来得到。可是,给定一种颜色,采用如何的三原色比例才可以复现出该色,以及这种比例是否唯一,是需要进一步解决的问题,只有解决了这些问题,才能给出一个完整的用 RGB 来定义颜色的方案。该方案应使不同光与颜色的对应关系是一一对应的,从而奠定真实感图形学的颜色视觉基础。

实际上,上述问题是一个颜色匹配的过程,最终的结果是使通过三原色混合后光的颜色与对应给定光的颜色相同。CIE(国际照明委员会)选取的标准红、绿、蓝三种光的波长分别为红光 R:$\lambda_1 = 700\text{nm}$;绿光 G:$\lambda_2 = 546\text{nm}$;蓝光 B:$\lambda_3 = 435.8\text{nm}$。而光颜色的匹配可以用公式表示为

$$c = rR + gG + bB \tag{4.3}$$

其中权值 r、g、b 为颜色匹配中所需要的 R、G、B 三色光的相对量,也就是三刺激的值。1931 年,CIE 给出了用等能标准三原色来匹配任意颜色的光谱三刺激值曲线(如图 4.6 所示),这样的一个系统被称为 CIE-RGB 系统。

在图 4.6 的曲线中可以发现,曲线的一部分三刺激值是负数,表明了不可能单靠混合红、绿、蓝三种光来匹配对应的光,而只能在给定的光上叠加曲线中负值对应的原色,来匹配另两种原色的混合。式(4.3)中的权值会有负值,由于实际上不存在负的光强,而且这种计算极不方便,不易理解,人们希望找出另外一组原色,用于代替 CIE-RGB 系统。因此,1931年的 CIE-XYZ 系统利用三种假想的标准原色 X(红)、Y(绿)、Z(蓝),以便能够使得到的颜色匹配函数的三刺激值都是正值。类似地,该系统的光颜色匹配函数定义为如下式子:

$$c = xX + yY + zZ \tag{4.4}$$

在这个系统中,任何颜色都能由三个标准原色的混合(三刺激值是正的)来匹配。这样就解决了用怎样的三原色比例混合来复现给定的颜色光的问题。下面进一步考察上述得到的比例是否唯一的问题。

可以知道,用 R、G、B 三原色(实际上是 CIE-XYZ 标准原色)的单位向量可以定义一个三维颜色空间(图 4.7),一个颜色刺激(C)就可以表示为这个三维空间中一个以原点为起点的向量,称这个三维向量空间为 (R,G,B) 三刺激空间,该空间落在第一象限内,空间中向量的方向由三刺激的值确定,因而向量的方向代表颜色。为了在二维空间中表示颜色,在三个坐标轴上对称的取一个截面,该截面通过 (R)、(G)、(B) 三个坐标轴上的单位向量,因而可知截面的方程为 $(R)+(G)+(B)=1$。

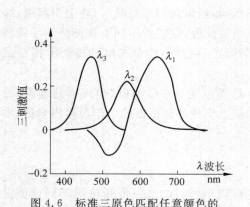

图 4.6　标准三原色匹配任意颜色的
　　　　光谱三刺激值曲线

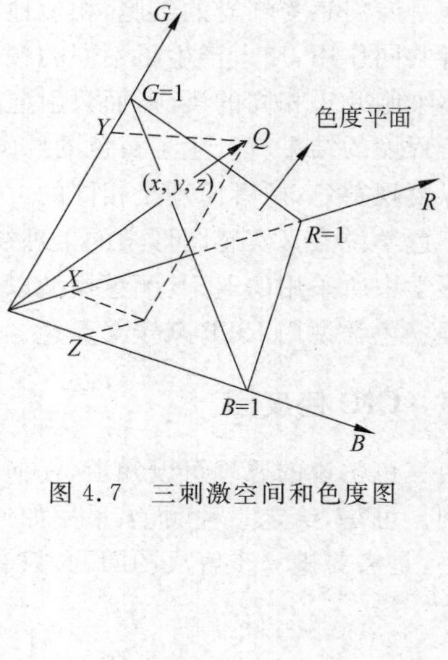

图 4.7　三刺激空间和色度图

该截面与三个坐标平面的交线构成一个等边三角形,它被称为色度图。每一个颜色刺激向量与该平面都有一个交点,因而色度图可以表示三刺激空间中的所有颜色值,同时交点的个数是唯一的,说明色度图上的每一个点代表不同的颜色,它的空间坐标表示为该颜色在标准原色下的三刺激值,该值是唯一的。对于三刺激空间中坐标为 X、Y、Z 的颜色刺激向量 Q,它与色度图交点的坐标(x,y,z)即三刺激值,也被称为色度值,有如下表示

$$x = \frac{X}{X+Y+Z}, \quad y = \frac{Y}{X+Y+Z}, \quad z = \frac{Z}{X+Y+Z} \tag{4.5}$$

把色度图投影到 XY 平面上,所得到的马蹄形区域称为 CIE 色度图(如图 4.8 所示),马蹄形区域的边界和内部代表了所有可见光的色度值(因为 $x+y+z=1$,所以只要二维 x、y 的值就可确定色度值),色度图的边界弯曲部分代表了光谱在某种纯度为百分之百的色光。图中内部的一点 C 表示标准白光,CIE 色度图有许多种用途,如计算任何颜色的主波长和纯度,定义颜色域来显示颜色混合效果等。色度图还可用于定义各种图形设备的颜色域,由于篇幅的原因,在这里不再详细介绍。

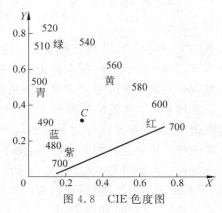

图 4.8　CIE 色度图

虽然色度图和三刺激值给出了描述颜色的标准精确的方法,但是,它的应用还是比较复杂的,在计算机图形学中,通常使用一些通俗易懂的颜色系统。本章将在 4.2.4 节介绍几个常用的颜色模型,它们都是基于三维颜色空间讨论的。

4.2.4　常用的颜色模型

所谓颜色模型,就是指某个三维颜色空间中的一个可见光子集,它包含某个颜色域的所有颜色。例如,RGB 颜色模型就是三维直角坐标颜色系统的一个单位正方体。颜色模型的用途是在某个颜色域内方便地指定颜色。由于每一个颜色域都是可见光的子集,所以任何一个颜色模型都无法包含所有的可见光。大多数的彩色图形显示设备一般都是使用红、绿、蓝三原色,真实感图形学中主要的颜色模型也是 RGB 模型,但是红、绿、蓝颜色模型用起来不太方便,它与直观的颜色概念如色调、饱和度和亮度等没有直接的联系。因此,在本小节中,除了讨论 RGB 颜色模型外,还要介绍常见的 CMY、HSV 等颜色模型。

RGB 颜色模型通常使用于彩色阴极射线管等彩色光栅图形显示设备中,它采用三维直角坐标系,是使用最多,也是最熟悉的颜色模型。红、绿、蓝原色是加性原色,各个原色混合在一起可以产生复合色,如图 4.9 所示。RGB 颜色模型通常采用图 4.10 所示的单位立方体来表示:在正方体的主对角线上,各原色的强度相等,产生由暗到明的白色,也就是不同的灰度值,$(0,0,0)$为黑色,$(1,1,1)$为白色;正方体的其他 6 个角点分别为红、黄、绿、青、蓝和品红。有一点需要注意的是,RGB 颜色模型所覆盖的颜色域取决于显示设备荧光点的颜色特性,与硬件相关。

以红、绿、蓝的补色青(cyan)、品红(magenta)、黄(yellow)为原色构成的 CMY 颜色模型,常用于从白光中滤去某种颜色,又被称为减性原色系统。CMY 颜色模型对应的直角坐

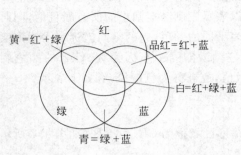

图 4.9　RGB 三原色混合效果

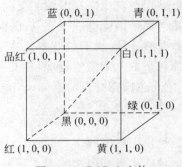

图 4.10　RGB 立方体

标系的子空间与 RGB 颜色模型所对应的子空间几乎完全相同,差别仅仅在于前者的原点为白,而后者的原点为黑,前者是定义在白色中减去某种颜色来定义一种颜色,而后者是通过从黑色中加入某种颜色来定义一种颜色。

了解 CMY 颜色模型对于认识某些印刷硬拷贝设备的颜色处理很有帮助,因为在印刷行业中,基本上都是使用这种颜色模型。此处简单地介绍一下颜色是如何画到纸张上的。当在纸面上涂青色颜料时,该纸面就不反射红光,青色颜料从白光中滤去红光。也就是说,青色是白色减去红色;品红色吸收绿色,黄色吸收蓝色。现在假如在纸面上涂了黄色和品红色,那么纸面上将呈现红色,因为白光被吸收了蓝光和绿光,只能反射红光了。如果在纸面上涂了黄色、品红色和青色,那么所有的红、绿、蓝光都被吸收,表面将呈黑色。CMY 原色的减色效果如图 4.11 所示。

RGB 和 CMY 颜色模型都是面向硬件的。比较而言,HSV(hue,saturation,value)颜色模型则是面向用户的,该模型对应于圆柱坐标系的一个圆锥形子集(如图 4.12 所示)。圆锥的顶面对应于亮度 $V=1$,它包含 RGB 模型中的 $R=1$,$G=1$,$B=1$ 三个面,因而代表的颜色较亮。色度 H 由绕 V 轴的旋转角给定,红色对应于角度 $0°$,绿色对应于角度 $120°$,蓝色对应于角度 $240°$。在 HSV 颜色模型中,每一种颜色和它的补色相差 $180°$。饱和度 S 取值为 $0\sim1$,由圆心向圆周过渡。由于 HSV 颜色模型所代表的颜色域是 CIE 色度图的一个子集,它的最大饱和度的颜色的纯度值并不是 100%。在圆锥的顶点处,$V=0$,H 和 S 无定义,代表黑色;圆锥顶面中心处 $S=0$,$V=1$,H 无定义,代表白色,从该点到原点代表亮度渐暗的白色,即不同灰度的白色。任何 $V=1$,$S=1$ 的颜色都是纯色。

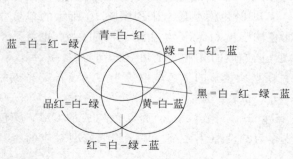

图 4.11　CMY 原色的减色效果

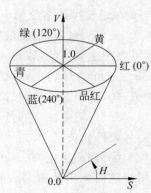

图 4.12　HSV 颜色模型图

HSV 颜色模型对应于画家的配色方法。画家用改变色浓和色深的方法从某种纯色获得不同色调的颜色。其做法是：在一种纯色中加入白色以改变色浓，加入黑色以改变色深，同时加入不同比例的白色、黑色即可得到不同色调的颜色。如图 4.13 所示，为具有某个固定色彩的颜色三角形表示。

从 RGB 立方体的白色顶点出发，沿着主对角线向原点方向投影，可以得到一个正六边形，如图 4.14 所示，该六边形是 HSV 圆锥顶面的一个真子集。RGB 立方体中所有的顶点在原点，侧面平行于坐标平面的子立方体向上述方向投影，必定为 HSV 圆锥中某个与 V 轴垂直的截面的真子集。因此，可以认为 RGB 空间的主对角线对应于 HSV 空间的 V 轴。这是两个颜色模型之间的一个联系关系。

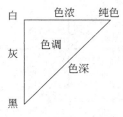

图 4.13　颜色三角形图

图 4.14　RGB 正六边形

4.3　简单光照明模型

当光照射到物体表面时，光线可能被吸收、反射和透射。被物体吸收的光部分转化为热，反射、透射的光部分进入人的视觉系统，使我们能看见物体。为模拟这一现象，可建立一些数学模型来替代复杂的物理模型。这些模型就称为明暗效应模型或者光照明模型。三维形体的图形经过消隐后，再进行明暗效应的处理，可以进一步提高图形的真实感。

为使读者对光照明模型有一个感性认识，先介绍一下光照明模型早期的发展情况。

1967 年，Wylie 等人第一次在显示物体时加进光照效果[29]，并假设物体表面上一点的光强与该点到光源的距离成反比。

1970 年，Bouknight 在 Comm. ACM 上发表论文，提出第一个光反射模型[6]，指出物体表面朝向是确定物体表面上一点光强的主要因素，并用 Lambert 漫反射定律计算物体表面上各多边形的光强，对光照射不到的地方用环境光代替。

1971 年，Gourand 在 IEEE Trans. Computers 上发表论文[7]，提出漫反射模型加插值的思想。对多面体模型，用漫反射模型计算多边形顶点的光亮度，再用增量法插值计算多边形的其他内部点。

1975 年，Phong 在 Comm. ACM 上发表论文[8]，提出图形学中第一个有影响的光照明模型——Phong 光照模型。Phong 模型虽然只是一个经验模型，但其真实度已经达到较好的显示效果。

在 4.3.1 节中，首先介绍与光照明模型相关的一些光学上的物理知识。这些知识是光照明模型的物理基础，也是建立光照明数学模型的物理原理，是生成真实感图像的必要前提。

4.3.1 相关知识

1. 光的传播

在正常情况下,光沿直线传播,当遇到不同介质的分界面时,会产生反射和折射现象,而在反射和折射的时候,它们分别遵循反射定律和折射定律。

(1) 反射定律。入射角等于反射角,而且反射光线、入射光线与法向量在同一平面上(如图 4.15 所示)。

(2) 折射定律。折射角与入射角满足 $\eta_1/\eta_2 = \sin\varphi/\sin\theta$,且折射线在入射线与法线构成的平面上。式子中的符号如图 4.16 所示,其中 η_1,η_2 分别为对应介质的折射率。

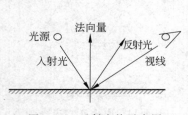

图 4.15　反射定律示意图

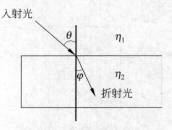

图 4.16　折射定律示意

(3) 能量关系。在光的反射和折射现象中,能量是守恒的,能量的分布情况满足这样的一个式子

$$I_i = I_d + I_s + I_t + I_v$$

其中,I_i——入射光强,由直接光源或间接光源引起;

I_d——漫反射光强,由表面不光滑性引起;

I_s——镜面反射光强,由表面光滑性引起;

I_t——透射光强,由物体的透明性引起;

I_v——被物体所吸收的光强,由能量损耗引起。

2. 光的度量

(1) 立体角。面元 $\mathrm{d}S$ 向点光源 P 所张的立体角 $\mathrm{d}\omega$ 为

$$\mathrm{d}\omega = \frac{\mathrm{d}S}{r^2}$$

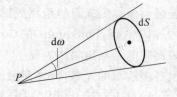

图 4.17　立体角

其中,r 为点光源到面元中心的垂直距离,如图 4.17 所示。

(2) 点发光强度。

- 光通量:单位时间内通过面元 $\mathrm{d}S$ 的光能量,记为 $\mathrm{d}F$。
- 发光强度:点光源在某个方向上的发光强度,定义为该方向上单位立体角的内的光通量,即

$$I = \frac{\mathrm{d}F}{\mathrm{d}\omega} = \frac{\mathrm{d}F}{\mathrm{d}S} \cdot r^2$$

各向同性的点光源在各个方向上单位立体角内通过的光通量相等,即在各个方向上发光强度相等。设发光强度为 I,则点光源向外辐射的整个光通量为整个球立体角内的光通量,即 $F = \int_{4\pi} I\mathrm{d}\omega = 4\pi \cdot I$。

在本章 4.7.2"辐射度方法"介绍中将对光能的传播作更详细的讨论。

4.3.2　Phong 光照明模型

当光照到物体表面时,物体对光会产生反射(reflection)、透射(transmission)、吸收(absorption)、衍射(diffraction)、折射(refraction)和干涉(interference)等作用。对于其中的一些现象,会在后面的小节中陆续给出真实感图形学中的模拟,本小节首先介绍对于光反射现象的研究。

简单光照明模型模拟物体表面对光的反射作用。光源被假定为点光源,反射作用被细分为镜面反射(specular reflection)和漫反射(diffuse reflection)。简单光照明模型只考虑物体对直接光照的反射作用,而物体间的光反射作用只用环境光(ambient light)统一表示。Phong 光照明模型就是这样的一种模型。下面分别从光反射作用的各个组成部分来介绍简单光照明模型。

1. 理想漫反射

当光源来自一个方向时,漫反射光均匀地向各方向传播,与视点无关,它是由表面的粗糙不平引起的,因而漫反射光的空间分布是均匀的。记入射光强为 I_p,物体表面上点 P 的法向为 N ,从点 P 指向光源的向量为 L,两者间的夹角为 θ,由 Lambert 余弦定律知,漫反射光强为

$$I_d = I_p K_d \cdot \cos(\theta), \quad \theta \in (0, \pi/2)$$

其中,K_d 是与物体有关的漫反射系数,$0 < K_d < 1$。当 L、N 为单位向量时,上式也可用如下形式表达

$$I_d = I_p K_d \cdot (L \cdot N)$$

在有多个光源的情况下,可以有如下的表示

$$I_d = K_d \sum_i I_{p,i} \cdot (L_i \cdot N)$$

漫反射光的颜色由入射光的颜色和物体表面的颜色共同设定,在 RGB 颜色模型下,漫反射系数 K_d 有三个分量 K_{dr}、K_{dg} 和 K_{db},分别代表 RGB 三原色的漫反射系数,它们反映了物体的颜色,通过调整这些系数,可以设定物体的颜色。同样地,也可以把入射光强 I_p 设为三个分量 I_r、I_g 和 I_b,通过这些分量的值来调整光源的颜色。

2. 镜面反射光

对于理想镜面,反射光集中在一个方向,并遵守反射定律。对一般的光滑表面,反射光则集中在一个范围内,且由反射定律决定的反射方向光强最大。因此,对于同一点来说,从不同位置所观察到的镜面反射光强是不同的。镜面反射光强可表示为

$$I_s = I_p K_s \cdot \cos^n(\alpha), \quad \alpha \in (0, \pi/2)$$

其中,K_s 是与物体有关的镜面反射系数;α 为视线方向 V 与反射方向 R 的夹角;n 为反射指数,反映了物体表面的光泽程度,一般为 1～2000,数值越大表明物体表面越光滑。镜面反射光将会在反射方向附近形成很亮的光斑,称为高光现象。

同样地,将 V 和 R 都规范化为单位向量,镜面反射光强可表示为

$$I_s = I_p K_s (R \cdot V)^n$$

其中,R 可由 $R = 2N\cos\theta - L = 2N(N \cdot L) - L$ 计算。

对多个光源的情形，镜面反射光强可表示为

$$I_s = K_s \cdot \sum_i \left[I_{p,i} \cdot (R_i \cdot V)^n \right]$$

镜面反射光产生的高光区域只反映光源的颜色，如在红光的照射下，一个物体的高光域是红光，镜面反射系数 K_s 是一个与物体的颜色无关的参数。正如前面已经提到的，在简单光照明模型中，只能通过设置物体的漫反射系数来控制物体的颜色。

3．环境光

环境光是指光源间对物体施加的明暗影响，是在物体和环境之间多次反射，最终达到平衡时的一种光。此处近似地认为是同一环境下的环境光，其光强分布是均匀的，它在任何一个方向上的分布都相同。例如，透过厚厚云层的阳光就可以称为环境光。在简单光照明模型中，通常用一个常数来模拟环境光，用公式表示为

$$I_e = I_a \cdot K_a$$

其中，I_a 为环境光的光强，K_a 为物体对环境光的反射系数。

4．Phong 光照明模型

综合上面介绍的光反射作用的各个部分，Phong 光照明模型可表述为：由物体表面上一点 P 反射到视点的光强 I 为环境光的反射光强 I_e、理想漫反射光强 I_d 和镜面反射光 I_s 的总和，即

$$I = I_a K_a + I_p K_d (L \cdot N) + I_p K_s (R \cdot V)^n$$

图 4.18 显示了 Phong 模型中的几何量。

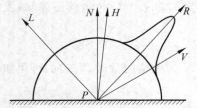

图 4.18　Phong 模型中的几何量示意

5．Phong 光照明模型的实现

在用 Phong 模型进行真实感图形计算时，对物体表面上的每个点 P，均须计算光线的反射方向 R，再由 R 计算 $(R \cdot V)$。为减少计算量，可以作如下假设。

（1）光源在无穷远处，即光线方向 L 为常数。

（2）视点在无穷远处，即视线方向 V 为常数。

（3）用 $(H \cdot N)$ 近似 $(R \cdot V)$，这里 H 为 L 和 V 的平分向量，$H = (L+V)/|L+V|$。

在这种简化下，由于对所有的点总共只需计算一次 H 的值，节省了计算时间。结合 RGB 颜色模型，Phong 光照明模型最终有如下的形式

$$\begin{cases} I_r = I_{ar} K_{ar} + I_{pr} K_{dr} (L \cdot N) + I_{pr} K_{sr} (H \cdot N)^n \\ I_g = I_{ag} K_{ag} + I_{pg} K_{dg} (L \cdot N) + I_{pg} K_{sg} (H \cdot N)^n \\ I_b = I_{ab} K_{ab} + I_{pb} K_{db} (L \cdot N) + I_{pb} K_{sb} (H \cdot N)^n \end{cases}$$

Phong 光照明模型是真实感图形学中提出的第一个有影响的光照明模型，生成图像的真实度已经达到可以接受的程度。但是在实际的应用中，由于它只是一个经验模型，还存在以下一些问题：用 Phong 模型显示出的物体像塑料，没有质感；环境光是常量，没有考虑物体之间相互的反射光；镜面反射的颜色是光源的颜色，与物体的材料无关；镜面反射的计算在入射角很大时会产生失真等。在后面的一些光照明模型中，对上述问题都作了一定的改进。

4.3.3 增量式光照明模型

在 4.3.2 节介绍的 Phong 光照明模型中,由于光源和视点都被假定为无穷远,最后的光强计算公式就变为物体表面法向量的函数。这样对于当前流行的显示系统中用多边形表示的物体来说,它们中的每一个多边形由于法向一致,因而多边形内部像素的颜色都是相同的,因此在不同法向的多边形邻接处,不仅有光强突变,而且还会产生马赫带效应,即人类视觉系统夸大具有不同常量光强的两个相邻区域之间的光强不连续性。

为了保证多边形之间的光滑过渡,使连续的多边形呈现匀称的光强分布,可采用下面将要介绍的增量式光照明模型。模型的基本思想是在每一个多边形的顶点处计算合适的光照明强度或其他参数,然后在各个多边形内部进行均匀插值,最后得到多边形的光滑颜色分布。它包含两种主要形式:双线性光强插值和双线性法向插值,又被分别称为 Gouraud 明暗处理和 Phong 明暗处理。本小节分别对它们进行仔细的讨论。

1. 双线性光强插值(Gouraud 明暗处理)

双线性光强插值是由 Gouraud 于 1971 年提出的,故又称为 Gouraud 明暗处理,它先计算物体表面多边形各顶点的光强,然后用双线性插值求出多边形内部区域中各点的光强。

它的基本算法描述如下:

(1) 计算多边形顶点的平均法向。

(2) 用 Phong 光照明模型计算顶点的平均光强。

(3) 插值计算离散边上的各点光强。

(4) 插值计算多边形内域中各点的光强。

下面详细介绍算法中的每一个步骤。

(1) 顶点法向计算。

虽然物体多边形表示本身是由曲面离散近似得到,但如果用曲面几何信息计算法向,与光强插值的初衷不符,因而必须仅用多边形间的几何与拓扑信息来计算顶点的法向。在这里,用与顶点相邻的所有多边形的法向的平均值近似作为该顶点的近似法向量。假设顶点 A 相邻的多边形有 k 个,法向依次为 $N_1, N_2, \cdots, N_k$,则取顶点 A 的法向为

$$N_a = \frac{1}{k}(N_1 + N_2 + \cdots + N_k)$$

在一般情况下,用相邻多边形的平均法向作为该顶点的法向,与该多边形物体近似的曲面的切平面比较接近,这是采用上面方法计算法向的一个重要原因。

(2) 顶点平均光强计算。

在求出顶点 A 的法向 N_a 后,可以用 Phong 光照明模型计算顶点处的光亮度。但是在 Gourand 提出明暗处理方法时,Phong 模型还没有出现,它们采用的是

$$I = I_a K_a + I_p K_d (L \cdot N_a)/(r + l)$$

其中,r 是光源到顶点的距离,l 是防止 r 趋于 0,出现 0 作除数的一个常量。

(3) 光强插值。

用多边形顶点的光强进行双线性插值,可以求出多边形上各点和内部点的光强。在这个算法步骤中,把线性插值与扫描线算法相互结合,同时还用增量算法实现各点光强的计算。算法首先由顶点的光强插值计算各边的光强,然后由各边的光强插值计算出多边形内

部点的光强。

双线性光强插值的公式如下

$$I_a = \frac{1}{y_1 - y_2}\left[I_1(y_s - y_2) + I_2(y_1 - y_s)\right]$$

$$I_b = \frac{1}{y_1 - y_4}\left[I_1(y_s - y_4) + I_4(y_1 - y_s)\right]$$

$$I_s = \frac{1}{x_b - x_a}\left[I_b(x_s - x_a) + I_a(x_b - x_s)\right]$$

如果采用增量算法,当扫描线 y_s 由 j 变成 $j+1$ 时,新扫描线上的点 $(x_a, j+1)$ 和 $(x_b, j+1)$ 的光强,可以由前一条扫描线与边的交点 (x_a, j) 和 (x_b, j) 的光强作一次加法得到,即

$$I_{a,j+1} = I_{a,j} + \Delta I_a$$

$$I_{b,j+1} = I_{b,j} + \Delta I_b$$

$$\Delta I_a = (I_1 - I_2)/(y_1 - y_2)$$

$$\Delta I_b = (I_1 - I_4)/(y_1 - y_4)$$

而在一条扫描线内部,横坐标 x_s 由 x_a 到 x_b 递增,当 x_s 由 i 增为 $i+1$ 时,多边形内的点 $(i+1, y_s)$ 的光强可以由同一扫描行左侧的点 (i, y_s) 的光强作一次加法得到,即

$$I_{i+1,s} = I_{i,s} + \Delta I_s$$

$$\Delta I_s = \frac{1}{x_b - x_a}(I_b - I_a)$$

2. 双线性法向插值(Phong 明暗处理)

在双线性光强插值中,计算速度比以往的简单光照明模型有了很大的提高,同时解决了相邻多边形之间的颜色突变问题,产生的真实感图像颜色过渡均匀,图形显得非常光滑,这是它的优点。但是,由于采用光强插值,它的镜面反射效果不太理想,而且相邻多边形边界处的马赫带效应并不能完全消除。Phong 提出的双线性法向插值以时间为代价,可以部分解决上述的弊端。双线性法向插值将镜面反射引进到明暗处理中,解决了高光问题。与双线性光强插值相比,该方法有如下特点。

(1)保留双线性插值,对多边形边上的点和内域各点采用增量法。

(2)对顶点的法向量进行插值,而顶点的法向量用相邻的多边形的法向量的平均值得到。

(3)由插值得到的法向量,计算每个像素的光亮度。

(4)假定光源与视点均在无穷远处,光强只是法向量的函数。

双线性法向插值的公式与光强插值的公式基本类似,只不过是把其中的光强项用法向量项来代替。仍沿用图 4.19 的记号,把 I 换为 N,就有如下的插值公式

$$N_a = \frac{1}{y_1 - y_2}\left[N_1(y_s - y_2) + N_2(y_1 - y_s)\right]$$

$$N_b = \frac{1}{y_1 - y_4}\left[N_1(y_s - y_4) + N_4(y_1 - y_s)\right]$$

$$N_s = \frac{1}{x_b - x_a}\left[N_b(x_s - x_a) + N_a(x_b - x_s)\right]$$

同时,增量插值计算的公式也与光强插值公式相似,只要用法向代替光强即可,在这里

就不再列出详细的公式了。

双线性光强插值能有效地显示漫反射效果,且计算量小;而双线性法向插值与双线性光强插值相比,可以产生正确的高光区域,但它的计算量要大得多。当然,这两个插值算法的增量式光照明模型本身也都存在着一些缺陷,具体表现为:用这类模型得到的物体边缘轮廓是折线段而非光滑曲线;由于透视的原因,使等间距扫描线产生不均匀的效果;插值结果决定于插值方向,不同的插值方向会得到不同的插值结果等。

4.3.4 阴影的生成

阴影是现实生活中一个很常见的光照现象,它是由于光源被物体遮挡而在该物体后面产生的较暗的区域(如图 4.19 所示)。在真实感图形学中,通过阴影可以提供物体位置和方向信息,从而反映出物体之间的相互空间关系,增强图形图像的立体效果和真实感。当知道了物体的阴影区域以后,可以把它结合到前面介绍的简单光照明模型中去:对于物体表面的多边形,如果在阴影区域内部,那么该多边形的光强就只有环境光那一项,后面的那几项光强都为 0;否则就用正常的模型计算光强。通过这种方便的方法,就可以把阴影引入简单光照明模型中,使产生的真实感图形更有层次感。

图 4.19　阴影

阴影的区域和形态与光源及物体的形状有很大的关系,在本小节中,只考虑由点光源产生的阴影,即阴影的本影部分。从原理上讲,计算阴影的本影是十分清楚而简洁的。从阴影的产生原因上看,有阴影区域的物体表面都无法看见光源,因此只要把光源作为观察点,那么在前面介绍的任何一种隐藏面消除算法可以用来生成阴影区域。下面就简单介绍几种阴影生成算法。

1. 阴影多边形算法

1978 年,Atherton 等人提出了阴影多边形算法[30],在这个算法中第一次提出用隐藏面消除技术来生成阴影。把光源设为视点,这样物体的不可见面就是阴影区域,利用隐藏面消除算法就可以把可见面与不可见面区别开来。相对光源可见面的多边形被称为阴影多边形,而不可见面就是非阴影多边形,这样非阴影多边形就处在物体多边形的阴影区域中。该算法的步骤也十分简单,它首先用传统的隐藏面消除技术,相对于光源,把物体上的多边形区分为阴影多边形、非阴影多边形和逆光多边形,这是区分多边形阶段。然后就是显示阶段,需要计算物体表面各个多边形的光强,对于非阴影多边形和逆光多边形,用某种方法来减少正常计算出来的光强值,使其有阴影的效果。利用这个算法可以合理地确定物体表面的阴影区域,对于本影信息的获取是非常有效的。

2. 阴影域多面体算法

在物体空间中,按照阴影的定义,若光源照射到的物体表面是不透明的,那么在该表面后面就会形成一个三维的多面体阴影区域,该区域被称为阴影域(shadow volume)。实际上,阴影域是一个以被光照面为顶面,顶面的边界与光源所张的平面列为侧面的一个半开三维区域,任何包含于阴影域内的物体表面必然是阴影区域。在透视变换生成图像的过程中,屏幕视域空间常常是一个四棱锥,用这个四棱锥对物体的阴影域进行裁剪,那么裁剪后得到的三维阴影域就会变成封闭多面体,称其为阴影域多面体。通过这种方法得到物体的阴影域多面体后,就可以利用它们来确定场景中的阴影区域。对于场景中的物体,只要与这些阴影域多面体进行三维布尔交运算,计算出的交集就可以被定为物体表面的阴影区域。

该算法中涉及大量复杂的三维布尔运算,对于场景中的每一个光源可见面的阴影域多面体都要进行求交运算,算法的计算复杂度是相当可观的。因而这个算法关键是如何有效地判定一个物体表面是否包含在阴影域多面体之内。Crow 于 1977 年提出了一个基于扫描线隐藏面消除算法的算法来生成阴影[31]。显示的时候,阴影域多面体和普通的物体多边形一起参加扫描和排序,对于每一条扫描线,可以计算出扫描水平面和阴影域多面体及普通的物体多边形的交线,其中阴影域多面体的交线是封闭多边形,而普通物体多边形是一条直线,利用该直线和封闭多边形在光源视线下的相互遮挡关系,可以很方便地确定在该扫描线上物体表面是否是阴影区域。这个阴影生成算法只要在传统的扫描线隐藏面消除算法基础上对扫描线内循环部分稍加改进即可实现,获得了广泛的应用。

3. 其他方法

实际上,现有的整体光照明模型如光线跟踪算法和辐射度算法都可以很好地处理阴影的生成问题,因为将在后面的章节详细地讨论这些模型,在这里就不再赘述了。

4.4 局部光照明模型

在真实感图形学中,仅处理光源直接照射物体表面的光照明模型称为局部光照明模型,而与此相对应的可以处理物体之间光照的相互作用的模型称为整体光照明模型。本节首先讨论局部光照模型,整体光照明模型将在 4.7 节中介绍。

上一节研究的简单光照明模型,可以计算经点光源照明的物体表面的光强,实际上就是一种局部光照明模型。但是,这种模型认为镜面反射项与物体表面的材质无关,与实际的情况是不一致的,因此它只是一种经验模型。本节将从光电学领域知识和物体的微平面假设出发,介绍一个更复杂、更普遍的局部光照明模型,这个光照明模型在后面的整体光照明模型计算局部光强时被经常使用。

4.4.1 理论基础

首先由光学的电磁理论与物体的微平面假设给出该模型的理论基础。

1. 光的电磁理论

光波是电磁波的一种,自然光是非偏振光,由自然光照射到物体表面产生的反射光,其反射率系数 ρ 由如下 Fresnel 公式确定,即

$$\rho = \frac{1}{2}\left(\frac{\mathrm{tg}^2(\theta-\psi)}{\mathrm{tg}^2(\theta+\psi)} + \frac{\sin^2(\theta-\psi)}{\sin^2(\theta-\psi)}\right)$$

其中,θ 是入射角;ψ 是折射角,若发生反射的物体表面两侧折射率分别为 η_1 和 η_2,那么 ψ 满足式子 $\sin\psi = \frac{\eta_1}{\eta_2}\sin\theta$。

Fresnel 公式表明,物体的反射率不仅与光线的入射角有关,也与物体的折射率有关,由

于折射率是入射光波长的函数,故反射率也是波长的函数,将之记为 $\rho(\theta,\lambda)$。

2. 微平面理论

简单光照明模型假定物体表面是理想光滑的,但从微观角度来看,相对于很小的光波长来说,物体表面都是十分粗糙不平的,在局部光照明模型中,必须能够反映出这种物体表面的粗糙程度,微平面假说理论就是在这种目的下提出来的。微平面理论将粗糙物体表面看成是由无数个微小的理想镜面组成,这些平面朝向各异,随机分布,如图 4.20所示。对于每一个微平面,只有在它的反射方向上才有反射光,而在其他方向上都没有光出现。

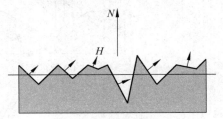

图 4.20　微平面示意图

每一微平面都是理想镜面,它的反射率可以用上述 Fresnel 公式计算,而粗糙表面的反射率与表面的粗糙程度有关。当表面完全光滑时,反射光只有镜面反射光,随着粗糙程度的增加,反射光中镜面反射部分减少,漫反射的部分增加,直到该表面最后完全成为漫反射面。

对于一个实际物体表面,它的反射率可用下式计算

$$DG\rho(\theta,\lambda)$$

其中,D 为微平面法向的分布函数,是反映物体表面粗糙程度的因子;G 为由于微平面的相互遮挡或屏蔽而使光产生衰减的因子。

对于微平面法向的分布函数 D,Torrance 和 Sparrow 采用 Gauss 分布函数进行模拟

$$D = ke^{-(a/m)^2}$$

其中,k 为常系数;α 为微平面的法向 N 与平均法向 H 的夹角,即 $(\cos^{-1}(N \cdot H))$;m 为微平面斜率的均方根,即 $m = \sqrt{\dfrac{m_1^2 + m_2^2 + \cdots + m_n^2}{n}}$。

微平面法向的分布函数 D 也可采用 Berkmann 分布函数,即

$$D = \frac{1}{m^2 \cos^4 \alpha} e^{-\operatorname{tg}^2 \alpha / m^2}$$

微平面法向的分布函数 D 表示微平面的法向与平均法向的夹角为 α 的微平面占整个微平面的比例。m 越小,表面越光滑。与之相比较,在简单光照明模型中,$\cos^n \alpha$ 也可看作一种微平面法向分布函数。

由于微平面的相互遮挡或屏蔽而使光产生的衰减因子 G 在局部光照明模型中也是可以反映物体表面的粗糙程度的。对于不同角度的入射光,光路被微平面遮挡或屏蔽的情况有三种(如图 4.21 所示)。

对于光路没有遮挡或屏蔽的情况,就令 $G=1$;而对于部分反射光被屏蔽的情况,有

$$G_m = \frac{2(N \cdot H)(N \cdot V)}{(V \cdot H)}$$

对于部分入射光被遮挡的情况,衰减因子为

$$G_s = \frac{2(N \cdot H)(N \cdot L)}{(V \cdot H)}$$

上面两个式子中,N 是物体表面的法向,H 是微平面的法向,L 是入射光方向,V 是观察方向。值得注意的是,这些符号的定义在本节中都是一致的,在本节的后面部分用到这些

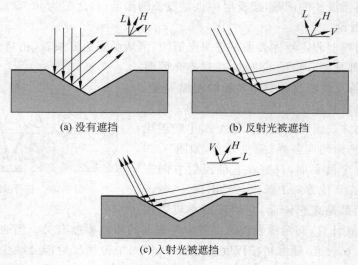

(a) 没有遮挡　　　　　　　　　(b) 反射光被遮挡

(c) 入射光被遮挡

图 4.21　光路被微平面遮挡的情况

相同的符号时不再重复说明。

在实际应用中，上述三种情况衰减因子的最小值作为该微平面的衰减因子，即

$$G = \text{Min}\{1, G_m, G_s\}$$

4.4.2　局部光照明模型

在上面的理论基础上，现在可以继续介绍局部光照明模型。Cook 和 Torrance 于 1982 年提出了这个局部光照明模型[32]，这里仍然采用其符号，用 R_{bd} 表示物体表面对入射自然光的反射率系数，写成反射光的光强 I_r 与单位时间内单位面积上的入射光能量 E_i 的比，即

$$R_{bd} = \frac{I_r}{E_i}$$

式中，入射光能量 E_i（如图 4.22 所示）可用入射光的光强 I_i 和单位面积向光源所张的立体角 $\text{d}\omega$ 表示为

$$E_i = I_i \cos\theta \cdot \text{d}\omega = I_i(N \cdot L)\text{d}\omega$$

于是有如下关系

$$I_r = R_{bd} I_i (N \cdot L)\text{d}\omega$$

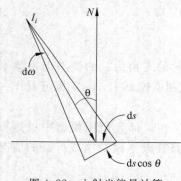

图 4.22　入射光能量计算

而反射率系数可写成漫反射率和镜面反射率的代数和，即

$$R_{bd} = K_d R_d + K_s R_s$$

式中 $K_d + K_s = 1$，分别是漫反射系数和镜面反射系数；$R_d = R_d(\lambda)$ 为物体表面的漫反射率，受入射光波长的影响；$R_s = \dfrac{DG\rho(\theta, \lambda)}{\pi(N \cdot L)(N \cdot V)}$ 为物体表面的镜面反射率，是在上面讨论的理论基础上综合考虑影响反射光强的因素而得出的。

因此，局部光照明模型最后表示为

$$I_r = I_a K_a + I_i(N \cdot L)\text{d}\omega(K_d R_d + K_s R_s)$$

式中，I_r 为直接光照下物体表面表现出来的反射光强；$I_a K_a$ 的定义与简单光照明模型相同，表示环境光的影响；最后一项就是前面主要讨论的考虑了物体表面性质的反射光强度量。

与上一节介绍的简单光照模型比较，本节讨论的局部光反射模型有如下一些优点。

（1）局部光照明模型是基于入射光能量导出的光辐射模型，而简单光反射模型基于经验，显然前者更具有理论基础。

（2）局部光照明模型的反射项以实际物体表面的微平面理论为基础，反映表面的粗糙度对反射光强的影响，而简单光照模型只以 $(N \cdot H)^n$ 近似，前者的模拟更精确。

（3）局部光照明模型的高光由 Fresnel 定律，根据材料的物理性质决定颜色，而简单光照模型的高光颜色与材料无关。

（4）简单光照模型在入射角接近 $90°$ 时会产生失真现象，而在局部光照明模型中可以很好地改进这一点。

（5）用简单光照模型生成的物体图像，看上去像塑料，显示不出磨亮的金属光泽；而在局部光照明模型中，反射光强的计算考虑了物体材质的影响，因此可以模拟金属的光泽。

4.5　光透射模型

通过对前面光照明模型的讨论可知，无论是简单光照明模型还是局部光照明模型，它们只考虑了由光源引起的漫反射现象和镜面反射现象，而对于光的透射现象都没有处理，这显然不能满足真实感图形学的要求。在此基础上，本节将介绍一些典型的光透射模型，把对透射现象的模拟引入真实感图形学中。

对于透明或半透明的物体，在光线与物体表面相交时，一般会产生反射与折射，经折射后的光线将穿过物体而在物体的另一个面射出，形成透射光。如果视点在折射光线的方向上，就可以看到透射光。

反射光可以用简单光照明模型或局部光照明模型计算，而对透射光的计算，1980 年 Whitted 提出了一个光透射模型——Whitted 模型[10]，并第一次给出光线跟踪算法的范例，实现了 Whitted 模型。1983 年，Hall 对此进一步给出 Hall 光透射模型[33]，考虑了漫透射和规则透射光。

4.5.1　透明效果的简单模拟

由于透明物体可以透射光，因而可以透过这种材料看到后面的物体。由于光的折射通常会改变光的方向，要在真实感图形学中模拟折射，需要较大的计算量。在 Whitted 和 Hall 提出光透射模型之前，为了能够看到一个透明物体后面的东西，有一些透明效果模拟的简单方法。

在这类方法中，主要的是颜色调和法。该方法不考虑透明体对光的折射以及透明物体本身的厚度，光通过物体表面是不会改变方向的，故可以模拟平面玻璃，前面介绍的隐藏面消除算法都可以用于实现模拟这种情况。具体过程在下面介绍。

人的视觉系统最终所看到的颜色，是物体表面的颜色和透过物体的背景颜色的叠加，这些物体的前后位置可以通过隐藏面消除算法计算出来。如图 4.23 所示,设 t 是透明体的透明度,$0 \leqslant t \leqslant 1$($t = 0$ 表示物体是不透明体;$t = 1$ 表示物体是完全透明体),过像素点 (x, y) 的视线与透明体相交处的颜色(或光强)为 I_a,视线穿过透明体与另一物体相交处的颜色(或光强)为 I_b,则像素点 (x, y) 的颜色(或光强)可由如下颜色调和公式计算,即

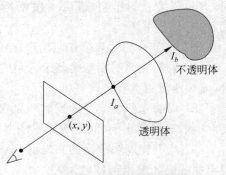

$$I = tI_b + (1 - t)I_a$$

其中,I_a 和 I_b 可由简单光照明模型计算。由于未考虑透射光的折射以及透明物体的厚度,颜色调和法只能模拟玻璃的透明或半透明效果。而在后面

图 4.23 颜色调和模拟透明效果

介绍的两个光透射模型中,都从光的折射角度来计算透射光强,所以能够很好地模拟光的透射效果。

4.5.2 Whitted 光透射模型

在简单光照明模型基础上,加上透射光一项,就得到 Whitted 光透射模型

$$I = I_a K_a + I_p K_d (L \cdot N) + I_p K_s (H \cdot N)^n + I_t K'_t$$

其中 I_t 为折射方向的入射光强度;K'_t 为透射系数,为 $0 \sim 1$ 之间的一个常数,大小取决于物体的材料。

如果该透明体又是一个镜面反射体,应再加上环境反射光一项,以模拟由四周环境引起的镜面反射效果。于是得到 Whitted 整体光照模型

$$I = I_a K_a + I_p K_d (L \cdot N) + I_p K_s (H \cdot N)^n + I_t K'_t + I_s K'_s$$

这里,I_s 为镜面反射方向的入射光强度;K'_s 为镜面反射系数,为 $0 \sim 1$ 之间的一个常数,其大小同样取决于物体的材料。

需要说明的是,所谓的折射方向和镜面反射方向都是相对于视线而言的,它们实际上是

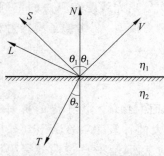

图 4.24 Whitted 光透射模型
的几何量

将视线看成入射光时的折射光方向和反射光方向,但方向与实际光传播的方向相反。如图 4.24 所示,S 是视线 V 的镜面反射方向,T 是 V 的折射方向。在简单光照明模型的情况下,折射光强和镜面反射光强可以认为是折射方向上和反射方向上环境光的光强。

用 Whitted 模型计算光照效果,剩下的关键问题就是计算反射与折射方向,即已知视线方向 V,求其反射方向 S 与折射方向 T,然后可由它们求出反射与折射方向上与另一物体的交点。关于上面的问题可以用几何光学的原理来解决。

给定视线方向 V 与法向方向 N,视线方向 V 的反射方向 S 可以由下式计算

$$S = 2(N \cdot V)N - V$$

那么在给定视线方向 V 与法向方向 N 以后,如何求 V 的折射方向 T 呢?首先令 V,N,T 均为单位向量,η_1 是视点所在空间的介质折射率,η_2 为物体的折射率。根据折射定律,入射角 θ_1 和折射角 θ_2 有如下关系

$$\frac{\sin\theta_1}{\sin\theta_2} = \frac{\eta_2}{\eta_1} = \eta$$

而且 V,N,T 共面。

Whitted 的折射方向计算公式为

$$T = k_f(N - V') - N$$

其中,$k_f = 1 / \sqrt{\eta^2 |V'|^2 - |N - V'|^2}$,$V' = \dfrac{V}{N \cdot V}$,计算所得的 T 为非单位向量。

Heckbert 给出了一个更为简单的计算公式

$$T = -\frac{1}{\eta}V - \left(\cos\theta_2 - \frac{1}{\eta}\cos\theta_1\right)N$$

其中,$\cos\theta_2 = \sqrt{1 - \dfrac{1}{\eta^2}(1 - \cos^2\theta_1)}$,$\cos\theta_1 = N \cdot V$,计算所得的 T 为单位向量。

4.5.3 Hall 光透射模型

Hall 光透射模型是在 Whitted 光透射模型的基础上推广而来的。它能够模拟透射高光的效果,实际上就是在 Whitted 模型的光强计算中加入光源引起的规则透射分量,同时还可以处理理想的漫透射。

首先介绍该模型是如何处理理想漫透射的。透明体的粗糙表面对透射光的作用表现为漫透射,如毛玻璃表面即为漫透射面。当光线透过这样的表面射出时,光线将向各个方向散射。对理想漫透射面,透射光的光强在各个方向均相等。

用 Lambert 余弦定律描述点 P 处的漫透射光的光强为

$$I_{dt} = I_p \cdot K_{dt} \cdot (-N \cdot L)$$

其中,I_p 为入射光的强度,即点光源的强度;K_{dt} 为物体的漫透射系数,在 $0 \sim 1$ 之间;L 为光源方向;N 为面法向。

在上面的基础上,该模型还处理了规则透射高光现象。对于理想的透明介质,只有在光线的折射方向才能见到透射光,其他方向均见不到。对半透明的物体,视点在透射方向附近也能见到部分透射光,但强度随视线 V 与光线的折射方向 T 的夹角的增大而急剧减小(如图 4.25 所示)。这种规则透射光的光强比漫透射光强高出好多倍,在折射方向周围形成高光域,这个高光域的光强要比其周围区域大得多。

Hall 用下面的式子模拟透射高光现象

$$I_t = I_p \cdot K_t \cdot (T \cdot V)^n$$

其中,I_t 为规则透射光在视线方向的强度;I_p 为点光源的强度;K_t 为物体的透明系数;n 为反映物体表面光泽的常数。

为减少计算量,和 Phong 简单光照明模型类似,可以作如下假设(各个几何量的示意可以参看图 4.26)。

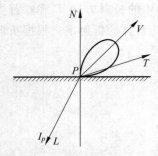

图 4.25 规则透射高光示意图

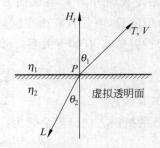

图 4.26 虚拟法向计算的几何量

(1) 假定光源在无穷远处,光线方向 L 为常量。

(2) 视点在无穷远处,视线方向 V 为常量。

(3) 用 $(H_t \cdot N)$ 代替 $(T \cdot V)$,这里 H_t 可以视为一个虚拟的理想透射面的法向,使视线恰好为光线的折射方向。

在使用 Hall 光透射模型时,还需要注意如下几点。

(1) 只有视点与光源在透明物体的两侧时,才能透过透明体看到透射高光。

(2) 光线射入和射出透明体均会产生折射,通常不考虑第一次折射。

(3) 折射的临界角现象,即当光线从高密度介质射向低密度介质,而且入射角大于临界角时,不再发生折射,而产生内部反射,这时的临界角为

$$\theta_c = \arcsin \frac{\eta_2}{\eta_1} = \arcsin\eta$$

在处理完上面的问题后,剩下的就是 H_t 的求解了。

H_t 是当视线为光线的折射方向时的面法向。由折射方向的计算公式可以得到

$$L = -\frac{1}{\eta}V - \left(\cos\theta_2 - \frac{1}{\eta}\cos\theta_1\right)H_t$$

这样就有

$$H_t = \frac{L + \dfrac{1}{\eta}V}{\dfrac{1}{\eta}\cos\theta_1 - \cos\theta_2}$$

简化并单位化,得

$$H_t = sign(\eta_1 - \eta_2) \frac{\eta_2 L + \eta_1 V}{|\eta_2 L + \eta_1 V|}$$

上式的符号由折射率确定,$\eta_1 > \eta_2$ 时,$\theta_1 < \theta_2$,取正号;否则取负号。

4.5.4 简单光反射透射模型

综合简单光照明模型,由 Whitted 光透射模型和 Hall 光透射模型可得到简单光反射透射模型

$$I = I_a K_a + \sum_i I_{p,i}[K_{ds}(L_i \cdot N) + K_s(H_{s,i} \cdot N)^{n_s}]$$

$$+ \sum_j I_{p,j}[K_{dt}(-N \cdot L_j) + K_t(N \cdot H_{t,j})^{n_t}] + I_t K_t' + I_s K_s'$$

· 144 ·

上面式子很好地概括了本章前几节的内容。

4.6　纹理及纹理映射

用前面几节中介绍的方法生成的物体图像,由于其表面往往过于光滑和单调,看起来反而不真实。这是因为在现实世界中的物体,其表面通常有自身的表面细节,即各种纹理,如刨光的木材表面上有木纹,建筑物墙壁上有装饰图案,机器外壳表面有文字说明它的名称、型号等。它们是通过颜色色彩或明暗度变化体现出来的表面细节,这种纹理称为颜色纹理。另一类纹理则是由于不规则的细小凹凸造成的,例如橘子皮表面的皱纹。可以用纹理映射的方法给计算机生成的图像加上纹理。本节将介绍纹理的类型、纹理的定义方法以及纹理映射的一些基本原理。

4.6.1　纹理概述

现实世界中的物体,其表面有各种表面细节。本节引入纹理的概念,以增强各类光照明模型生成的图像的真实感。从本质上说,纹理是物体表面的细小结构,它可以是光滑表面的花纹、图案,这些是颜色纹理,这时的纹理一般都是二维图像纹理,当然也有三维纹理,这些将在下面的小节中分别加以介绍。纹理还可以是粗糙的表面(如橘子表面的皱纹),它们被称为几何纹理,是基于物体表面的微观几何形状的表面纹理。一种最常用的几何纹理就是对物体表面的法向进行微小的扰动来表现物体表面的细节。图 4.27 是纹理映射场景的一部分,其中墙的砖块纹理和地板的木条纹理都是二维图像。

图 4.27　纹理映射场景一角

纹理映射是把指定纹理映射到三维物体表面上的技术。需要考虑以下三个方面。

(1) 对于简单光照明模型,需要了解当物体上什么属性被改变时,可产生纹理的效果。简单光照明模型的计算公式为

$$I = I_a K_a + I_p K_d (N \cdot L) + I_p K_s (N \cdot H)^n$$

通过分析上面的式子并结合前面的介绍,实现的途径有:改变漫反射系数来改变物体的颜色,或者改变物体表面的法向量。通过这些变化,可以得到纹理效果。

(2) 在真实感图形学中,可用如下两种方法定义纹理。

① 图像纹理。将二维纹理图案映射到三维物体表面,绘制物体表面上一点时,采用相应的纹理图案中相应点的颜色值。

② 函数纹理。用数学函数定义简单的二维纹理图案,如方格地毯;或用数学函数定义随机高度场,生成表面粗糙纹理即几何纹理。

(3) 在定义纹理以后,还需要处理如何对纹理进行映射的问题。对于二维图像纹理,就是如何建立纹理与三维物体之间的对应关系;而对于几何纹理,就是如何扰动法向量。

纹理一般定义在单位正方形区域($0 \leqslant u \leqslant 1, 0 \leqslant v \leqslant 1$)之上,称为纹理空间。理论上,定义在此空间上的任何函数均可作为纹理函数,但在实际上,往往采用一些特殊的函数模拟生

活中常见的纹理。对于纹理空间的定义方法有许多种，下面是常用的几种。

① 用参数曲面的参数域作为纹理空间（二维）。

② 用辅助平面、圆柱、球定义纹理空间（二维）。

③ 用三维直角坐标作为纹理空间（三维）。

4.6.2 二维纹理域的映射

在纹理映射技术中，最常见的纹理是二维纹理。映射将这种纹理变换到三维物体的表面，形成最终的图像。

例 4.1 二维纹理函数

$$g(u,v) = \begin{cases} 0, & \lfloor u \times 8 \rfloor + \lfloor v \times 8 \rfloor \ \text{为奇数} \\ 1, & \lfloor u \times 8 \rfloor + \lfloor v \times 8 \rfloor \ \text{为偶数} \end{cases}$$

这里记号 $\lfloor x \rfloor$ 表示不大于 x 的最大整数，构造了一种简单的二维纹理。它的纹理图像模拟了国际象棋棋盘上黑白相间的方格，如图 4.28 所示。

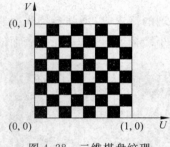

图 4.28 二维棋盘纹理

二维纹理还可以用图像来表示。用一个 $M \times N$ 的二维数组存放一幅数字化图像，用插值法构造纹理函数，然后把该二维图像映射到三维的物体表面上。为了实现这个映射，要求建立物体空间坐标 (x,y,z) 和纹理空间坐标 (u,v) 之间的对应关系，这相当于对物体表面进行参数化。反求出物体表面的参数后，就可以根据 (u,v) 得到该点的纹理值，并用此值取代光照明模型中的相应项。

圆柱面映射和球面映射是两个经常使用的映射方法。

对于圆柱面纹理映射，由圆柱面的参数方程定义，可以得到纹理映射函数。如果参数方程如下所示

$$\begin{cases} x = \cos(2\pi u), & 0 \leqslant u \leqslant 1 \\ y = \sin(2\pi u), & 0 \leqslant v \leqslant 1 \\ z = v \end{cases}$$

那么，对给定圆柱面上一点 (x,y,z)，可以用下式反求参数

$$(u,v) = \begin{cases} (y,z) & \text{如果 } x = 0 \\ (x,z) & \text{如果 } y = 0 \\ \left(\dfrac{a\tan^2(y,x)}{2\pi}, z \right) & \text{其他} \end{cases}$$

同样地，对于球面纹理映射，若球面参数方程为

$$\begin{cases} x = \cos(2\pi u)\cos(2\pi v), & 0 \leqslant u \leqslant 1 \\ y = \sin(2\pi u)\cos(2\pi v), & 0 \leqslant v \leqslant 1 \\ z = \sin(2\pi v) \end{cases}$$

则对给定球面上一点 (x,y,z)，可以用下式反求参数

$$(u,v) = \begin{cases} (0,0), & \text{如果 } (x,y) = (0,0) \\ \left(\dfrac{a\tan2(y,x)}{2\pi}, \dfrac{a\sin(z)}{2\pi} \right), & \text{其他} \end{cases}$$

4.6.3 三维纹理域的映射

前面介绍的二维纹理域映射对于提高图形的真实感有很大的作用,但是,由于纹理域是二维的,而场景中的物体通常是三维的,使得纹理映射一般是一种非线性映射,在曲率变化很大的曲面区域就会产生纹理变形,极大地降低了图像的真实感,而且对于二维纹理映射,在一些非正规拓扑表面,纹理连续性不能保证。假如在三维物体空间中,物体中每一个点 (x,y,z) 均有一个纹理值 $t(x,y,z)$,其值由纹理函数 $t(x,y,z)$ 唯一确定,那么对于物体上的空间点,就可以映射到一个定义了纹理函数的三维纹理空间上了,这是三维纹理提出来的基本思想。由于三维纹理映射的纹理空间与物体空间维数相同,在纹理映射的时候,只需把场景中的物体变换到纹理空间的局部坐标系中去即可。

下面以木纹的纹理函数为例,说明三维纹理函数的映射。

例 4.2 为了从空间坐标 (x,y,z) 计算纹理坐标 (u,v,w),首先求木材表面上的点到木材中心的半径 $R=\sqrt{u^2+v^2}$。为使木纹更真实,需要增加一些非规则变化,可对半径进行小尺寸的扰动,有 $R=R+2\sin(20 \cdot \alpha)$,式中 α 为关于 x 与 y 的随机函数。然后对 z 轴进行小弯曲处理,$R=R+2\sin(20 \cdot \alpha+w/150)$。最后根据半径 R 用下面的伪码来计算 color 值作为木材表面上点的颜色,就可以得到较真实的木纹纹理。

```
{
    grain＝R MOD 60;                    /＊每隔 60 一个木纹 ＊/
    if（grain＜40）
        color＝淡色;
    else
        color＝深色;
}
```

4.6.4 几何纹理

为了给物体表面加上一个粗糙的外观,可以对物体的表面几何性质作微小的扰动,产生凹凸不平的细节效果,就是几何纹理的方法,也称为凹凸映射(bump mapping)。定义一个纹理函数 $F(u,v)$,对理想光滑表面 $P(u,v)$ 作不规则的位移。具体做法是在物体表面上的每一个点 $P(u,v)$,都沿该点处的法向量方向位移 $F(u,v)$ 个单位长度,这样新的表面位置变为

$$\widetilde{P}(u,v) = P(u,v) + F(u,v) \cdot N(u,v)$$

新表面的法向量可通过对两个偏导数求叉积得到,即

$$\widetilde{N} = \widetilde{P}_u \times \widetilde{P}_v$$

$$\widetilde{P}_u = \frac{\mathrm{d}(P+FN)}{\mathrm{d}u} = P_u + F_u N + F N_u$$

$$\widetilde{P}_v = \frac{\mathrm{d}(P+FN)}{\mathrm{d}v} = P_v + F_v N + F N_v$$

由于 F 的值相对于上式中其他的量很小,可以忽略不计,因此有

$$\widetilde{N} = (P_u + F_u N) \times (P_v + F_v N)$$

$$= P_u \times P_v + F_u(N \times P_v) + F_v(P_u \times N) + F_u F_v(N \times N)$$
$$= N + F_u(N \times P_v) + F_v(P_u \times N)$$

扰动后的向量单位化,用于计算曲面的明暗度,可以产生貌似凹凸不平的几何纹理。F 的偏导数的计算,可以用中心差分实现。而且几何纹理函数的定义与颜色纹理的定义方法相同,可以用统一的图案纹理记录,图案中较暗的颜色对应于较小的 F 值,较亮的颜色对应于较大的 F 值,把各像素的值用一个二维数组记录下来,再用二维纹理映射的方法映射到物体表面上,就可以成为一个几何纹理映射。

4.7　整体光照明模型

前面介绍了简单光照明模型和局部光照明模型,虽然它们已经可以生成物体的真实感图像,但都只是处理光源直接照射物体表面的光强计算,不能很好地模拟光的折射、反射和阴影等,也不能用来表示物体间的相互光照明影响。而基于简单光照明模型的光透射模型,虽然可以模拟光的折射,但是这种折射的计算范围很小,也不能很好地模拟多个透明体之间复杂的光照明现象。解决上述这些问题,需要有一个更精确的光照明模型。整体光照明模型就是这样一种模型,它是相对于局部光照明模型而言的。在现有的整体光照明模型中,主要有光线跟踪和辐射度两种方法,它们是当今真实感图形学中最重要的两种图形绘制技术,在 CAD 及图形学领域得到了广泛的应用。本节将分别对这两种整体光照明模型作详细的介绍。

4.7.1　光线跟踪算法

光线跟踪算法是真实感图形学中的主要算法之一,该算法具有原理简单、实现方便和能够生成各种逼真的视觉效果等突出优点。在真实感图形学对光线跟踪算法的研究中,早在 1968 年 Appel A 研究隐藏面消除算法时[34],就给出了光线跟踪算法的描述。1979 年,Kay 和 Greenberg 在研究中考虑了光的折射[35]。1980 年,Whitted 提出了第一个整体光照 Whitted 模型[10],并给出一般光线跟踪算法的范例,综合考虑了光的反射、折射透射和阴影等。

1. 光线跟踪的基本原理

由光源发出的光到达物体表面后,产生反射和折射,简单光照明模型和光透射模型模拟了这两种现象。在简单光照明模型中,反射光被分为理想漫反射光和镜面反射光,简单光透射模型则把透射光分为理想漫透射光和规则透射光。由光源发出的光称为直接光,物体对直接光的反射或折射分别称为直接反射和直接折射。相对地,把物体表面间反射和折射的光称为间接光,并称这种反射为间接反射,这种折射为间接折射。这些是光线在物体之间的传播方式,是光线跟踪算法的基础。

最基本的光线跟踪算法是跟踪镜面反射和折射。从光源发出的光遇到物体的表面,发生反射和折射,光就改变方向,沿着反射方向和折射方向继续前进,直到遇到新的物体。但是光源发出光线,经反射与折射,只有很少一部分可以进入人的眼睛,因此实际光线跟踪算法的跟踪方向与光传播的方向是相反的,是一种视线跟踪。如图 4.29 所示,由视点经像素 (x, y) 发出一根射线,与第一个物体相交后,在其反射与折射方向上进行跟踪。

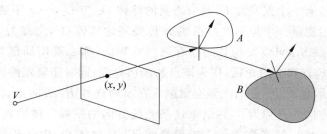

图 4.29　基本光线跟踪光路示意图

为了详细介绍光线跟踪算法,先给出 4 种射线的定义与光强的计算方法。这 4 种光线是由视点经像素(x,y)发出的射线,即视线;物体表面上点与光源的连线,即阴影测试线;以及反射光线与折射光线。

当光线 V 与物体表面交于点 P 时,光在点 P 对光线 V 方向的贡献分为三部分,把这三部分光强相加,就是该条光线 V 在 P 点处的总光强。

(1) 由光源产生的直接光照射光强,是交点处的局部光强,可以由下式计算

$$I = I_a K_a + \sum_i I_{p,i}\big[K_{ds}(L_i \cdot N) + K_s(H_{s,i} \cdot N)^{n_s}\big]$$
$$+ \sum_j I_{p,i}\big[K_{dt}(-N \cdot L_j) + K_t(N \cdot H_{t,j})^{n_t}\big]$$

(2) 反射方向上由其他物体引起的间接光照光强由 $I_s K_s'$ 计算,I_s 通过对反射光线的递归跟踪得到。

(3) 折射方向上由其他物体引起的间接光照光强由 $I_t K_t'$ 计算,I_t 通过对折射光线的递归跟踪得到。

有了上面的初步了解之后,现在可以正式讨论光线跟踪算法本身。图 4.30 模拟了一个由两个透明球和一个非透明物体组成的场景的光线跟踪,通过这个具体例子,可以把光线跟踪的基本过程解释清楚。

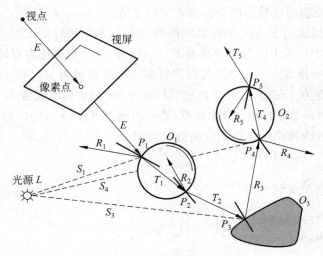

图 4.30　光线跟踪算法的基本过程

在这个场景中,有一个点光源 L,两个透明的球体 O_1 与 O_2,一个不透明的物体 O_3。首先,从视点出发经过视屏一个像素点的视线 E 传播到达球体 O_1,交点为 P_1。从 P_1 向光源 L 作一条阴影测试线 S_1,可以发现其间没有遮挡的物体,那么就用局部光照明模型计算光源对 P_1 在其视线 E 方向上的光强,作为该点的局部光强;同时还要跟踪该点处反射光线 R_1 和折射光线 T_1,它们也对 P_1 点的光强有贡献。在反射光线 R_1 方向上,没有再与其他物体相交,那么就设该方向的光强为 0,并结束这条光线方向的跟踪。然后再对折射光线 T_1 方向进行跟踪,计算该光线的光强贡献。折射光线 T_1 在物体 O_1 内部传播,与 O_1 相交于点 P_2,由于该点在物体内部,假设它的局部光强为 0。该点处同时产生了反射光线 R_2 和折射光线 T_2,在反射光线 R_2 方向,可以继续递归跟踪下去计算它的光强,在这里就不再继续下去了,而对折射光线 T_2 则继续进行跟踪。T_2 与物体 O_3 交于点 P_3,作 P_3 与光源 L 的阴影测试线 S_3,没有物体遮挡,正常计算该处的局部光强。由于该物体是非透明的,可以只继续跟踪反射光线 R_3 方向的光强,结合局部光强得到 P_3 处的光强。反射光线 R_3 的跟踪与前面的过程类似,算法可以递归地进行下去。重复上面的过程,直到光线满足跟踪终止条件。这样最终可以得到视屏上一个像素点的光强,也就是它相应的颜色值。

上面的例子就是光线跟踪算法的基本过程。可以看出,光线跟踪算法实际上是自然界光照明物理过程的近似逆过程,这一过程可以跟踪物体间的镜面反射光线和规则透射,模拟了理想表面的光的传播。

虽然在理想情况下,光线可以在物体之间进行无限的反射和折射,但是在实际的算法过程中,不可能进行无穷的光线跟踪,因而需要列出一些跟踪的终止条件。在算法应用的意义上,可以有以下几种终止条件。

(1)该光线未碰到任何物体。

(2)该光线碰到了背景。

(3)光线在经过多次反射和折射以后会产生衰减,光线对于视点的光强贡献很小(小于某个设定值)。

(4)光线反射或折射次数即跟踪深度大于给定值。

最后用伪码的形式给出光线跟踪算法的源代码。光线跟踪的方向与光传播的方向相反,从视点出发,对于视屏上的每一个像素点,从视点作一条到该像素点的射线,调用该算法函数就可以确定这个像素点的颜色。光线跟踪算法的函数名为 RayTracing(),光线的起点为 start,光线的方向为 direction,光线的衰减权值为 weight,初始值为 1,算法最后返回光线方向上的颜色值 color。对于每一个像素点,第一次调用 RayTracing()时,可以设起点 start 为视点,而 direction 为视点到该像素点的射线方向。

算法程序 4.1 光线跟踪算法

```
RayTracing(start, direction, weight, color)
{
    if (weight<MinWeight)
        color=black;
    else
    {
        计算光线与所有物体的交点中离 start 最近的点;
```

```
if（没有交点）
        color＝black;
else
{
        I_{local} ＝在交点处用局部光照模型计算出的光强;
        计算反射方向 R;
        RayTracing(最近的交点,R, weight * w_r,I_r);
        计算折射方向 T;
        RayTracing( 最近的交点,T, weight * w_t,I_t);
        color＝I_{local}＋K_sI_r＋K_tI_t;
    }
  }
}
```

2. 光线与物体的求交

对于反射光线与折射光线的方向计算问题,已在 Whitted 光透射模型中做了详细介绍,此处不再讨论。由于光线跟踪算法需要用到大量的求交运算,因而求交运算的效率对于整个算法的效率影响很大,光线与物体的求交是光线跟踪算法的核心。在这一小节中按照不同物体的分类给出光线与物体的求交运算方法。

（1）光线与球的求交

球是光线跟踪算法中最常用的元素,也是经常作为例子的物体,这是因为光线与球的交点很容易计算,特别是球面的法向量总是从球心射出,无须专门的计算。另外,由于很容易进行光线与球的相交判断,所以球又常常作为复杂物体的包围盒。

设(x_0,y_0,z_0)为光线的起点坐标;(x_d,y_d,z_d)为单位化的光线方向,即有 $x_d^2+y_d^2+z_d^2=1$;(x_c,y_c,z_c)为球心坐标;R 为球的半径。下面介绍最基本的代数解法,以及为提高求交速度而设计的几何方法。

（1）代数解法。

首先用参数方程

$$\begin{cases} x = x_0 + x_d \cdot t \\ y = y_0 + y_d \cdot t \\ z = z_0 + z_d \cdot t \end{cases} \tag{4.6}$$

表示由点(x_0,y_0,z_0)发出的光线,并有 $t \geqslant 0$。用隐式方程

$$(x-x_c)^2 + (y-y_c)^2 + (z-z_c)^2 = R \tag{4.7}$$

表示球心为(x_c,y_c,z_c),半径为 R 的球面。将式(4.6)代入式(4.7),得

$$At^2 + Bt + C = 0$$

该方程系数分别为 $\begin{cases} A = x_d^2 + y_d^2 + z_d^2 = 1 \\ B = 2[x_d(x_0-x_c)+y_d(y_0-y_c)+z_d(z_0-z_c)] \\ C = (x-x_c)^2 + (y-y_c)^2 + (z-z_c)^2 - R^2 \end{cases}$

于是有 $t = \dfrac{-B \pm \sqrt{B^2-4C}}{2}$。如果 $B^2-4C<0$,则光线与球无交;如果 $B^2-4C=0$,则光线与球相切,这时 $t=-B/2$;如果 $B^2-4C>0$,则光线与球有两个交点,交点处的 t 分别是 $t_0 =$

$\dfrac{-B+\sqrt{B^2-4C}}{2}$ 和 $t_1=\dfrac{-B-\sqrt{B^2-4C}}{2}$，这时若有 t_0 或 $t_1<0$，则说明相应的交点不在光线上，交点无效。把 t 值代入式(4.6)，就可以求得交点的坐标 (x_i,y_i,z_i)，交点处的法向量为 $\left(\dfrac{x_i-x_c}{R},\dfrac{y_i-y_c}{R},\dfrac{z_i-z_c}{R}\right)$，这是一个单位化的向量。

用代数法计算光线与球的交点和法向量总共需要 17 次加减运算、17 次乘法运算、1 次开方运算和 3 次比较操作。

（2）几何解法。

用几何方法可以加速光线与球的求交运算。如图 4.31 所示，几何方法具体的步骤介绍如下。

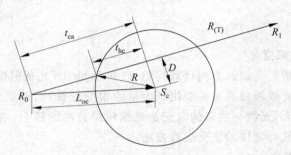

图 4.31　几何法进行光线与球的求交

首先计算光线起点到球心的距离平方，为
$$L_{oc}^2=(S_c-R_0)\cdot(S_c-R_0)=(x_0-x_c)^2+(y_0-y_c)^2+(z_0-z_c)^2$$
若 $L_{oc}^2<R^2$，则光线的起点在球内，光线与球有且仅有一个交点；若 $L_{oc}^2>R^2$，则光线的起点在球外，光线与球有两个交点或一个切点或没有交点。然后，计算光线起点到光线离球心最近点 A 的距离，为
$$t_{ca}=(S_c-R_0)\cdot R_l=(x_c-x_0)\cdot x_d+(y_c-y_0)\cdot y_d+(z_c-z_0)\cdot z_d$$
式中，R_l 为单位化的光线方向矢量。当光线的起点在球外，若 $t_{ca}<0$，则球在光线的背面，光线与球无交点。再计算半弦长的平方来判定交点的个数，半弦长的平方为
$$t_{hc}^2=R^2-D^2=R^2-L_{oc}^2+t_{ca}^2$$
若 $t_{hc}^2<0$，则光线与球无交；若 $t_{hc}^2=0$，则光线与球相切；若 $t_{hc}^2>0$，则光线与球有两个交点。为确定交点的位置，可计算光线起点到光线与球交点的距离为
$$t=t_{ca}\pm\sqrt{t_{hc}^2}=t_{ca}\pm\sqrt{R^2-L_{oc}^2+t_{ca}^2}$$
同样地，将 t 值代入式(4.4)，可得交点的坐标为
$$(x_i,y_i,z_i)=(x_0+x_d\cdot t,y_0+y_d\cdot t,z_0+z_d\cdot t)$$
交点处的球面法向为 $\left(\dfrac{x_i-x_c}{R},\dfrac{y_i-y_c}{R},\dfrac{z_i-z_c}{R}\right)$。

用几何法计算光线与球的交点和法向总共需要 16 次加减运算、13 次乘法运算、1 次开方运算和 3 次比较操作。比代数法少 1 次加减运算和 4 次乘法运算。

2）光线与多边形求交

光线与多边形求交分以下两步：先计算多边形所在的平面与光线的交点，再判断交点

是否在多边形内部。光线与平面求交的具体方法在前面的章节中已有详细的介绍,这里不再赘述。

3) 光线与二次曲面求交

二次曲面包括球面、柱面、圆锥、椭球、抛物面和双曲面。平面和球面是一般二次曲面的特例。为了提高光线与二次曲面的求交效率,对每类二次曲面可以采取专门的求交算法。这里介绍光线与一般表示形式的二次曲面的求交方法。

二次曲面方程的一般形式可表示为

$$F(x,y,z) = Ax^2 + 2Bxy + 2Cxz + 2Dx + Ey^2 + 2Fyz$$
$$+ 2Gy + Hz^2 + 2Iz + J = 0$$

或者写成矩阵形式,即

$$\begin{bmatrix} x & y & z & 1 \end{bmatrix} \begin{bmatrix} A & B & C & D \\ B & E & F & G \\ C & F & G & H \\ D & G & I & J \end{bmatrix} \begin{bmatrix} x \\ y \\ z \\ 1 \end{bmatrix} = 0$$

把光线的参数表达式(4.6)代入上式,整理得

$$at^2 + bt + c = 0$$

式中各系数分别为

$$a = Ax_d^2 + 2Bx_dy_d + 2Cx_dz_d + Ey_d^2 + 2Fy_dz_d + Hz_d^2$$
$$b = 2[Ax_0x_d + B(x_0y_d + x_dy_0) + C(x_0z_d + x_dz_0) + Dx_d$$
$$+ Ey_0y_d + F(y_0z_d + y_dz_0) + Gy_d + Hz_0z_d + Iz_d]$$
$$c = Ax_0^2 + 2Bx_0y_0 + 2Cx_0z_0 + 2Dx_0 + Ey_0^2 + 2Fy_0z_0$$
$$+ 2Gy_0 + Hz_0^2 + 2Iz_0 + J$$

解出 t,得 $t = \dfrac{-b \pm \sqrt{b^2 - 4ac}}{2}$。如果 t 为实数,则将 t 代入式(4.6)就可以得到光线与二次曲面的交点坐标 $(x_i, y_i, z_i) = (x_0 + x_d \cdot t, y_0 + y_d \cdot t, z_0 + z_d \cdot t)$。交点 (x_i, y_i, z_i) 处的法向量为函数 $F(x,y,z)$ 关于 x, y, z 的偏导,即

$$(x_n, y_n, z_n) = \left(\frac{\partial F}{\partial x}, \frac{\partial F}{\partial y}, \frac{\partial F}{\partial z}\right) = (2(Ax_i + By_i + Cz_i + D),$$
$$2(Ax_i + Ey_i + Fz_i + G), 2(Cx_i + Fy_i + Hz_i + I))$$

3. 光线跟踪算法的加速

基本的光线跟踪算法,每一条射线都要和所有的物体求交,然后再排序全部交点才能确定可见点。对于复杂场景,这种简单处理效率很低,需要对光线跟踪算法进行加速。光线跟踪加速技术是实现光线跟踪算法的重要组成部分。加速技术主要包括以下几个方面:提高求交速度、减少求交次数、减少光线条数、采用广义光线和采用并行算法等。由于篇幅关系,这里只简单地介绍其中的几种。

1) 自适应深度控制

在基本光线跟踪算法中,结束光线跟踪的条件是光线不与任何物体相交,或已达到预定的最大光线跟踪深度。事实上,对复杂的场景,没有必要跟踪光线到很深的深度,应根据光线所穿过的区域的性质来改变跟踪深度,即自适应地控制深度。前面给出的光线跟踪算法

的源代码就可以做到自适应地控制深度。

2) 包围盒及层次结构

包围盒技术是加速光线跟踪的基本方法之一，由 Clark 于 1976 年提出[36]。1980 年，Rubin 和 Whitted 将它引进到光线跟踪算法之中[37]，用以加速光线与景物的求交测试。

包围盒技术的基本思想是用一些形状简单的包围盒（如球面、长方体等）将复杂景物包围起来，求交光线首先跟包围盒进行求交测试，只有光线与包围盒相交，才进一步与盒内的景物求交。它利用形状简单的包围盒与光线较快的求交速度来提高算法的效率。

简单的包围盒技术效率并不高，因为被跟踪的光线必须与场景中每一个景物的包围盒进行求交测试。包围盒技术的一个重要改进是引进层次结构，其基本原理是根据景物的分布情况，将相距较近的景物组成一组局部场景，相邻各组又组成更大的组，这样，将整个景物空间组织成树状的层次结构。进行求交测试的光线，首先进入该树结构的根节点，并从根节点开始，从上向下与各相关节点的包围盒进行求交测试。若一节点的包围盒与光线有交，则光线将递归地与其子节点进行求交测试；否则，该节点的所有景物均与光线无交，该节点的子树无须作求交测试。

1986 年，Kay 和 Kajiya 针对通常采用的长方体具有包裹景物不紧的特点，提出根据景物的实际形状选取 n 组不同方向的平行平面包裹一个景物或一组景物的层次包围盒技术[38]。

令 3D 空间中的任一平面方程为 $Ax+By+Cz-d=0$。不失一般性，设 (A,B,C) 为单位向量，该式定义了一个以 $N_i=(A,B,C)$ 为法向量，与坐标原点相距 d 的平面。若法向量 $N_i=(A,B,C)$ 保持不变，d 为自由变量，那么就定义了一组平行平面。对任一给定的景物，必存在两平面将景物夹在中间，不妨记 d 值分别为 d_i^{near},d_i^{far}。用几组平面就可以构成一个较为紧致的包围盒。Kay 和 Kajiya 对 N_i 的选取作进行了限制，即对整个场景的所有景物采用预先选择方向的 n 组平行平面来构造包围盒，且 $n\leqslant5$。

那么，如何构造平行 $2n$ 面体包围盒呢？对多面体模型，在场景坐标系中考虑，可将多面体所有顶点投影到 N_i 方向，并计算与原点距离的最小值和最大值为 d_i^{near},d_i^{far}。对隐函数曲面体 $F(x,y,z)=0$，在景物坐标系中，隐函数曲面体上的点 (x,y,z) 在 N_i 方向上的投影为 $f(x,y,z)=Ax+By+Cz$，可用 Lagrange 乘子法计算 $f(x,y,z)$ 在约束条件 $F(x,y,z)=0$ 下的极小值和极大值，即 d_i^{near},d_i^{far}。对若干景物的组合体，可用 $d_i^{near}=\underset{i}{\text{Min}}\{d_i^{near}\}$，$d_i^{far}=\underset{i}{\text{Max}}\{d_i^{far}\}$ 计算层次包围盒。

限于篇幅的原因，关于平行 $2n$ 面体层次包围盒技术的细节请参考有关文献[38]。

3) 三维 DDA 算法

从光线跟踪的效率来看，算法效率不高的主要原因是光线求交的盲目性：不仅光线与那些与之不交的物体进行求交测试毫无意义，而且光线与位于第一个交点之后的其他物体求交也是毫无意义的。将景物空间剖分为网格，由于空间的连贯性，被跟踪的光线从起始点出发，可依次穿越它所经过的空间网格，直至第一个交点。这种方法称为空间剖分技术。可以利用这种空间相关性来加速光线跟踪。首先介绍三维 DDA 算法。

1986 年，Fujimoto 等提出一个基于空间均匀网格剖分技术的快速光线跟踪算法[39]，将景物空间均匀分割成为一系列均匀的三维网格，并建立了辅助数据结构 SEADS（Spatially

Enumerated Auxiliary Data Structure,空间枚举辅助数据结构)。

一旦确定景物空间剖分的分辨率,SEADS 结构中的每一个网格可用三元组(i,j,k)精确定位,每一个网格均设立其所含景物面片的指针。光线跟踪时,只须依次与其所经过的空间网格中所含的景物面片进行求交测试。Fujimoto 等将直线光栅化的 DDA 算法推广到三维,称为光线的三维网格跨越算法,以加速光线跟踪。

设光线的方向向量为$V(V_x,V_y,V_z)$,被跟踪光线的主轴方向V_d为

$$|V_d| = \max(|V_x|,|V_y|,|V_z|)$$

设其他两个坐标方向为i和j,那么三维 DDA 网格跨越过程可分解为两个二维 DDA 过程(二维 DDA 过程已经在前面的章节中介绍过)。算法首先将光线垂直投影到交于主轴的两个坐标平面上,然后对两投影线分别执行二维 DDA 算法。

这个算法对于稠密的场景,选取适当的空间剖分分辨率,可以使算法非常有效。目前,该算法已经广泛应用于各种商业动画软件中。

4) 空间八叉树剖分技术

空间八叉树算法是一个空间非均匀网格剖分算法,该算法将含有整个场景的空间立方体按三个方向中的剖面分割成 8 个子立方体网格,组织成一棵八叉树。若某一子立方体网格中所含景物面片数大于给定的阈值,则将该子立方体作进一步剖分。上述剖分过程直至八叉树每一个叶子节点所含面片数均小于给定的阈值为止。这个算法也利用了空间连贯性。

八叉树的最大深度表示空间分割所达到的层次,称为空间分辨率,而八叉树的终结节点对应分割后的空间网格单元。设八叉树的深度为N,任一个八叉树终结节点的编码为

$$q_1 q_2 \cdots q_i \underbrace{F \cdots F}_{N-i\uparrow}$$

其中,$q_1,q_2,\cdots,q_n \in \{0,1,2,\cdots,7\}$;$F$ 为异于 $0,1,\cdots,7$ 的符号,表明空间分割结束。

由上述八叉树结点的编码方式很容易找到空间任一点所在的空间网格单元。设$P(x,y,z)$为一空间点,x,y,z 取整数,其相应的二进制表示为

$$\begin{cases} x = i_1 i_2 \cdots i_N \\ y = j_1 j_2 \cdots j_N \quad i_l,j_l,k_l \in \{0,1\}, l = 1,2,\cdots,N \\ z = k_1 k_2 \cdots k_N \end{cases}$$

则

(1) P 所在单位立方体网格编码为$q_1 q_2 \cdots q_N$。

$$q_l = i_l + 2j_l + 4k_l, \quad l = 1,2,\cdots,N \tag{4.8}$$

(2) 若已知 P 位于编码为$q_1 q_2 \cdots q_l \underbrace{F \cdots F}_{N-l\uparrow}$的空间网格内(包括位于网格边界面上),则该空间网格的前左下角坐标为

$$x' = i_1 i_2 \cdots i_l \underbrace{0 \cdots 0}_{N-l\uparrow}$$

$$y' = j_1 j_2 \cdots j_l \underbrace{0 \cdots 0}_{N-l\uparrow} \tag{4.9}$$

$$z' = k_1 k_2 \cdots k_l \underbrace{0 \cdots 0}_{N-l\uparrow}$$

上述性质在下面介绍的光线跟踪八叉树算法中起了很重要的作用。

下面来看如何进行光线跟踪。设光线起始点为 P_0，方向为 R，先求 P_0 所在单位立方体网格的八叉树编码 Q。这只需先对 P_0 各坐标分量取整得到单位立方体网格的前左下角坐标 P，然后即可用式（4.8）计算编码 Q。若计算出的 P 点位于世界立方体的边界上，则需根据光线前进方向判别光线是否已射出场景。若光线已射出场景，则算法结束；否则，在空间线性八叉树结点表中查找 Q。查找的结果用两个量表示：一个是表明查找是否成功的布尔量 T，另一个是未获匹配位数 B。设 Q 为 $q_1 q_2 \cdots q_N$，那么当八叉树中含结点 $q_1 q_2 \cdots q_l \underbrace{F \cdots F}_{N-l个}$，$1 \leqslant l \leqslant N$ 时，T 取真值。这是因为该结点对应的空间网格包含了 P_0 所在的最小网格单元。注意这一结点为非空的终结点，它表明 P_0 点位于一含有三角形面片且边长为 2^{N-1} 的空间网格内部或边界上。未获匹配位数 B 定义为八叉树终结点表中与 Q 获得最大程度匹配结点其编码尾部不匹配的位数。若该结点编码为 $q_1 q_2 \cdots q_l \underbrace{xx \cdots x}_{N-l个}$，则 B 为 $N-l$。由 T 可决定当前立方体是否包含景物面片，而通过 Q 和 B 则可确定当前立方体的空间位置和大小。对线性八叉树采用二分查找可以加快查询速度。

若查找结果为 T 取真值，则用光线和该立方体中所含三角形面片求交。若有交，则返回最近交点，算法结束。否则重新置 T 为假。

若 T 为假（查找结果 T 为假或者求交失败置 T 为假），则应跨过当前立方体继续向前搜索。当查找结果为 T 取假值时，P_0 点位于一空的空间网格内，此空间网格与线性八叉树中最匹配结点具有共同的祖先 $q_1 q_2 \cdots q_l \underbrace{F \cdots F}_{B个}$。显然，包含 P_0 且不包含任何景物面片的最大空间网格为 $q_1 q_2 \cdots q_l q_{l+1} \underbrace{F \cdots F}_{B-1个}$，其边长为 2^{B-1}，空间网格前左下角坐标可由式（4.9）确定。当求交失败而置 T 为假时，则应跨过当前立方体网格，易知其边长为 2^B，前左下角坐标可相应确定。

跨越一空间网格后，光线进入相邻的下一空间网格。这只需求出当前空间网格上的出口点，并根据出口点坐标重置 P_0。最简单的出口点计算方法是将光线与当前空间网格的 6 个边界表面求交，但这样做计算量较大。若将光线在各坐标平面上投影线的截距和斜率事先计算好，则可通过判别光线的射出方向快速求得出口点（最好情况仅需 2 次乘法，最坏情况不超过 5 次乘法）。

计算出光线的出口点坐标后，就可将它作为新的出发点 P_0，重复上述计算过程，直至光线射出场景或求到交点为止。

4.7.2 辐射度方法

辐射度方法是继光线跟踪算法后，真实感图形绘制技术的一个重要进展。尽管光线跟踪算法成功地模拟了景物表面间的镜面反射、规则透射及阴影等整体光照效果，但由于光线跟踪算法的采样特性和局部光照模型的不完善性，该方法难于模拟景物表面之间的多重漫反射效果，因而不能反映色彩渗透现象。

1984 年，美国 Cornell 大学和日本广岛大学的学者分别将热辐射工程中的辐射度方法引入到计算机图形学中，用辐射度方法成功地模拟了理想漫反射表面间的多重漫反射效果。

经过十多年的发展,辐射度方法模拟的场景越来越复杂,图形效果越来越真实。与前面介绍的光照模型与绘制方法有所不同,辐射度方法基于物理学的能量平衡原理,采用数值求解技术来近似每一个景物表面的辐射度分布。由于场景中景物表面的辐射度分布与视点选取无关,辐射度方法是一个视点独立(View independent)的算法,使之可广泛应用于虚拟环境的漫游(Walkthrough)系统中。

1. 理想漫射环境的一般辐射度方程及其简化

在实际场景中,大多数景物表面为漫射面,如同景物表面之间存在镜面反射和规则投射一样,漫射面之间也存在光能的传递。相距较近的景物表面之间的颜色辉映现象(色彩渗透),正是表面之间漫射光能传递的结果。

辐射度方法是基于热辐射工程的能量传递和守恒理论,即封闭的环境中能量经多重反射之后,最终会达到一种平衡状态。由于这种能量平衡状态可以用系统方程来定量表达,因而与以往光照明模型和绘制算法不同,辐射度方法是一种整体求解技术。事实上,一旦得到辐射度系统方程的解,就知道了每一个景物表面的辐射度分布,进而可以选取任一视点和视线方向对整个场景作绘制。下面介绍封闭漫射环境下的辐射度系统方程。

首先引入几个基本概念。

在光度学中,光被看成沿光线流动的光能流,遵守几何光学上的能量守恒定律,即在单位时间内通过一个光线管中任一截面的能量是恒定的。单位时间内通过某一面积 dS 的光能量称为通过该面积的光通量(luminous flux),记为 dF。由于光能流的传播是在立体锥角内进行的,光度学中将这个立体锥角称为立体角,记为 $d\omega$,并以立体角的顶点为球心,作一个半径为 r 的球面,用立体角的边界在球面上所截的面积 dS 除以半径平方来表示立体角的大小,即 $d\omega = dS/r^2$,如图 4.17 所示。

为表征物体在某一方向上的发光情况,定义某方向上单位立体角内的光通量 $dF/d\omega$ 为该方向上的光强度,记为 J。

对物体表面某发光面元来说,一般只关心该面元单位面积上向某方向辐射的光能。由于光能通过的面积只是发光面元 dS_i 在该方向上的投影,因此将面元单位面积上向某方向辐射的光能称为光亮度,记为 I,即

$$I = \frac{J}{dS_i \cos\theta} = \frac{dF}{dS_i \cos\theta d\omega}$$

这里 θ 是 dS_i 法向和辐射方向的夹角。光亮度决定了人眼接收的光能的大小和色彩组成。

假设在一个封闭环境中,景物表面均为理想漫反射表面,即景物表面上每一点向周围各方向辐射的光亮度是相同的,表面各点处的光亮度 I 只与位置有关,与辐射的方向无关。假设 dP 为表面某一点处单位面积上朝某辐射方向发出的光通量,则 dP 与该点处沿同一方向的光亮度 I 的关系为

$$dP = I\cos\theta d\omega \tag{4.10}$$

其中,θ 为该点处的法向与辐射方向之间的夹角。则该点处单位面积面元向其四周半空间辐射的总能量,即该点的总辐射度为

$$B = \int_\Omega dP = \int_\Omega I\cos\theta d\omega$$

其中,Ω 为该点处表面朝法线方向的半球面空间。对于一个理想漫反射,I 与立体角 $d\omega$ 无

关,故上式可表示为(如图 4.32 所示):

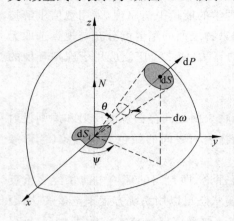

图 4.32　面元光辐射示意图

$$B = \int_\Omega I\cos\theta \mathrm{d}\omega = I\int_0^{2\pi}\int_0^{\frac{\pi}{2}}\cos\theta\sin\theta\mathrm{d}\theta\mathrm{d}\psi = I\pi$$

$$(4.11)$$

由此可见,理想漫射表面每一点处的辐射度值与光亮度值之比为一常数因子,因此表面各点的光亮度计算可通过求解整个场景的辐射度方程而得到。

假设周围环境为一个封闭系统,则表面上每一点 x 处微面元 $\mathrm{d}S(x)$ 向周围环境辐射的能量由它自身所具有的辐射光能和它接受来自环境中其他景物表面向该点辐射的光能组成。设周围环境入射到微面元 $\mathrm{d}S(x)$ 上的光能为 $H(x)$,而 $\rho(x)$ 为该表面在 x 处的反射率,则微面元 $\mathrm{d}S(x)$ 对环境入射光能的反射而产生的那部分辐射光能为 $\rho(x)H(x)$。由此,x 点处的辐射度 $B(x)$ 满足

$$B(x)\mathrm{d}A(x) = E(x)\mathrm{d}A(x) + \rho(x)H(x) \tag{4.12}$$

其中,$\mathrm{d}A(x)$ 为微面元 $\mathrm{d}S(x)$ 的面积,$E(x)$ 为该表面在 x 点处的自身辐射度。若该表面为漫射光源,$E(X)>0$,否则 $E(x)=0$。

现在考虑如何计算 $H(x)$。由 $H(x)$ 的定义知,$H(x)$ 是周围环境表面各点辐射度 $B(x')$ 的函数,其中 $x'\neq x$。一般来说,x' 点处的微面元 $\mathrm{d}S(x')$ 向四周辐射的能量中只有一小部分到达 x 点处。若用 $F(x',x)$ 表示从微面元 $\mathrm{d}S(x')$ 辐射并到达面元 $\mathrm{d}S(x)$ 的光能占它向四周辐射的总光能的比例,则 $\mathrm{d}S(x')$ 对 x 的入射光能为 $B(x')F(x',x)\mathrm{d}A(x')$,其中 $\mathrm{d}A(x')$ 为微面元 $\mathrm{d}S(x')$ 的面积。由 $H(x)$ 的定义可知

$$H(x) = \int_S B(x')F(x',x)\mathrm{d}A(x') \tag{4.13}$$

其中,S 为环境中的所有表面。通常称 $F(x',x)$ 为微面元 $\mathrm{d}S(x')$ 对微面元 $\mathrm{d}S(x)$ 的形状因子,或称为点 x' 对点 x 的形状因子。由式(4.12)和式(4.13)知,形状因子的表达与计算是建立辐射度方程的关键。由于理想漫射表面接收到来自空间任一方向的光能后均朝四面八方均匀地反射出去,故形状因子 $F(x',x)$ 只与微面元 $\mathrm{d}S(x')$ 和 $\mathrm{d}S(x)$ 的相对位置、几何大小有关,即 $F(x',x)$ 是一个纯几何量。根据立体角的定义,从 x' 处观察 $\mathrm{d}S(x)$ 所张的立体角为

$$\mathrm{d}\omega = \frac{\cos\theta_x \cdot \mathrm{d}A(x)}{r^2(x',x)}$$

其中,$r(x',x)$ 为点 x' 与点 x 之间的距离,θ_x 为 $\mathrm{d}S(x)$ 在 x 处的法向量 N_x 与连接点 x' 与点 x 的向量 $x-x'$ 之间的夹角。

由式(4.10)和式(4.11)知,由微面元 $\mathrm{d}S(x')$ 发出的能量到达 $\mathrm{d}S(x)$ 的能量为

$$\mathrm{d}P(x')\mathrm{d}A(x') = I(x')\cos\theta_{x'}\mathrm{d}\omega\mathrm{d}A(x') = \frac{B(x')}{\pi}\cos\theta_{x'}\mathrm{d}\omega\mathrm{d}A(x')$$

其中,$\mathrm{d}P(x')$ 为 x' 处单位面积朝立体角 $\mathrm{d}\omega$ 发出的光通量。$I(x')$ 为 x' 处沿方向 $x-x'$ 的光亮度,$\theta_{x'}$ 为 $\mathrm{d}S(x')$ 在 x' 处的法向量 $N_{x'}$ 与连接点 x' 与点 x 的向量 $x-x'$ 之间的夹角,如

图 4.33 所示。

由辐射度定义可知,微面元 $dS(x')$ 向四周发出的总能量为 $B(x')dA(x')$,故面元 $dS(x')$ 到面元 $dS(x)$ 的形状因子为

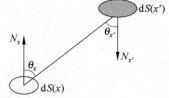

$$F(x',x) = \frac{dP(x') \cdot dA(x')}{B(x') \cdot dA(x')} = \frac{\cos\theta_{x'} d\omega}{\pi}$$

$$= \frac{\cos\theta_x \cos\theta_{x'}}{\pi r^2(x,x')} dA(x)$$

注意:上述推导隐含了一个假设,即微面元 $dS(x')$ 和 $dS(x)$ 之间是可见的。若 $dS(x')$ 和 $dS(x)$ 之间存在遮挡物,则有 $dS(x')$ 入射到 $dS(x)$ 的能量为 0。引进遮挡函数 HID $(*,*)$,若遮挡,其值为 0,否则为 1。于是形状因子一般形式为

图 4.33 形状因子的几何量

$$F(x',x) = HID(dS(x),dS(x')) \frac{\cos\theta_x \cos\theta_{x'}}{\pi r^2(x,x')} dA(x) \tag{4.14}$$

由式(4.12)~式(4.14),得到一般理想漫射环境的辐射度方程

$$B(x) = E(x) + \rho(x) \int_S B(x') \frac{\cos\theta_x \cos\theta_{x'}}{\pi r^2(x,x')} HID(dS(x),dS(x')) dA(x') \tag{4.15}$$

式(4.15)可描述封闭环境中各景物表面在平衡状态时的光能分布。

尽管式(4.15)给出了景物表面辐射度函数的一般表达式,但实际应用中,该式过于复杂,精确求解景物表面上各点的辐射度 $B(x)$ 显然不切实际,为此应对式(4.15)作简化。

假设景物表面被剖分成一系列互不重叠的小平面片,且各面片上的辐射度值和漫反射率均为常数。令分割后的场景中景物面片数为 N,第 i 个面片 S_i 的辐射度为 B_i,其自身拥有的辐射度为 E_i,漫反射系数为 ρ_i,其面积为 A_i,则将式(4.15)应用于面片 A_i 上,并在式两边对 S_i 求积分,得

$$B_i A_i = E_i A_i + \rho_i \sum_{j=1}^{N} B_j \int_{S_i} \int_{S_j} \frac{\cos\theta_x \cos\theta_{x'}}{\pi r^2(x,x')} HID(dS(x),dS(x')) dA(x') dA(x)$$

若记 $F_{ij} = \dfrac{1}{A_i} \displaystyle\int_{S_i} \int_{S_j} \frac{\cos\theta_x \cos\theta_{x'}}{\pi r^2(x,x')} HID(dS(x),dS(x')) dA(x') dA(x)$,上式可改写为

$$B_i = E_i + \rho_i \sum_{j=1}^{N} B_j F_{ij}, \quad i = 1,2,\cdots,N \tag{4.16}$$

此即为简化后漫射环境下的辐射度系统方程,也可写为矩阵形式

$$(I + M)B = E \tag{4.17}$$

其中,I 为 $N \times N$ 的单位阵,其他记号意义如下

$$M = \begin{bmatrix} -\rho_1 F_{11} & -\rho_1 F_{12} & \cdots & -\rho_1 F_{1N} \\ -\rho_2 F_{21} & -\rho_2 F_{22} & \cdots & -\rho_2 F_{2N} \\ \vdots & \vdots & \ddots & \vdots \\ -\rho_N F_{N1} & -\rho_N F_{N2} & \cdots & -\rho_N F_{NN} \end{bmatrix}$$

$$B = (B_1,B_2,\cdots,B_N)^T$$

$$E = (E_1,E_2,\cdots,E_N)^T$$

并称 F_{ij} 为面片 i 对面片 j 的形状因子。一旦计算好形状因子,就可以通过求解式(4.16)得到每个面片的辐射度值。由于辐射度解与视点无关,只要给定视点和视线方向,就可以用任

意消隐算法来绘制场景。无论视点、视线、光源光照属性、面片漫反射系数如何改变,均无须重新计算形状因子。漫射环境下的辐射度方法可归结为图 4.34 所示的流程图。

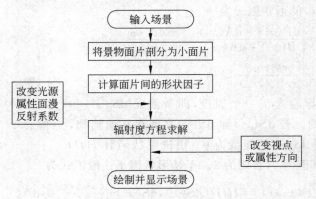

图 4.34 辐射度方法流程图

2. 形状因子的计算

由辐射度方法的流程图可知,辐射度方法的难点在于场景中景物面片之间的形状因子计算,其计算复杂度为 $O(N^2)$,因而提高形状因子的计算效率和精度是辐射度方法的关键。

假设 dS_i, dS_j 分别为面片 S_i 和 S_j 上的两个微面元,由式(4.14)知,dS_i 到 dS_j 的微形状因子为

$$F_{dS_i-dS_j} = \frac{\cos\theta_i \cos\theta_j}{\pi \parallel r_{ij} \parallel^2} HID(dS_i, dS_j) dA_j$$

其中,r_{ij} 为 dS_i 指向 dS_j 的向量,θ_i 为 dS_i 处的表面法向量 N_i 与 r_{ij} 之间的夹角,θ_j 为 dS_j 处的表面法向量 N_j 与 $-r_{ij}$ 之间的夹角,dA_j 为 dS_j 的面积,$HID(dS_i, dS_j)$ 为遮挡函数。

由形状因子的定义可知,微面元 dS_i 到面片 S_j 的形状因子为

$$F_{dS_i-S_j} = \int_{S_j} \frac{\cos\theta_i \cos\theta_j}{\pi \parallel r_{ij} \parallel^2} HID(dS_i, dS_j) dA_j$$

这样 i 面片 S_i 到 j 面片 S_j 的形状因子为

$$F_{ij} \triangleq F_{S_i-S_j} = \frac{1}{A_i} \int_{S_i} \int_{S_j} \frac{\cos\theta_i \cos\theta_j}{\pi \parallel r_{ij} \parallel^2} HID(dS_i, dS_j) dA_j dA_i \tag{4.18}$$

由式(4.18)知道,形状因子 F_{ij} 有如下性质。

(1) F_{ij} 和 F_{ji} 服从交换关系 $A_i F_{ij} = A_j F_{ji}$。

(2) 对封闭环境,有 $\sum_{j=1}^{N} F_{ij} = 1$。

(3) 若面片 S_i 为一平面或凸曲面,有 $F_{ii} = 0$。

遗憾的是,除几种简单情形外,形状因子的计算公式没有精确的解析表达式,因此在热辐射工程和图形学中均采用数值求解技术来计算形状因子。

由于面片到面片的形状因子的计算公式(4.18)中涉及二重面积分,直接计算非常困难。求解该积分,可利用微积分中的 Stokes 定理将面积分转化为线积分。注意到对于复杂场景,遮挡函数往往不是一阶连续光滑的,而 Stokes 定理要求被积函数是一阶连续光滑的,因而基于线积分技术的形状因子计算方法均假设两面片间是完全可见的。现假设 (x_i, y_i, z_i) 为微面元 dS_i 的中心,该点处的单位法向量 N_i 为 (l_i, m_i, n_i),则由 Stokes 定理得,微面元

$\mathrm{d}S_i$ 到 S_j 的形状因子为

$$F_{\mathrm{d}S_i-S_j} = l_i \oint_{C_j} \frac{(z_j - z_i)\mathrm{d}y_j - (y_j - y_i)\mathrm{d}z_j}{2\pi \parallel r_{ij} \parallel^2} + m_i \oint_{C_j} \frac{(x_j - x_i)\mathrm{d}z_j - (z_j - z_i)\mathrm{d}x_j}{2\pi \parallel r_{ij} \parallel^2}$$
$$+ n_i \oint_{C_j} \frac{(y_j - y_i)\mathrm{d}x_j - (x_j - x_i)\mathrm{d}y_j}{2\pi \parallel r_{ij} \parallel^2}$$

其中,C_j 为面片 S_j 的边界线,(x_j, y_j, z_j) 为 C_j 上的任一点,而且有

$$r_{ij} = (x_j - x_i, y_j - y_i, z_j - z_i)$$

更进一步,面片 S_i 到面片 S_j 的形状因子计算公式(4.18)可改写为

$$F_{ij} = \frac{1}{A_i} \int_{S_i} F_{\mathrm{d}S_i-S_j} \mathrm{d}A_i = \frac{1}{2\pi A_i} \oint_{C_i} \oint_{C_j} \ln \parallel r_{ij} \parallel (\mathrm{d}x_i\mathrm{d}x_j + \mathrm{d}y_i\mathrm{d}y_j + \mathrm{d}z_i\mathrm{d}z_j)$$

此计算公式被 Goral 等用来计算无遮挡环境的形状因子[11]。

3. 辐射度方程的求解技术

式(4.17)中矩阵形式给出了封闭环境的辐射度方程。为方便起见,记

$$K \triangleq I + M = (K_{ij})_{N \times N}$$

其中

$$k_{ij} = \begin{cases} 1 - \rho_i F_{ii}, & i = j \\ -\rho_i F_{ij}, & i \neq j \end{cases}$$

则式(4.17)成为

$$KB = E \tag{4.19}$$

由于 K 为 $N \times N$ 矩阵(其中 N 为场景中的面片数),一般来说,无法直接给出式(4.19)的具体表达式解,常用的方法是采用数值求解技术。

首先讨论辐射度方程解的存在性问题。

由形状因子的性质及 $|\rho_i| \leqslant 1 (i = 1, 2, \cdots, N)$ 知

$$\sum_{j=1}^{N} \rho_i F_{ij} \leqslant 1, \quad i = 1, 2, \cdots, N$$

故有

$$\sum_{j=1, j \neq i}^{N} \rho_i F_{ij} \leqslant 1 - \rho_i F_{ii}$$

因而,矩阵的每一行元素均满足

$$\sum_{j=1, j \neq i}^{N} | k_{ij} | \leqslant | k_{ii} |, \quad i = 1, 2, \cdots, N$$

此式说明矩阵是对角占优矩阵,因而辐射度系统方程存在唯一解。在数值计算中,有许多方法可求解上述辐射度系统方程,如 Gauss-Siedel 迭代法和逐步求精迭代算法等。在这里仅介绍逐步求精算法。

以往的 Gauss-Siedel 迭代算法只考虑迭代求解的过程,而没有考虑有关交互显示问题,只有等到迭代完毕后,才可根据给定的视点来进行场景绘制,其中没有任何求解信息的反馈。由于辐射度求解过程是一个非常费时的过程,这给交互设计带来了很大的不便。1988年,Cohen 等人提出逐步求精算法[40],使得每一迭代过程中,可立即显示基于当前近似解的场景画面。

假设当前状态下,面片 S_j 所具有的辐射度值为 B_j^k,其待辐射的辐射度值为 ΔB_j^k,算法

首先选择具有最大待辐射能量面片 S_i

$$\Delta B_i^k A_i = \max_{1 \leqslant j \leqslant N} (\Delta B_j^k A_j)$$

然后将 S_i 所积聚的光能向环境中的所有其他面片辐射出去。面片 S_i 对面片 S_j 的辐射度值的贡献为

$$\Delta \mathrm{Rad} = \Delta B_i^k \cdot \rho_j F_{ji} = \rho_j \Delta B_i^k \frac{A_i}{A_j} F_{ij} \tag{4.20}$$

经过辐射后，$S_j (j=1,2,\cdots,N; j \neq i)$ 面片上的辐射度和待辐射的辐射度值更新为

$$B_j^{k+1} = B_j^k + \Delta \mathrm{Rad}$$

$$\Delta B_j^{k+1} = \Delta B_j^k + \Delta \mathrm{Rad}$$

而 S_i 上的待辐射能量则变为 0，即 $\Delta B_i^{k+1} = 0$。

上述 4 个方程描述了逐步求精辐射度算法的每步迭代过程。由式(4.20)知，每一迭代步骤只需计算 N 个形状因子 F_{ji}，因而，逐步求精辐射度算法每步的计算复杂度为 $O(N)$。根据前面的论述，初始状态面片 S_i 的辐射度和待辐射光能均为 E_i，即 $B_i^0 = \Delta B_i^0 = E_i$。逐步求精辐射度算法可用如下的伪码来描述。

算法程序 4.2 逐步求精辐射度算法

```
{
    for(每一面片 Si)
    {
        Bi = Ei;
        ΔBi = Ei;
    }
    while(不收敛)
    {
        选取 i,使得 ΔBi·Ai = max {ΔBjAj};
                              1≤j≤N
        for(每一面片 Sj)
        {
            ΔRad = ρjΔBik FijAi/Aj;
            ΔBj = ΔBj + ΔRad;
            Bj = Bj + ΔRad;
        }
        ΔBi = 0;
        确定视点并绘制画面;
    }
}
```

由于初始迭代时，场景中的大多数光能接收面片所获得的能量较少，因而初始画面比较灰暗。为此，Cohen 等采用了一个近似泛光项来弥补上述不足。该泛光项用于估计场景中各面片尚未辐射出去的总的能量在各景物表面上产生的整体光照效果。在第 k 步时，场景中待辐射的总的光能为 $\sum\limits_{j=1}^{N} \Delta B_j^k A_j$，它均匀地入射到场景中各表面上，其平均入射辐射度为

$$\overline{\Delta B}^k = \frac{\sum_{j=1}^{N} \Delta B_j^k A_j}{\sum_{j=1}^{N} A_j}$$

场景中各面片对入射光能的平均反射率 $\bar{\rho}$ 可取为

$$\bar{\rho} = \frac{\sum_{j=1}^{N} \rho_j A_j}{\sum_{j=1}^{N} A_j}$$

因而环境泛光在场景中各景物表面引起的反射光可表示为 $\bar{\rho}\ \overline{\Delta B}^k$。考虑到场景中各景物表面对环境泛光的多重反射作用,环境泛光在景物表面引起的整体光照效果可按下式估计

$$B_{ambient}^k = \sum_{i=0}^{+\infty} \bar{\rho}\, i\ \overline{\Delta B}^k = \frac{1}{1-\bar{\rho}}\ \overline{\Delta B}^k$$

在每一步迭代后显示画面时,可将 $B_{ambient}^k$ 加到各景物面片的当前辐射度值上,此时面片 S_i 的显示辐射度值为

$$B_i^{display} = B_i^k + \rho_i B_{ambient}^k$$

值得指出的是,上述泛光项是在画面逐步求精过程中,为改善画面的显示效果而设的一个补充项,它并不对每一步迭代中各景物面片的当前辐射度值作出修正,也不影响整个逐步求精过程的收敛性。注意,在逐步求精过程中,场景中待辐射的总光能是一个不断变化的量,因此每一步迭代后都必须对泛光项重新进行估计。随着场景中各面片待辐射光能逐渐减少,上述泛光项最终趋于 0。

4.8　实时真实感图形学技术

前面几节已经详细介绍了各种光照明模型及它们在真实感图形学中的一些应用方法,它们都是用数学模型来表示真实世界中的物理模型,可以很好地模拟出现实世界中的复杂场景,所生成的真实感图像可以给人以高度逼真的感觉。但是,用这些模型生成一幅真实感图像都需要较长的时间,尤其对于比较复杂的场景,绘制的时间甚至可以达到数个小时。尽管现在的计算机硬件水平有了很大的提高,而且对于这些真实感图形学算法的研究也有了很大的发展,但是,真实感图形的绘制速度仍然不能满足某些需要实时图形显示的任务要求。例如,在某些需要动态模拟、实时交互的科学计算可视化以及虚拟现实系统中,它们对于生成真实感图形学的实时性要求很高,就必须采用实时真实感图形学技术。

实时真实感图形学技术是在当前图形算法和硬件条件的限制下提出的在一定的时间内完成真实感图形图像绘制的技术。一般来说,它是通过损失一定的图形质量来达到实时的目的。在最近的几年中,出现了一种全新思想的真实感图像生成技术——基于图像的绘制技术(image based rendering),它利用已有的图像来生成不同视点下场景的真实感图像,生成图像的速度和质量都是以前的技术所不能比拟的,具有很高的应用前景。此外,由于现实世界中各种对象的几何外形、物理属性千变万化,使得不同的景物对象拥有不同的物理模型,而出现种种针对不同对象而提出的真实感景物模拟技术。

4.8.1 基于图像的绘制技术

已经指出,构造逼真的场景,传统图形学的做法是输入一个几何场景(带有材料属性)和一组光源(光线),3D 图形系统再根据一定的光照模型计算并输出图像。首先要建立起场景中各个物体在所有光线上的几何及表面属性模型,然后再绘制出从一个虚拟照相机看到的真实照片。为了取得虚拟环境中的各类真实图像,人们大力开发了可指定具有复杂几何和材质对象的计算机设计系统,并不遗余力地创造了仿真光线传播的系统。这类复杂场景模型的规模非常大,远远超出了普通计算机的处理能力。层次细节显示和简化是从物体场景的几何模型出发,通过减少场景的几何复杂程度,也就是减少真实感图形学算法需要渲染的场景面片数目,来提高绘制真实感图像的效率,达到实时的要求。但是对于很多高度复杂场景,即使对其层次简化到一定的程度,其复杂度仍然很高,而不能被现有水平的计算机实时处理。另一方面又不能把场景过于简化,这样会导致图像质量的严重降低,而失去真实感图像的初衷。另一个矛盾是,当前的造型方法和绘制方法仍然难以甚至于无法将现实中大量更为繁杂的几何体和各种微妙的光线效果逼真地重现出来[46,47],例如人的肉眼很容易分辨出一幅典型场景的图片是由计算机模拟绘制的还是真实场景的拍照。

这样,就需要一种能够对高度复杂的场景进行实时真实感绘制的技术,而且要求这种技术可以在普通的计算机上应用。最近几年,满足这种要求的技术才开始出现,那就是基于图像的绘制技术。

要生成一个可从任意角度观察的逼真图像,从视觉的角度说,其实就是光流信息的恢复过程,这是一个六维的全光函数(空间位置、方向,时间);对图形学的任务来说,这个全光函数表达了一个场景内所有可能的环境映射。绘制的时候,只需要知道这个函数就能得到所需绘制的环境[48]。基于图像的绘制方法正是循着这条思路,它完全不同于传统的基于几何的真实感生成系统,而是用一系列的预先生成的环境映射(如多幅照片)作为全光函数的一个采样,然后再用实时的图像处理方法,如插值、混合和变形等操作,生成具有 3D 透视效果的图像。在这种技术中,不需要知道复杂场景的完全几何模型,而仅仅是与这个场景有关的一些真实感图像,因而图形的绘制与场景复杂度相互独立,生成时间仅与图像的分辨率有关,从而彻底摆脱传统方法的场景复杂度的实时瓶颈。预先生成好的图像可以是通过对真实场景摄影得到的真实照片,也可以是由传统真实感图形算法生成的图片,由于这个步骤是在预处理阶段进行的,因此可以使用任何一种复杂的真实感图形算法,构造足够复杂的场景,而不需要考虑时间因素,来得到这种预设图片。无论是通过哪种方法,得到的真实感图像的真实度都非常高,因而用基于图像的绘制技术生成的图像的真实度也可以很高。采用基于图像的绘制技术最重要的一点是,这种方法对计算机的要求不高,可以方便地在普通计算机上实时地生成真实感图像,对真实感图形学的应用有很大的促进作用。

在基于图像的绘制技术中,已经有不少优秀的图像绘制方法,由于篇幅的限制,在这里仅介绍其中一个最基本的方法——视图插值(view interpolation)方法。视图插值方法是由 Chen 于 1993 年提出的[49]。因为基于图像的绘制技术中给出的是几幅某个场景的真实感图像,而我们的目的是要生成其他角度的真实感图像,就需要解决如何由这几个真实感图像来插值得到目标图像的问题。视图插值方法就是用以解决这个问题而提出来的。Quicktime VR 是第一个基于这种技术的实用系统,它表明传统的造型/绘制过程并非不可避免[50]。

利用图像来构造虚拟环境的方法在早期的飞行模拟器中就已经被使用了,系统设计者在场景的不同位置制作所有方向的采样图像,然后对于不同位置的视点,用离该视点最近的采样图像作为该位置看到的图像。这样显示的图像是跳跃式的,不具备视觉的连续性。视图插值方法可以改进这个不足,它在相邻的采样点图像之间建立光滑自然的过渡,可以真实地再现各采样点之间场景透视变换的变化。实际上,视图插值技术利用了相邻两图像之间的连贯性,利用两个画面的摄像机参数及图像每个像素点的深度值,通过视觉基本原理来建立相邻采样点真实感图像之间像素的对应关系。图 4.35 所示是同一个物体点 P 在 A、B 两幅相邻视图中的像素对应关系。在生成真实感图像的时候,只要插值对应点的像素颜色就可以得到中间的过渡图像。视图插值技术是一种反映了实际场景透视变换变化的特殊的图像变形(morphing)过程。在这种技术中,首先要得到采样真实感图像各像素点的深度值,这可以由深度摄像机的相关摄像机参数直接获取,或者由计算机视觉理论来恢复图像深度信息。有了图像的深度信息,加上已知的摄像机参数,可以建立两幅采样图像的像素对应关系。然后用这种关系构造对应像素的偏移向量,再用偏移向量的插值近似模拟透视变换的变化,得到中间图像像素的颜色,生成中间的真实感图像。在实际应用中,若采用逐个像素插值来构造中间图像,算法的效率并不是很高,尤其是对于高分辨率的图像,有可能无法进行实时计算。由于源图像上的相邻像素一般都具有相近的偏移向量,可以利用这一性质对算法进行优化。Chen 采用四叉树来对图像进行剖分,使该树的每一个叶子节点对应于图像中偏移向量区别很小的区域,在绘制时,算法用叶子节点代表的图像块进行插值计算,可以大大加速算法的执行速度。

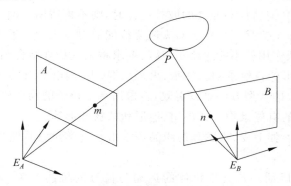

图 4.35　插值的像素对应关系示意图

在基于图像的绘制技术中还有其他的一些方法,如层次图像存储技术、全景函数技术和光场采样技术等,这些技术中还存在着许多需要解决的问题,在本节中就不再进一步地讨论了。总之,基于图像的绘制技术相对于传统的真实感图形学图像生成技术而言,是一种思想全新的技术,是计算机图形学中一个新的研究热点。

4.8.2　景物模拟

进入 20 世纪 90 年代,计算机图形学的功能除了随着计算机图形设备的发展而提高外,其自身朝着标准化、集成化和智能化的方向发展。多媒体技术、人工智能及专家系统技术和计算机图形学相结合使其应用效果越来越好。科学计算的可视虚拟现实环境的应用又向计算机图形学提出了许多更新更高的要求,使得三维乃至高维计算机图形学在真实性和实时性方面有了飞速发展。本章已经介绍了真实感图形学的经典内容,读者可以清楚地感知几何原理在其中占据了主导地位。由于几何造型等几何理论有完备的理论体系,而且使用直观简洁,用几何方法研究真实感图形是方便的,这种方法对于构造景物对象的外形和生成理想的光照条件下的真实感图像是可行的,但对于现实中的自然景物的绘制经常给人一种似是而非的感觉,这是由于几何方法本身并不模拟自然景象中各种复杂多变的物理现象。

1. 从几何到物理

计算机真实感图形学的中心任务之一就是要模拟生成现实生活中各类自然或人造景物。随着传统的计算机图形学日益成熟,既然传统的几何理论已不能满足学科的发展和人们的需要,于是基于物理原理的图形技术必然蓬勃兴起,可称之为物理图形学。早在 20 世纪 80 年代,图形学者已经开始着手将基于物理的方法运用于动画、造型等方面,以降低用户的专业知识并减轻用户的输入负担,同时可以生成更为真实的造型效果。但限于当时桌面计算机的计算能力,直到 20 世纪 90 年代后才真正开展了广泛的研究[51~58]。物理图形学的兴起并不是对传统几何图形学的背离,相反,它将各种现实对象的内在物理特性结合到对应的几何模型当中,从而在视觉上更加接近于真实世界的物体。

前面已经介绍了一些绘制真实感图像的通用算法,但由于现实世界中各种对象的几何外形、物理属性千变万化,使得不同的物理对象拥有不同的物理模型,而出现种种针对不同对象而提出的真实感图形模型,如分维技术、粒子系统和质点—弹簧系统等。近年来,这类研究对象主要如下。

(1) 更复杂的光照模型。前面介绍的光照明模型对室内的有限场景效果明显,但大型地理环境下或景物的几何特征与光波的波长可比时,则不再适用。例如,早晨与傍晚的云层颜色有很大的区别,这主要是大气粒子对太阳光线的散射造成的。另一方面,由于地理场景大,大气对光线的衰减作用就不能忽略了,这时要求将大气物理结合到分析模型中。

(2) 没有固定外形的自然景物。如水、火、云、烟、雪、闪电等,这类现象由于不像刚体那样有确定的外形,一般的造型方法难以奏效,多采用基于粒子的物理模型。

(3) 外形不规则的自然景物。如山川、地形和植物外形等。

(4) 柔软的物品。如毛皮、头发和纺织品等。由于这类对象质地柔软,传统的刚性造型方法不适用。

(5) 生物的自然运动。各类生物体的运动与自身的机能有关,是真实感动画的重要一环。

详细探讨各类景物的真实感生成超出了本书的篇幅和范畴。作为一个例子和前面知识的具体运用,下一小节将简单地探讨纺织物的建模问题。

2. 织物模型

对于衣面布料等纺织物,在日常生活中司空见惯,人们很早就期望能用计算机进行模拟。另一方面,由于这些材料具有抗拉、易皱等属性,采用刚性模型的传统 CAD 造型系统不能用于织物模型,但最早的织物仿真的确是这样做的。在 20 世纪 80 年代中期以前,布料物一般是用刚性曲面造型这种纯几何的方法进行建模,然后通过纹理的方法进行模拟,这种方法的好坏取决于设计者的设计技巧,而不是相应的物理原理,因而难以表现褶皱等柔性特征,看起来像是带花纹的薄板。

1986 年，Jerry Weil 在假定织物在经线和纬线方向上不能拉伸条件下[①]，结合悬链线的数学方法，简单地给出了当一块矩形布料上若干约束点固定在三维空间时，该布料悬挂在空中的形状的曲面近似解[59]。

由于该布面假设为矩形，可用格点表示，即表示布面经线和纬线交点三维坐标值的二维数组。当布料悬空时，其外形分如下两步求解。

（1）曲面逼近。

当各约束点固定到指定位置时，任意两个约束点间的连线在重力作用下近似看成是一条悬链线，这条悬链线对应在格点坐标系中连接两个约束点的直线段，使用直线段的扫描转换算法即能求出通过的格点，它们相应的空间坐标可根据这条悬链线确定。当两条悬链线发生交错时，在物理上它们有一个相交点，但为了简化计算，只选取相交点所在位置较高的悬链线。如图 4.36 所示，A,B,C,D 是 4 个约束点，P 是悬链线 AC、BD 的交错点，但在 AC 上处于较高的位置，因此 BD 将删除不计。最后各约束点间形成一个初始三角网（如图 4.37（b）所示）。在这个初始三角网中，每个三角形内部一般都包含多个格点，为了求出它们的位置，对每个三角形进行递归细分，直至约束点的凸包内每个格点都被重新定位，其中细分线取为三条中线当中交错点最高的那条中线。这样便得到约束点凸包所对应的近似悬面。

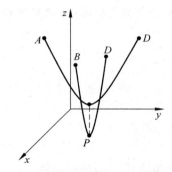

图 4.36　悬链线发生交错

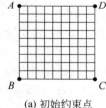

（a）初始约束点

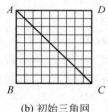

（b）初始三角网

图 4.37　曲面逼近

（2）松弛迭代。

曲面逼近过程并没有考虑到布料本身的特征。为了加强褶皱效果，还应加上织物的纱线在经线和纬线方向上不能拉伸这一条件。松弛迭代过程就是为了保证布料悬挂后相邻格点的距离近似不变。迭代过程很简单：约束点凸包外的格点 z 值均置为 $-\infty$，而内部格点的近似位置在第一步已经得到；然后在经线和纬线方向上不能拉伸这个条件下，计算每个格点在 4 个邻点方向上距离保持不变的位移向量 v_1,v_2,v_3,v_4，这个格点的迭代位移向量取为

$$\sqrt{\frac{|v_1|^2+|v_2|^2+|v_3|^2+|v_4|^2}{4}}(v_1+v_2+v_3+v_4)$$

当每步迭代中的最大位移向量小于指定值，迭代过程结束，最后可以用一般的真实感方法对这张布料进行绘制。

---

① 即布料曲面上任两点沿的曲面距离不变。

3. 质点—弹簧模型

上述方法已经可以模拟布料的一些特征,但对真实感图形的目标而言,仍显得过于简陋,连格点间相互的物理作用都基本上忽略了,因此有很大的改进余地。

为此学者们提出多种基于粒子的物理模型,这些模型尽管其表达方式、求解办法有所不同,但都可归结为质点—弹簧模型:根据牛顿运动定律,得到一组反映质点间弹簧形变关系(可以用力的形式表示,也可以用能量表示)的偏微分方程,最终用数值方法求解该方程组。

质点—弹簧系统是一项基于物理原理的技术,在可变形体的造型上使用广泛而有效。在该系统内,研究对象建模为一组用弹簧连接的格状结构质点阵,如图 4.38 所示,每个弹簧的弹力视具体物理过程而定,一般取为线性关系,即满足胡克定律。

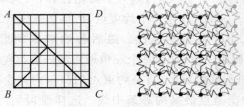

图 4.38　质点—弹簧模型

设 m_i 为点阵内一点 p_i 的质量,若质点—弹簧系统看做一个动态系统,p_i 遵循牛顿第二运动定律

$$m_i \frac{\mathrm{d}^2 p_i}{\mathrm{d}t^2} = -\gamma_i \frac{\mathrm{d}p_i}{\mathrm{d}t} + \sum_j f_{ij} + g_i \tag{4.21}$$

式中,γ_i 表示阻尼系数,f_{ij} 代表连接 p_i 与 p_j 的弹簧作用在 p_i 时的力,g_i 是作用于 P_i 的其他外力(如重力)的合力。

将所有质点所满足的式(4.21)组成的方程组改写成矩阵形式

$$MP'' + CP' + KP = G \tag{4.22}$$

其中,M、C、K 分别为质量矩阵、阻尼矩阵和劲度矩阵,P 为所有质点的坐标矩阵,G 为作用在质点上的外力矩阵。

为便于用数值积分技术进行求解,式(4.22)可以进一步改写为一阶微分方程组

$$\begin{cases} V' = M^{-1}(-CV - KP + G) \\ P' = V \end{cases} \tag{4.23}$$

显然,式(4.23)中 V 的物理意义就是质点系统的速度矩阵,因此该方程组描述了质点—弹簧系统从初态到平衡态的整个动态过程。

当系统平衡,即处于静态时,式(4.22)可简化为

$$KP = G$$

这就是所需要的力学模型。

至此,本章已经简单地讲解了基于图像的绘制和质点—弹簧模型的基本思想,目的是为了拓宽读者的视线,领悟真实感图形学的一些研究方法。同时介绍了当今国际图形学的发展方向,使我国的图形学发展能够跟上国际的水平。

习　题　4

1. 从心理学和视觉的角度出发,颜色有哪三个特性? 与之相对应,从光学物理学的角度出发,颜色又有哪三个特性?

2. 简述常见的颜色模型。为什么不用光线的光谱能量分布来定义颜色?

3. 什么是简单光照模型? 什么是局部光照模型? 什么是整体光照模型?

4. 写出 Phong 模型公式,并指出其中各个参数的含义。

5. 针对多面体模型,直接用 Phong 模型绘制会有什么问题? 简述两种增量式光照明模型(明暗处理)的基本思想,并指出两个算法的主要区别。

6. 什么是图像纹理? 什么是几何纹理? 什么是三维纹理?

7. 设计一个程序,将图 4.29 所示的棋盘格纹理映射到一个球面上。

8. (1) 写出光线跟踪递归函数的伪代码。

(2) 描述光线跟踪加速的层次包围盒方法。

9. 简述光线跟踪方法的基本原理,并写出伪代码。

10. 在光线跟踪的递归程序中,递归终止条件有哪几种? 在光线跟踪方法中,有哪些加速算法? 各自有哪些特点?

11. 设计一个光线跟踪程序:自定义光源,实现包含半透明球体环境的真实感图形。

12. 简述辐射度方法的基本原理,并写出伪代码。

13. 织物模拟时,可以采用什么模型? 请具体描述一下。

第 5 章 图 形 标 准

本章将介绍国际通用的开放式三维图形标准接口 OpenGL。

5.1 OpenGL 概述

OpenGL 是一个专业的、功能强大的 3D 图形接口[60~62]。通过使用 OpenGL,用户可以方便、高效地绘制出多种 3D 图形视觉效果,如光照、纹理、半透明、阴影和材质等。自从 1992 年发布第一个 OpenGL 版本,由于其性能优越、稳定性、跨平台可移植性、易用性等诸多优点,如今它已成为图形工业界最广泛使用的三维图形编程接口和国际通用的图形标准。

OpenGL 的前身是 SGI 公司为其图形工作站开发的图形接口 Iris GL。虽然 Iris GL 和 OpenGL 在很多方面都很接近,但由于 Iris GL 缺乏统一的规范,使其很难进一步广泛应用。所以,SGI 公司有针对性地修改了该图形接口,特别是其跨平台性。1992 年,OpenGL 1.0 版本正式发布。到今天,OpenGL 已经经历了 1.0、1.1、1.2、1.3、1.4、1.5 和 2.0 这些重要版本。在每个新版本中,都会增添一些新的功能或将一些已得到广泛应用的 OpenGL 扩展加入到 OpenGL 标准中。例如,1995 年 OpenGL1.1 版本发布,不仅性能比 1.0 版本提高,而且改进打印机支持,在增强元文件中包含 OpenGL 的调用,顶点数组的新特性,提高顶点位置、法线、颜色、色彩指数、纹理坐标、多边形边缘标识的传输速度,引入了新的纹理特性等。在 OpenGL 2.0 版本中,引入了一个重要功能:OpenGL 着色语言(OpenGL Shading Language),该语言是一种类似 C 语言的着色语言,通过编写 OpenGL 着色语言,用户可以直接修改顶点着色、像素着色的结果。

1. OpenGL 的特点

从开发人员的角度看,OpenGL 就是一组图形绘制的命令集合。通过使用 OpenGL 的命令,用户可以方便地绘制二维和三维几何元素、位图元素,并改变绘制的方式和状态。OpenGL 提供的绘制功能包括简单几何元素绘制(如点、线、面、三角形、多边形等)、位图元素绘制、光照设定、纹理设定、材质设定、相机和投影设定以及物体坐标变换(如平移、旋转和缩放等)。相比其他图形开发工具,OpenGL 具有如下几个突出的特点。

(1) 工业标准。OpenGL 是业界使用最为广泛的三维图形编程接口,已成为工业界的图形应用编程接口标准。OpenGL 已被广泛应用到 CAD、虚拟现实、计算机动画和飞行模拟等众多领域。由于其平台无关性,使其在 PC、游戏机和大型机上都有着广泛的应用。

(2) 跨平台性。OpenGL 几乎能在所有的主流平台和操作系统上运行,如 UNIX、Linux、Mac OS、Windows 和 Play Station 等。

(3) 易用性。OpenGL 是一个结构良好的、直观易用的 API 命令集合。通过 OpenGL,用户只需要很少的代码行数,就可以实现非常强大的功能。此外,OpenGL 驱动程序隐藏了操作系统、显卡硬件信息,使得开发人员开发时无须了解底层硬件信息。

（4）出色的编程特性。OpenGL标准由第三方机构OpenGL体系结构评审委员会（ARB）独立负责管理和订制,这使得OpenGL具有充分的独立性。OpenGL在各种平台上多年的应用经验,加上严格的规范控制,使得OpenGL具有良好的稳定性、前瞻性和伸缩性。

（5）详细的文档。OpenGL标准严格、规范、详细。同时,市面上有许多关于OpenGL的书籍和教材,网上也可以轻易拿到许多OpenGL的示范程序,使得学习掌握OpenGL比较轻松。

2. OpenGL 的 API 结构

图5.1(a)是Win32平台上OpenGL API的结构简图;图5.1(b)是UNIX平台上OpenGL API的结构简图。其中OpenGL表示OpenGL的基本API,这类API的主要功能包括物体描述、平移、旋转、缩放、光照、纹理、材质、像素、位图和文字处理等;GLU表示实用API,其主要功能包括绘制二次曲面、NURBS曲线曲面、复杂多边形以及纹理、矩阵管理等;WGL是Win32为支持OpenGL而特别设计的一套编程接口;GLX是UNIX系统支持OpenGL的编程接口。

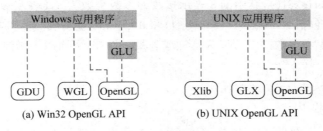

(a) Win32 OpenGL API   (b) UNIX OpenGL API

图 5.1   OpenGL API 结构图

为了实现与硬件平台无关,OpenGL不提供窗口管理、输入管理和事件响应机制,因此OpenGL程序必须使用所在平台的用户接口(如GDU和Xlib)。

3. OpenGL 绘制管线

图5.2所示为OpenGL的绘制管线。图的上半部分为顶点数据即几何图元的装配、绘制过程;图的下半部分为像素数据即图片图元的装配、绘制过程。纹理装配将两种图元的绘制结合在一起。

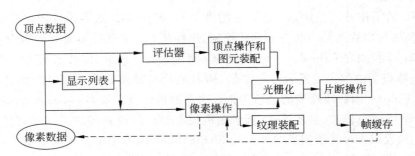

图 5.2   OpenGL 的绘制管线

5.2 OpenGL 程序结构

1. 基本命令语法

常用的程序设计语言，如 C、C++、Pascal、Fortran 和 Java 等都支持 OpenGL 的开发。本书只讨论 C 版本下 OpenGL 的语法。

OpenGL 的基本函数均以 gl 作为前缀，如 glBegin、glEnd 和 glClearColor 函数等；工具函数则使用 glu 作为前缀，如 gluLookAt、gluPerspective 函数等。OpenGL 的基本常量均以 GL_ 作为开头，如 GL_TRIANGLES、GL_POLYGON 等。另一些函数如 glColor*()、glVertex*() 等，可以接不同的后缀以支持不同的参数个数和形式。例如，glVertex3f()、glVertex2f() 和 glVertex2i() 等。下面三个函数的效果是一样的。

```
glVertex2i(1,2);
glVertex2f(1.0f,2.0f);
glVertex3f(1.0f,2.0f,0.0f);
```

对于函数 glVertex3f()，其中的 3 表示接收的参数个数为 3，f 表示参数类型为 float 型。允许的参数类型还包括 i(int 型)、s(short 型)和 d(double 型)。此外，某些 OpenGL 命令还支持 v 作为后缀，表示参数类型可以为指针或矢量。例如，下面两个函数的效果是一样的。

```
glColor3f(1.0f,2.0f,3.0f);
GLfloat colorRGB[]={1.0f,2.0f,3.0f};
glColor3fv(colorRGB);
```

为了不同平台之间的可移植性，OpenGL 本身也定义了一些基本类型，如 GLfloat、GLvoid、Glint 和 Gldouble 等，它们其实就是 C 语言中的 float、void、int 和 double。在头文件 gl.h 中可以看到以下定义：

```
...
typedef float GLfloat;
...
```

一些基本的数据类型都有类似的定义项。

2. 状态机制

OpenGL 的工作方式是状态机制。它的含义是：OpenGL 的各种设置包括绘制、光照、材质、纹理及各种设置都是用状态的形式控制，这些状态一直保持不变直到用户下次改变它为止。例如，当前颜色（glColor* 函数控制）就是一个 OpenGL 状态变量，当用户调用 glColor* 函数将当前颜色设置为红色之后，所有的绘制操作都将采用这个颜色，直到用户下次调用 glColor* 函数改变当前颜色为止。当前颜色仅仅是众多 OpenGL 状态之一，除此之外，顶点属性、颜色模式、显示模式、背景颜色设置和光源设置等均采用状态控制。例如，glPointSize 函数用于设置绘制点的大小；glShadeModel 函数用于设置显示模式状态。一些使能状态可以通过 glEnable 和 glDisable 函数来设置。例如，要打开光照，则调用 glEnable(GL_LIGHTING)；要关闭二维纹理显示，则调用 glDisable(GL_TEXTURE_2D)。每个状态都有一个默认值，例如，光照和纹理默认是关闭的，背景颜色默认为黑色。大部分状态都可以通过glGetBooleanv()、glGetDoublev()、glGetFloatv()、glGetIntegerv()、glGetPointerv()和 glIsEnabled()这6个函数之一查询得到。一些特殊的状态有一些特殊的查询函数,如 glGetLight＊()、glGetError()和glGetClipPlane()等。此外,OpenGL本身提供状态栈的功能,通过glPushAttrib和glPopAttrib函数可以将状态压入栈中或从栈中取出,以用于存储或恢复最近使用的状态值,这些函数比查询函数的效率更高。表5.1所示为部分利用 glEnable和glDisable的函数和设定值。

表 5.1　与 glEnable()和 glDisable()相关的命令和常数

命　　令	值	命　　令	值
glAlphaFunc	GL_ALPHA_TEST	glLightModel、glLight	GL_LIGHTING
glClipPlane	GL_CLIP_PLANEi	glLineWidth	GL_LINE_SMOOTH
glDepthFunc	GL_DEPTH_TEST	glLineStipple	GL_LINE_STIPPLE
glLightModel、glLight	GL_LIGHTi	glNormal	GL_NORMALIZE
glMaterial	GL_LIGHTING	glPolygonMode	GL_POLYGON_SMOOTH

3. 程序的基本结构

OpenGL程序的基本结构可分为如下三个部分。

(1) 初始化部分。在这里主要是进行一些初始的状态设置,如用glClearColor函数设定背景颜色,用glClearDepth函数设定深度清除值,用glShadeModel函数设定显示设置,用 glEnable(GL_LIGHTING)、glEnable(GL_DEPTH_TEST)和 glEnable(GL_TEXTURE_2D)等设置是否打开光照、是否打开深度检测、是否使用纹理等。

(2) 视口设置、相机投影设置和相机变换设置。

视口设置是通过调用函数 void glViewport($left$, top, $right$, $bottom$)设置在屏幕上的最终显示位置,4个参数描述屏幕窗口4个角上的坐标(以像素表示)。

相机投影分为正交投影(平行投影)和透视投影。正交投影一般通过函数 void glOrtho($left$, $right$, $bottom$, top, $near$, far))设置,其6个参数设定了投影立方体的6个面;透视投影一般通过函数 void gluPerspective($fovy$, $aspect$, $zNear$, $zFar$),其4个参数设定了投影截头锥体。

相机变换一般通过函数 void gluLookAt($eyex$, $eyey$, $eyez$, $centerx$, $centery$, $centerz$, upx, upy, upz)设置。(eyex,eyey,eyez)定义了相机所在位置;(centerx,centery,centerz)为相机视线方向上的任一点;(upx,upy,upz)定义了相对相机朝上的方向。

(3) OpenGL绘制的主要部分。通过使用 OpenGL 的各个命令,定义顶点、边和面,并依照给定的拓扑构建几何体,进行颜色着色、纹理处理、光照处理和几何变换等。

以上三个部分是 OpenGL 程序的基本框架,即使移植到使用 MFC 框架下的 Windows 程序中,其基本元素还是这三个,只是由于 Windows 自身有一套显示方式,需要进行一些必要的改动以协调这两种不同显示方式。

4. 一个简单的程序

程序 5.1

```
...                                    //此处包含头文件
int main(int argc，char**argv)
```

```
{
    ...                                              //此处初始化窗口
    glClearColor (0.0, 0.0, 0.0, 0.0);               //置背景色为黑色
    glClear(GL_COLOR_BUFFER_BIT);                    //清除颜色缓冲区
    glColor3f(1.0, 1.0, 1.0);                        //设置像素颜色为白色
    glMatrixMode(GL_PROJECTION);
    glLoadIdentity();
    glOrtho(−1.0, 1.0, −1.0, 1.0, −1.0, 1.0);
    glBegin(GL_TRIANGLES);
        glVertex2f(−0.5, −0.5);
        glVertex2f(−0.5, 0.5);
        glVertex2f(0.5, 0.5);
    glEnd();
    glFlush();
    ...                                              //刷新窗口等
}
```

图 5.3　程序 5.1 的运行结果

图 5.3 为程序 5.1 的绘制效果。

5. OpenGL 相关库

OpenGL 本身提供了许多功能强大的底层绘制命令，一些复杂的绘制功能则需要调用多条命令。此外，OpenGL 还提供了一些基本命令之外的库，用于简化编程任务。

(1) OpenGL 实用函数库(OpenGL Utility Library，GLU)。利用较底层的 OpenGL 命令编写一些执行复杂任务的例程，如纹理映射、坐标变换和 NURBS 曲线曲面等。GLU 库函数都以 glu 作为前缀。

(2) 对于不同的窗口系统，都有一个库用于支持在该窗口系统上的 OpenGL 绘制，包括 OpenGL 窗口的初始化、销毁等操作。例如，对于 X Windows 窗口系统，OpenGL 提供 GLX 库，该库函数均以 glx 作为前缀；对于 Microsoft Windows 窗口系统，OpenGL 提供 WGL 库，该库函数均以 wgl 作为前缀。

(3) OpenGL 工具函数库(OpenGL Utility Toolkit，GLUT)。该库提供了一些更为简单方便的工具函数功能，如绘制球体、立方体、茶壶；窗口初始化、窗口管理；键盘、鼠标等回调函数事件处理功能。

5.3　基本几何元素绘制

任何复杂的几何体都是由若干个面构成，每个面又是由若干个顶点和若干条边构成。所以，复杂几何体的绘制也是由一个个面的绘制组成，在 OpenGL 中也是如此。下面先讲述如何绘制基本的几何元素(点、线、面)。

1. 绘图准备和结束

在开始绘制图形前，计算机屏幕上可能已有一些图形，首先要清除这些图形。这些图形信息存储在 OpenGL 的显示缓冲区中。清除的操作与两个函数相关，第一个函数是

void glClearColor (red, green, blue, alpha);

参数 red,green,blue,alpha 为清除颜色缓冲区的值（即背景颜色）。然而,这个函数只是设置了背景颜色,并未实际进行清除操作。实际的清除操作由第二个函数完成,即

void glClear(mask);

mask 表示执行操作的缓冲区对象。OpenGL 中有多种缓冲区,如表 5.2 所示。

表 5.2 OpenGL 中的多种缓冲区

缓冲区	名　　称	缓冲区	名　　称
颜色缓冲区	GL_COLOR_BUFFER_BIT	累加缓冲区	GL_ACCUM_BUFFER_BIT
深度缓冲区	GL_DEPTH_BUFFER_BIT	模板缓冲区	GL_STENCIL_BUFFER_BIT

如果要清除屏幕（即清除颜色缓冲区）,则调用 glClear(GL_COLOR_BUFFER_BIT)即可。其他缓冲区的清除值分别由 glClearDepth、glClearAcc 和 glClearStencil 函数设置。如果想要同时清除颜色缓冲区和深度缓冲区,则可以调用 glClear(GL_COLOR_BUFFER_BIT|GL_DEPTH_BUFFER_BIT)。

在绘制完图形后,可以使用两个函数之一来结束绘图,通常在每一帧的绘制末尾调用。这两个函数如下,其功能稍有不同。

- 函数 void glFlush()：让前面的 OpenGL 绘制命令开始执行,这样可以保证绘制在有限的时间内完成。
- 函数 void glFinish()：强制前面的 OpenGL 绘制命令开始执行,并等到绘制完成时再返回执行下面的操作。有时,为了保证操作的同步性需要调用 glFinish 函数,然而,过多地调用 glFinish()则会降低绘制的效率。所以,如果 glFlush()的功能足够,则尽量使用 glFlush()。

2. 绘制 OpenGL 的基本几何元素（几何要素）

OpenGL 中的基本几何元素包括顶点、边和多边形。在 OpenGL 中的顶点都是三维的,所以指定一个顶点要 (x,y,z) 三个值。如果用户指定二维坐标 (x,y),则 z 值自动设为 0；如果用户仅指定一维坐标 x,则 y,z 值均设为 0。边是由两个顶点组成,多边形则是由三个或以上的顶点按顺序组成的封闭图形。为了达到更高的效率,OpenGL仅支持凸多边形的绘制,用户需要自己保证给定的多边形为凸多边形,如果需要绘制的多边形不是凸的,则可以将其分解为多个凸多边形再绘制。对于曲线、曲面（如圆、球体）,OpenGL 不直接提供曲线的绘制,而是由用户将该曲线/曲面用一系列边/多边形来近似得到。

OpenGL 中通过使用 glVertex 函数来定义顶点,glBegin 函数标志几何元素绘制开始,glEnd 函数表示几何元素绘制结束。通过设置 glBegin()的参数来指定绘制何种几何元素。注意,一个 glBegin 函数必须搭配一个 glEnd 函数,glVertex 函数必须出现在 glBegin()和glEnd()之间。

函数 void glBegin(Glenum mode)中 mode 的值如表 5.3 所示。

表 5.3　mode 的取值

mode 的值	解　释
GL_POINTS	一系列独立的点
GL_LINES	每两点相连成为线段
GL_POLYGON	简单,凸多边形的边界
GL_TRIANGLES	三点相连成为一个三角形
GL_QUADS	四点相连成为一个四边形
GL_LINE_STRIP	顶点相连成为一系列线段
GL_LINE_LOOP	顶点相连成为一系列线段,连接最后一点与第一点
GL_TRIANGLE_STRIP	相连的三角形带
GL_TRIANGLE_FAN	相连的三角形扇形
GL_QUAD_STRIP	相连的四边形带

例如,下列程序绘制出图 5.4(a)所示的图形。

```
glBegin(GL_TRIANGLES);
    glVertex2f(-0.5, -0.5);
    glVertex2f(-0.5, 0.5);
    glVertex2f(0, 0.5);
    glVertex2f(0.5, -0.5);
    glVertex2f(0.5, 0.5);
    glVertex2f(0, -0.5);
glEnd();
```

 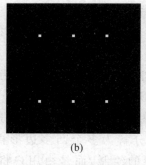 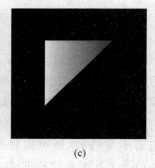

　(a)　　　　　　　　　(b)　　　　　　　　　(c)

图 5.4　绘制三角形或一组点

如果将 mode 值 GL_TRIANGLES 改为 GL_POINTS,则只绘制出一系列点,即图 5.4(b)
所示。

3. 设置顶点颜色和顶点属性

上面绘制的结果仅是绘制出白色的三角形或者是白色的点。事实上,OpenGL 可以给
各个顶点指定不同的颜色并指定其他不同的属性,如纹理坐标、法向方向和材质属性等。下
面以颜色为例进行介绍。

```
glBegin(GL_TRIANGLES);
    glColor3f(1.0,1.0,1.0);
    glVertex2f(-0.5, -0.5);
    glVertex2f(-0.5, 0.5);
    glColor3f(1.0,0.0,0.0);
    glVertex2f(0.5, 0.5);
glEnd();
```

在该程序中,glColor3f(1.0,1.0,1.0)将当前颜色设置为白色,所以顶点 glVertex2f(-0.5, -0.5)和顶点 glVertex2f(-0.5, 0.5)为白色;glColor3f(1.0,0.0,0.0) 将当前颜色改变为红色,所以最后一个顶点 glVertex2f(0.5,0.5)的颜色为红色。该程序的绘制结果如图 5.4(c)所示。

4. 基本几何元素的显示方式

在 OpenGL 中,每种基本几何元素都有各自默认的显示方式。例如,默认情况下,点被绘制成单个像素;边被绘制成一个像素宽的实心线;多边形被绘制成实心填充的多边形。另外,OpenGL 还提供了若干个函数来改变这些显示方式。

1) 点的显示方式

void glPointSize(Glfloat size);

以像素为单位设置点绘制的宽度。size 点的宽度必须大于 0,默认值为 1.0。

注意:这里的点宽度可以不是整数。如果程序中没有设置反走样处理,那么非整数的宽度被截断为整数。例如,size 取 1.0 时,点则绘制为 1×1 像素的正方形;size 取 2.0 时,则绘制为 2×2 像素的正方形。

2) 边的显示方式

void glLineWidth(Glfloat width);

以像素为单位设置线绘制的宽度。绘制线时的反走样处理与点的处理一样。

void glLineStipple(Glint factor,Glushort pattern);

指定点画模式(线型)。通过使用该模式就可以画出虚线。

- factor:指定线型模式中每位的乘数。Factor 的值在[1,255]之间,默认值为 1。
- pattern:用 16 位整数指定位模式。位为 1 时,指定要绘;位为 0 时,指定不绘。默认时全部为 1。位模式从低位开始。

例如,模式 0x3f07,二进制表示为 0011 1111 0000 0111,即从低位起绘 3 个像素,不绘 5 个像素,绘 6 个像素和不绘 2 个像素来连成一条线。设 factor 为 2,则绘或不绘的像素的数量相应都乘上 2。在定义线型后,必须使用 glEnable(GL_LINE_STIPPLE)激活点画模式,点画模式才能起作用,如果想取消点画模式,则可调用 glDisable(GL_LINE_STIPPLE)。

利用如下命令定义上述线型:

```
glLineStipple(2, 0x3f07);
glEnable(GL_LINE_STIPPLE);
```

图 5.5 表示用不同的模式和重复因子参数绘制线型的示意图。

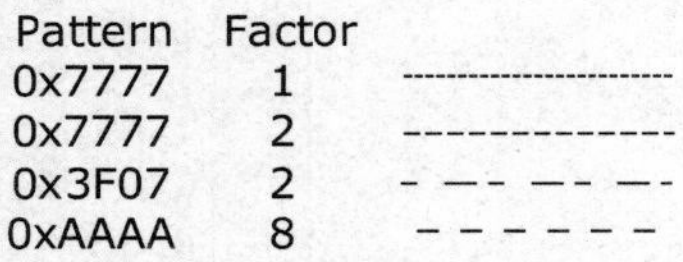

```
Pattern  Factor
0x7777   1      --------------------
0x7777   2      --------------
0x3F07   2      - - - — — —-
0xAAAA   8      - - - - - -
```
图 5.5 各种参数下的线型

3）多边形的显示方式

一般情况下，多边形用实心或者空心模式填充，不过也可以使用和边类似的点画模式填充，该功能通过 glPolygonStipple 函数实现。

void glPolygonStipple(const GLubyte * mask)；

指定多边形点画模式。

mask 指定 32×32 点画模式（位图）的指针，当值为 1 时绘；当值为 0 时不绘。mask 的总大小为 32×32 位，即为 128 个 GLubyte。此外，多边形点画模式也需要利用 glEnable() 激活，也可利用 glDisable() 取消，分别为：

glEnable(GL_POLYGON_STIPPLE)；
glDisable(GL_POLYGON_STIPPLE)；

下面的程序运行结果为三个矩形区域，其中第一个矩形只使用了实模式，第二和第三个矩形使用了点画模式。

程序 5.2 多边形的填充

```
GLubyte fly[]={                                     //第二个矩形点画模式的 mask 值
    0x00, 0x00, 0x00, 0x00, 0x00, 0x00, 0x00, 0x00,
    0x03, 0x80, 0x01, 0xC0, 0x06, 0xC0, 0x03, 0x60,
    0x04, 0x60, 0x06, 0x20, 0x04, 0x30, 0x0C, 0x20,
    0x04, 0x18, 0x18, 0x20, 0x04, 0x0C, 0x30, 0x20,
    0x04, 0x06, 0x60, 0x20, 0x44, 0x03, 0xC0, 0x22,
    0x44, 0x01, 0x80, 0x22, 0x44, 0x01, 0x80, 0x22,
    0x44, 0x01, 0x80, 0x22, 0x44, 0x01, 0x80, 0x22,
    0x44, 0x01, 0x80, 0x22, 0x44, 0x01, 0x80, 0x22,
    0x66, 0x01, 0x80, 0x66, 0x33, 0x01, 0x80, 0xCC,
    0x19, 0x81, 0x81, 0x98, 0x0C, 0xC1, 0x83, 0x30,
    0x07, 0xe1, 0x87, 0xe0, 0x03, 0x3f, 0xfc, 0xc0,
    0x03, 0x31, 0x8c, 0xc0, 0x03, 0x33, 0xcc, 0xc0,
    0x06, 0x64, 0x26, 0x60, 0x0c, 0xcc, 0x33, 0x30,
    0x18, 0xcc, 0x33, 0x18, 0x10, 0xc4, 0x23, 0x08,
    0x10, 0x63, 0xC6, 0x08, 0x10, 0x30, 0x0c, 0x08,
    0x10, 0x18, 0x18, 0x08, 0x10, 0x00, 0x00, 0x08};

GLubyte halftone[]={                                //第三个矩形点画模式的 mask 值
    0xAA, 0xAA, 0xAA, 0xAA, 0x55, 0x55, 0x55, 0x55,
    0xAA, 0xAA, 0xAA, 0xAA, 0x55, 0x55, 0x55, 0x55,
    0xAA, 0xAA, 0xAA, 0xAA, 0x55, 0x55, 0x55, 0x55,
    0xAA, 0xAA, 0xAA, 0xAA, 0x55, 0x55, 0x55, 0x55,
    0xAA, 0xAA, 0xAA, 0xAA, 0x55, 0x55, 0x55, 0x55,
    0xAA, 0xAA, 0xAA, 0xAA, 0x55, 0x55, 0x55, 0x55,
    0xAA, 0xAA, 0xAA, 0xAA, 0x55, 0x55, 0x55, 0x55,
```

```
0xAA，0xAA，0xAA，0xAA，0x55，0x55，0x55，0x55，
0xAA，0xAA，0xAA，0xAA，0x55，0x55，0x55，0x55，
0xAA，0xAA，0xAA，0xAA，0x55，0x55，0x55，0x55，
0xAA，0xAA，0xAA，0xAA，0x55，0x55，0x55，0x55，
0xAA，0xAA，0xAA，0xAA，0x55，0x55，0x55，0x55，
0xAA，0xAA，0xAA，0xAA，0x55，0x55，0x55，0x55，
0xAA，0xAA，0xAA，0xAA，0x55，0x55，0x55，0x55，
0xAA，0xAA，0xAA，0xAA，0x55，0x55，0x55，0x55，
0xAA，0xAA，0xAA，0xAA，0x55，0x55，0x55，0x55}；

glClear（GL_COLOR_BUFFER_BIT）；
glColor3f（1.0，1.0，1.0）；
glRectf（25.0，25.0，125.0，125.0）；
glEnable（GL_POLYGON_STIPPLE）；
glPolygonStipple（fly）；
glRectf（125.0，25.0，225.0，125.0）；
glPolygonStipple（halftone）；
glRectf（225.0，25.0，325.0，125.0）；
glDisable（GL_POLYGON_STIPPLE）；
```

图 5.6 为程序 5.2 的运行结果。图 5.6 中第二个矩形的苍蝇图形比较复杂，图 5.7 具体给出它的设置说明。（注：程序 5.2 和图 5.6、图 5.7 均来源于《OpenGL 编程权威指南》）

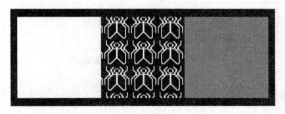

图 5.6 程序 5.2 的运行结果

5. 控制多边形绘制

事实上，由于可以给多边形添加纹理，多边形的点画模式并不常用。然而，多边形仍有多种绘制方式，例如，多边形可以填充绘制、只绘制边或者只绘制顶点。由于多边形存在正面和背面，故可以控制只绘制正面、只绘制背面或者两面都绘制。此外，对正面和背面还可以选择不同的绘制方式。

1）选择绘制多边形的方式

利用下面函数可以选择多边形绘制的方式。

void glPolygonMode(GLenum face，GLenum mode)；

该函数选择多边形的绘制方式。

（1）face：指定多边形的正面和背面的绘制方式。

- GL_FRONT_AND_BACK：正面和反面。

- GL_FRONT：正面。

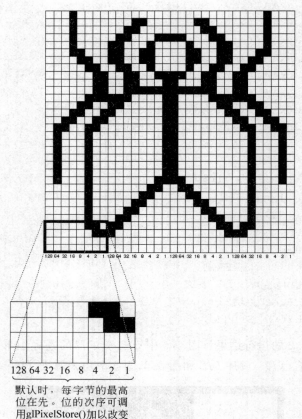

默认时，每字节的最高
位在先。位的次序可调
用glPixelStore()加以改变

图 5.7　构造多边形点画模式

- GL_BACK：反面。

（2）mode：绘制方式。

- GL_POINT：只画顶点。
- GL_LINE：线框绘制，只画多边形的边。
- GL_FILL：填充多边形。

默认情况下，多边形的正面和背面都是用填充模式，即相当于 glPolygonMode（GL_FRONT_AND_BACK，GL_FILL）。

此外，对多边形的正面和背面可以采用不同的绘制方式。例如，调用下面的两个函数之后，多边形的正面将采用线框绘制，背面将采用填充模式。

```
glPolygonMode(GL_FRONT, GL_LINE);
glPolygonMode(GL_BACK, GL_FILL);
```

2）反转多边形面

已经知道，在 OpenGL 中每个多边形都由正面和反面组成。但是，如何确定哪一面为正面，哪一面为反面呢？默认情况下，以逆时针方向出现顶点的面为正面；以顺时针方向出现顶点的面则为反面。此外，用户还可以通过调用 glFrontFace() 来反转正反面。

void glFrontFace(Glenum mode);

该函数定义多边形的哪一面为正面。

mode：绘制方式。

- GL_CW：顺时针方向为正面。
- GL_CCW：逆时针方向为正面，默认值。

3）剔除多边形面

对于一个完全闭合的表面，如果从外部看，背面的多边形都会被正面的多边形所遮挡，永远是不可见的，这种情况下，就没有必要去绘制背面的多边形。同样，如果从内部看，则只能看见背面的多边形，正面的多边形永远不可见。所以，OpenGL 提供了剔除正面/背面多边形的功能，以提高绘制的速度。通过 glCullFace 函数来选择剔除正面或者是背面。此外，还需要调用 glEnable 函数来激活剔除功能。

由一致方向的多边形构成完全闭合的曲面，其背面多边形总是被正面多边形所遮挡。因此，通过 OpenGL 确定为背面时剔除这些多边形，可以极大地提高几何体的绘制速度。同样，如果处在几何对象内部，只是背面多边形是可见时，则剔除正面多边形。利用函数 glCullFace()，选择剔除（cull）正面或背面多边形，在这之前需利用 glEnable() 激活剔除处理。

void glCullFace(GLenum mode);

指定剔除正面或背面的多边形。

mode：绘制方式。

- GL_FRONT：剔除正面。
- GL_BACK：剔除背面（默认值）。
- GL_FRONT_AND_BACK：剔除全部。

利用下面函数激活或取消多边形剔除功能。

glEnable(GL_CULL_FACE);
glDisable(GL_CULL_FACE);

6. 法向量

表面上某一点的法向量指的是在该点处与表面垂直的方向。对于一个弯曲的表面，各个点具有不同的法向量。几何对象的法向量定义了它在空间中的方向，法向量是在进行光照处理时的重要参数，因为法向量决定了该如何计算光照，决定了该点能够接收多少光照。

1）指定法向量

使用函数 glNormal * () 设置当前法向量。

void glNormal3{bsidf}(TYPE nx,TYPE ny,TYPE nz);
void glNormal3{bsidf}v(const TYPE * v);

- nx,ny,nz：指定法向量的 x,y 和 z 坐标。
- v：指定当前法向量的 x,y 和 z 三元组（即矢量形式）的指针。

用 glNormal * () 指定的法向量不一定为单位长度。如果调用函数 glEnable(GL_NORMALIZE)则激活法向量的自动归一化，这样，就算 glNormal * ()指定的法向量不是一个归一化的量，OpenGL 也会自动做归一化。

法向量也是一种顶点属性,和 glColor * 函数的使用方法一样,先调用 glNormal * () 设置当前法向量后,再调用 glVertex * (),就使指定的顶点被赋予当前的法向量。如下列构造多边形的语句,分别为该多边形顶点 $v0$、$v1$、$v2$、$v3$ 指定了法向量 $n0$、$n1$、$n2$、$n3$。

```
glBegin (GL_POLYGON);
    glNormal3fv(n0); glVertex3fv(v0);
    glNormal3fv(n1); glVertex3fv(v1);
    glNormal3fv(n2); glVertex3fv(v2);
    glNormal3fv(n3); glVertex3fv(v3);
glEnd();
```

2) 计算法向量

OpenGL 并不能自动地计算几何对象的法向量,而只能是由用户显式地指定。法向量的计算是一个纯粹的几何和数学问题,这里只简略地区分了几种情况。

(1) 求解析曲面的法向量。

解析曲面是由数学方程(或方程组)描述的平滑的、可微曲面。解析曲面可以是显式定义的,即

$$V(s,t) = [X(s,t), Y(s,t), Z(s,t)]$$

其法向量为 $\dfrac{\partial V}{\partial s} \times \dfrac{\partial V}{\partial t}$,当然这个法向量不一定是归一化的向量。

解析曲面如果是隐式表示的,即

$$F(x,y,z) = 0$$

这时的法向量求解比较困难。在有些情况下,如能解出其中一个变量,如

$$z = G(x,y)$$

这就相当于显式表示了,即

$$V(s,t) = [s, t, G(s,t)]$$

(2) 求多边形的法向量。

在 OpenGL 中,这种情形占了大多数。求平面多边形的法向量,利用不在同一直线上的多边形三个顶点 v_1,v_2 和 v_3,则两个矢量的叉积(如 $(v_2 - v_1) \times (v_3 - v_1)$)垂直于多边形,即为该多边形的法向量(需要经过归一化处理)。

对于求多边形网格各顶点上的法向量,由于每个顶点同时位于几个不同的多边形边界上,则需要求出周围几个多边形的法向量,然后做加权平均。一般来说,可以使用每个多边形的面积作为加权的权值。

5.4 坐 标 变 换

坐标变换是 OpenGL 中最重要的操作之一。想象一个场景,摆放若干个模型和一个相机,每个模型及相机都可以通过坐标变换改变自己的位置、朝向,最终通过坐标变换,场景模型才会正确地显示在屏幕之上。OpenGL 的坐标变换过程类似于用照相机拍摄照片的过程。如图 5.8 所示,使用照相机的步骤如下。

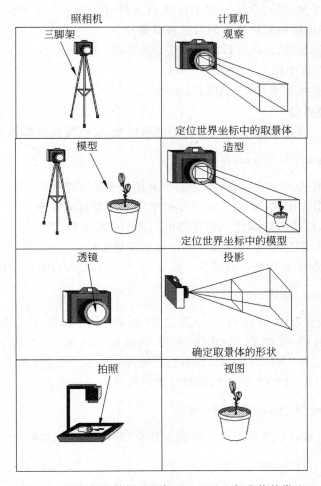

图 5.8　照相机的拍摄过程与 OpenGL 坐标变换的类比
（该图来源于《OpenGL 编程权威指南》）

（1）将照相机对准场景（视图变换）。

（2）将要拍的场景置于所要求的位置上（模型变换）。

（3）调整照相机的焦距、内参数（投影变换）。

（4）确定最终照片的大小，即分辨率（视口变换）。

图 5.9 表示了 OpenGL 中顶点变换的步骤。

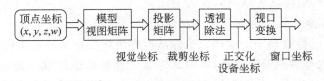

图 5.9　OpenGL 顶点变换的步骤

（1）指定视图和模型变换，两者结合称为视图模型变换。这个变换将输入的顶点从世界坐标变换到视觉坐标。

（2）指定投影变换，使对象从视觉坐标变换到裁剪坐标。这个变换定义了一个视图锥体（viewing volume），在视图锥体外的对象被裁剪掉。

（3）通过对坐标值除以 ω，执行透视除法，即将齐次坐标 (x,y,z,ω) 变换到普通坐标 (x,y,z)，得到正交化设备坐标。

（4）通过视口变换将坐标变换到窗口坐标。

1. 常用的变换函数

下面将讲解一下坐标变换中一些常用的变换函数，这些变换大都和矩阵相关。

void glMatrixMode(Glenum mode);

函数指定当前操作的矩阵类型。mode 指定当前操作的矩阵类型。可以有下面三种类型。

- GL_MODELVIEW：指定当前操作的矩阵为模型视图矩阵。
- GL_PROJECTION：指定当前操作的矩阵为投影矩阵。
- GL_TEXTURE：指定当前操作的矩阵为纹理矩阵。

某一时刻只能处于其中的一种状态。默认时，处于 GL_MODELVIEW 状态。

void glLoadIdentity(void);

函数设置当前矩阵为单位矩阵。如果之前最后一次调用了 glMatrixMode（GL_MODELVIEW），则将模型视图矩阵置为单位矩阵；如果之前最后一次调用了 glMatrixMode（GL_PROJECTION），则将投影矩阵置为单位矩阵；如果之前最后一次调用了 glMatrixMode（GL_TEXTURE），则将纹理矩阵置为单位矩阵。

void glLoadMatrix{fd}(const TYPE * m);

函数用任意 4×4 矩阵替代当前矩阵。m 指定任意矩阵的 16 个元素。

void glMultMatrix{fd}(const TYPE * m);

函数用任意 4×4 矩阵乘当前矩阵。m 指定任意矩阵的 16 个元素。

参数 m 为指定矩阵 M，由 16 个值的向量 $(m_1,m_2,\cdots,m_{16})$ 组成，即

$$M=\begin{bmatrix} m_1 & m_5 & m_9 & m_{13} \\ m_2 & m_6 & m_{10} & m_{14} \\ m_3 & m_7 & m_{11} & m_{15} \\ m_4 & m_8 & m_{12} & m_{16} \end{bmatrix}$$

假定之前的当前矩阵为 M_0，调用 glMutlMatrix 函数之后，当前矩阵被置为 $M_0 \cdot M$。注意，OpenGL 当中，矩阵都是以列向量为主元。

2. 模型视图变换

模型视图变换过程就是一个将顶点坐标从世界坐标变换到视觉坐标的过程。

世界坐标系，也称为全局坐标系，可以认为该坐标系是全局唯一的一个坐标系，是始终保持不变的。视觉坐标系，也称为局部坐标系，它由相机和场景物体所在的局部方向所决定。

1）变换的顺序

变换是不可以交换顺序的。当执行变换 A 和 B 时，如果按照不同的顺序执行，则结果

往往不同。如图 5.10 所示，变换 A 为旋转 45°角，变换 B 为沿 X 轴方向平移一段距离，左图是先旋转后平移的结果，右图是先平移后旋转的结果，不同的执行顺序产生不同的结果。其实，从数学上也很好理解，先做变换 A 再做变换 B，得到的变换为 BA；先做变换 B 再做变换 A，得到的变换为 AB。然后，由于矩阵乘法并没有交换性，所以就会得到不同的结果。

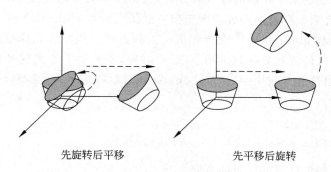

先旋转后平移　　　　　　　　　先平移后旋转

图 5.10　几何变换的顺序

考查下面利用三个变换绘制顶点的代码：

```
glMatrixMode(GL_MODELVIEW);
glLoadIdentity();
glMultMatrixf(N);                    /* 执行变换 N */
glMultMatrixf(M);                    /* 执行变换 M */
glBegin(GL_POINTS);
  glVertex3f(v);                     /* 绘制变换后的顶点 v */
glEnd();
```

在这个过程中，首先将当前操作的矩阵设为模型视图矩阵，然后将模型视图矩阵置为单位阵；接下来，相继乘上矩阵 N 和 M。这样，变换后的顶点坐标为 NMv，即先做变换 M，再做变换 N。注意，顶点变换的顺序是和指定的顺序相反。

2）模型变换

OpenGL 中，模型变换有三个常用的基本函数，分别是平移、旋转和缩放。

- glTranslate∗()：平移。
- glRotate∗()：旋转。
- glScale∗()：缩放。

调用这三个函数时，OpenGL 会自动计算对应的平移、旋转或缩放矩阵，等价于调用 glMultMatrix∗()，其中的参数设置为对应的矩阵。不过，使用这三个函数更为方便，因为用户不需要自己去计算对应的矩阵。下面分别介绍这三个函数的用法。

void glTranslate∗(TYPE x,TYPE y,TYPE z);

平移操作。x，y，z 指定沿世界坐标系 x、y、z 轴的平移量。

void glRotate∗(TYPE angle,TYPE x,TYPE y,TYPE z);

旋转操作。angle 指定旋转的角度（以度为单位）。x，y，z 指定世界坐标系中的旋转轴向量(x,y,z)。

void glScale∗(TYPE x,TYPE y,TYPE z);

缩放操作。x，y，z 指定沿 x、y 和 z 轴的比例因子。

3）视图变换

模型变换是改变场景中物体的位置和方向，视图变换就是改变相机（即视点）的位置和方向，也就是改变视觉坐标系。完成视图变换一般使用函数 gluLookAt()。

利用实用库函数 gluLookAt()设置相机位置和方向。用户在完成场景的建模后，需要选择一个合适的相机位置和方向观察场景，很多时候，还需要不停地变换视角、改变视点位置（如第一人称视角游戏等应用中）。gluLookAt 函数就提供了一个这样的功能：

void gluLookAt(GLdouble eyex,GLdouble eyey,GLdouble eyez,
　　　　　　　GLdouble centerx,GLdouble centery,GLdouble centerz,
　　　　　　　GLdouble upx,GLdouble upy,GLdouble upz);

该函数定义了相机摆放的位置和方向。

- eyex，eyey，eyez：指定相机的位置。
- centerx，centery，centerz：指定相机视线方向上任意一点的位置。
- upx，upy，upz：指定相对相机视线向上的方向。

如图 5.11 所示，视点 E，参考点 C，视线向上的方向 U 实际上就是设定了一个视觉坐标系。这个视觉坐标系的原点是 E，视线的方向是 $C-E$（未归一化），方向 U 一般设成与 $C-E$ 互相垂直，如果不垂直，那么 U 相对于 $C-E$ 的垂直分量部分 U' 就是相对视线向上的方向。$C-E$ 和 U' 共同决定了视觉坐标系。

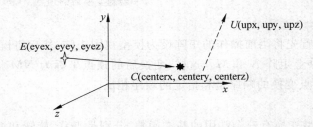

图 5.11　函数 gluLookAt()的设置

我们知道，运动是相对的，视点和物体的相对位置是一个相对的关系，对物体作一些平移、旋转变换，必定可以通过对视点作相应的平移、旋转变换来达到相同的视觉效果。使用gluLookAt()可以实现的效果，必然也可以利用一个或几个模型变换函数（即 glTranslate∗()和 glRotate∗()）实现。然而，为了物理意义上的清晰以及程序的可读性，OpenGL 中将视图变换和模型变换区分开来。当需要移动、旋转物体时，则使用模型变换 glTranslate∗()和 glRotate∗()等；当需要指定相机位置和方向时，则使用 gluLookAt 函数。

3. 投影变换

投影变换类似于相机的成像过程，将三维物体转变为二维坐标的过程。投影变换分为两种：一种是透视投影；一种是正交投影，又称为平行投影。透视投影是最常见的投影方式，会形成"近大远小"的效果；正交投影则不然，近处和远处的物体一样大，通常用在对物体大小比较敏感的应用中，如工程制图中的三视图。投影变换有如下两个作用。

（1）确定物体投影到屏幕的方式（即是透视投影还是正交投影）。

（2）确定裁剪掉的区域。投影变换需要指定一个投影取景部分，在该空间之外的区域都将被裁剪掉。当然，除此之外，还可指定附加的任意位置的裁剪面，对场景中的物体作进一步的裁剪。

下面分别讨论透视投影和正交投影。

1）透视投影

透视投影的示意图如图 5.12 所示，其取景部分是一个截头锥体，在这个空间内的物体投影到锥顶截面，用 glFrustum 函数定义这个截头锥体。这个截头锥体不一定是要对称的。

```
void glFrustum(GLdouble left, GLdouble right, GLdouble bottom, GLdouble top,
        GLdouble near, GLdouble far);
```

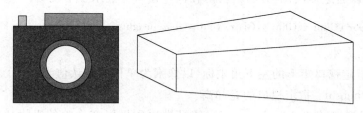

图 5.12　透视投影示意图

指定透视投影方式。

- left，right：指定左右垂直裁剪面的坐标。
- bottom，top：指定底和顶水平裁剪面的坐标。
- near，far：指定近和远深度裁剪面到相机的深度距离。注意，这两个距离一定是正的。

除使用 glFrustum()之外，还有一个函数 gluPerspective()也可以定义透视投影，该函数的参数比 glFrustum()更为直观。

```
void gluPerspective(GLdouble fovy, GLdouble aspect, GLdouble near, GLdouble far);
```

- fovy：视野的大小（以角度衡量），0～180°。
- aspect：纵横比（即宽除以高的值）。
- near，far：指定近和远深度裁剪面到相机的深度距离。

2）正交投影

正交投影的示意图如图 5.13 所示，和透视投影的取景部分为截头锥体不同，正交投影的取景部分是立方体，一般用 glOrtho 函数创建正交投影。

```
void glOrtho(Gldouble left,Gldouble right,Gldouble bottom,Gldouble top,
        Gldouble near,Gldouble far);
```

指定正交投影方式。参数和 glFrustum()类似。

- left，right：指定左右垂直裁剪面的坐标。
- bottom，top：指定底和顶水平裁剪面的坐标。

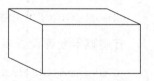

图 5.13　正交投影示意图

- near，far：指定近和远深度裁剪面到相机的深度距离。注意，这两个距离一定是正的。

对于二维情况，glu 库函数提供 glOrtho2D 函数用于二维图像的投影：

void gluOrtho2D(Gldouble left,Gldouble right,Gldouble bottom,Gldouble top);

该函数的参数有：裁剪平面是左下角坐标（left，bottom），右上角坐标（right，top）的矩形。当绘制的物体为二维的平面且 Z 值为 0 时，就可以使用该函数代替 glOrtho 函数。

4. 视口变换

视口就是在屏幕上的最终矩形绘制窗口。视口变换决定了在屏幕上的最终绘制位置和绘制大小。通过视口变换，可以选择绘制占满整个屏幕，占满整个窗口，或者仅仅是窗口的一小部分；也可以通过多次调用视口变换，在同一窗口上显示多个视图。

void glViewport(Glint x,Glint y,Glsize width,Glsize height);

函数设置视口的大小。

- x，y：指定视口矩形的左下角坐标（以像素为单位），默认值为(0,0)。
- width，height：指定视口的宽和高。

注意：设置视口的 width，height 时，使纵横比和投影变换中的纵横比一致。这样，现实的图像才不会被压扁或者拉伸。并且，在窗口的大小发生变化时，应该及时调整视口大小。

5. 附加裁剪面

除了投影操作中的 6 个裁剪面（左、右、底、顶、近和远）外，OpenGL 中还能定义最多 6 个附加的裁剪面来进一步限制可视的范围（某些特定的显卡可以定义更多的裁剪面）。

附加裁剪面可用于显示物体的剖面图，也可用于在特定条件下隐藏某些表面。每个裁剪面通过指定方程 $Ax+By+Cz+D=0$ 中的系数来确定。在裁剪面的 $Ax+By+Cz+D>0$ 一侧为可见，而另一侧的所有点将被裁减掉。附加裁剪面通过下面的函数定义：

void glClipPlane(Glenum plane, const Gldouble * equation);

- plane：用符号名 GL_CLIP_PLANEi 指定裁剪面，其中 i 为 0～5 之间的整数，指定 6 个裁剪面中的一个。
- equation：指定裁剪平面方程 4 个参数值的数组。

要使得一个剪裁平面生效，必须调用激活命令：

glEnable(GL_CLIP_PLANEi);

而要使得该剪裁平面失效，则调用

giDisable(GL_CLIP_PLANEi);

有些显卡允许设置多于 6 个的裁剪面，可利用下面的命令来查询支持裁剪面的数目：

glGetIntegerv(GL_MAX_CLIP_PLANES, GLint * p);

5.5 光照处理

要让物体显示得更加逼真,必须经过光照处理。没有光照的三维模型看上去就像是二维的物体。只有经过光照显示出明暗效果,才能清晰地分辨三维模型的细节和立体感。有光照和没有光照的对比如图5.14所示,左侧为带光照的绘制结果,右侧为不带光照的绘制结果。

图5.14 光照与无光照对比

1. OpenGL 光照基本概念

在日常生活中,光照是非常普遍的现象。物体反射光线进入了人们的眼睛,才使得人们看见物体。然而,光照确是个很复杂的过程,光线从光源发出之后,在空气中会发生散射,某些吸收性强的材质会吸收光线,某些粗糙的材质会往各个方向反射光线,某些镜面或金属材质则只会向少数方向反射光线,光线经过透明材质还会发生折射现象,经过半透明材质如纸张、牛奶等还会发生次表面散射现象。总之,最后到达某个物体表面的光线一定是经过了若干次反射、折射、散射、折射和透射等步骤,要用数学的光线追踪的方法精确确定物体表面的光照是一个很复杂且很耗时的问题。所以,为了达到实时的速度,OpenGL 中对现实生活中的光照做了简化。在 OpenGL 中,光线由4个部分构成:自发光、环境光、漫反射光和镜面反射光;物体的材质则由自发光属性和对环境光、漫反射光、镜面反射光的反射属性组成。

(1) 光线由自发光、环境光、漫反射光和镜面反射光构成,这4个部分单独计算,然后再累加起来。

* 自发光(emission):OpenGL 中允许物体可以自发光,这部分光是指来自物体而不是来自光源的自发光。
* 环境光(ambient):用来近似环境给物体的间接光照。OpenGL 中,它的计算来自光源的环境光部分,与光源的入射角度、视点的观察角度无关。
* 漫反射光(diffuse):来自光源的漫反射光部分,与光源的入射角度相关,但与视点的观察角度无关。
* 镜面反射光(specular):又称作"高光",来自光源的镜面反射光部分,不仅与光源的入射角度相关,还与视点的观察角度相关。不同的材质镜面反射的属性相差很大,例如,金属有很强的镜面反射效果,而棉毛、地毯则几乎没有镜面效果。在 OpenGL 中,不同材质的这个属性用光泽度(shininess)来描述。

(2) 材质最终显示的颜色由其自发光和反射光叠加而成。所以,材质具有一个自发光的强度系数。除此之外,对应于光源的属性,材料分别具有环境光、漫反射光、镜面反射光反射系数,每个系数与对应的光线属性相对应,例如环境光系数决定了该材质反射环境光线的强弱。

2. 光源的定义

要定义一个光源,其实就是定义它的各种属性,包括各种环境光强度、漫反射光强度、镜面反射光强度、光源位置、光源类型(点光源还是方向光源)、是否是聚光灯、聚光灯属性和衰减属性等。OpenGL 中,定义光源的函数为 glLight ∗ ()。

void glLight{if}[v](Glenum light,Glenum pname,TYPE param);

函数用于定义光源和设置光源参数。

- light：指定光源的编号。OpenGL 默认最多支持 8 个光源，形式为 GL_LIGHTi，$0 \leqslant i < 8$。
- pname：设置光源的属性。可定义的参数在表 5.4 中给出。
- param：设置对应的光源属性的值。其各种默认值和含义也在表 5.4 中列出。

表 5.4　param 参数的含义

参 数 名	默 认 值	解　　释
GL_AMBIENT	(0, 0, 0, 1)	光源环境光强值
GL_DIFFUSE	(1, 1, 1, 1)	光源漫反射强值
GL_SPECULAR	(1, 1, 1, 1)	光源镜面反射强值
GL_POSITION	(0, 0, 1, 0)	光源的位置(x,y,z,ω)。ω 值为 1 时为点光源，(x,y,z)表示其位置；ω 值为 0 时为方向光源，(x,y,z)表示其方向
GL_SPOT_DIRCTION	(0, 0, −1)	聚光灯的方向(x,y,z)
GL_SPOT_EXPONENT	0	聚光灯的聚光指数
GL_SPOT_CUTOFF	180	聚光灯的截止角度
GL_CONSTANT_ATTENUATION	1	常量衰减因子
GL_LINEAR_ATTENUATION	0	线性衰减因子
GL_QUADRIC_ATTENUATION	0	二次衰减因子

下面为一个定义光源的示例程序：

```
Glfloat    light_ambient[]={0.2,0.2,0.2,1.0};
Glfloat    light_diffuse[]={1.0,1.0,1.0,1.0};
Glfloat    light_specular[]={1.0,1.0,1.0,1.0};
Glfloat    light_position[]={1.0,1.0,1.0,1.0};
glLightfv(GL_LIGHT0,GL_AMBIENT, light_ambient);
glLightfv(GL_LIGHT0,GL_DIFFUSE, light_diffuse);
glLightfv(GL_LIGHT0,GL_SPECULAR, light_specular);
glLightfv(GL_LIGHT0,GL_POSITION, light_position);
glEnable(GL_LIGHT0);
glEnable(GL_LIGHTING);
```

光源定义完毕后，需要调用 glEnable(GL_LIGHT0)打开该光源（如果是其他编号光源则调用 glEnable(GL_LIGHTi)，i 为对应光源编号），否则该光源对场景中的物体不起作用。此外，还需要调用 glEnable(GL_LIGHTING)打开光照，否则所有光源都不起作用。

1）光源的光强设置

（1）环境光强设置。GL_AMBIENT 用于指定光源的环境光强。默认情况下，GL_AMBIENT 的值为(0,0,0,1)，即为没有环境光。下面的语言将 GL_LIGHT0 的环境光强设置为纯红色：

```
GLfloat ambientLight[]={1.0f,0.0f,0.0f,1.0f};
glLightfv(GL_LIGHT0,GL_AMBIENT,ambientLight);
```

（2）漫反射光强设置。GL_DIFFUSE 用于指定光源的漫反射光强。默认情况下，GL_LIGHT0 的漫反射光强为(1,1,1,1)，即为纯白色；其他光源的漫反射光强为(0,0,0,1)，即不发光。

（3）镜面反射光强设置。GL_SPECULAR 用于指定光源的镜面反射光强。默认情况下，GL_LIGHT0 的镜面反射光强为(1,1,1,1)；其他光源的镜面反射光强为(0,0,0,1)。一般情况下，为了让结果更加逼真，应该将 GL_SPECULAR 的参数与 GL_DIFFUSE 的参数设为相同。

2）光源位置

光源的位置是通过调用 glLight 函数，并将参数设为 GL_POSITION 来设置。光源按位置分为两种，一种是离场景较近的光源，一种是离场景较远的光源。第一种一般用点光源表达；第二种一般将其近似为无限远的光源，发射平行光，即方向光源。假设光源的位置被设为(x,y,z,w)，当 w 值为 0 时，该光源为一个方向为(x,y,z)的方向光源；当 w 值为 1 时，该光源为一个位于点(x,y,z)的点光源。例如，下面的语句定义了一个方向光源：

```
Glfloat light_position[]={1.0, 0.0, 0.0, 0.0};
glLightfv(GL_LIGHT0, GL_POSITION, light_position);
```

而下面的语句定义了一个位于坐标(3.0,4.0,5.0)的点光源：

```
Glfloat light_position[]={3.0, 4.0, 5.0, 1.0};
glLightfv(GL_LIGHT1, GL_POSITION, light_position);
```

3）光源衰减

为了更加真实地模拟光照效果，OpenGL 中还加入了光源强度衰减的特征，即光源的强度随着物体到光源的距离变大而减小。这个衰减特征是针对点光源而言的，对于方向光源则没有引入衰减的特征，因为方向光源是位于无穷远的，沿距离衰减是没有任何意义的。OpenGL 中，衰减函数为一个二次函数的倒数，如下所示

$$衰减函数 = \frac{1}{k_c + k_e d + k_q d^2}$$

其中：d——光源到物体之间的距离。

　　k_c——常数衰减因子(GL_CONSTANT_ATTENUATION)，默认值为 1.0。

　　k_e——线性衰减因子(GL_LINEAR_ATTENUATION)，默认值为 0.0。

　　k_q——二次衰减因子(GL_QUADRATIC_ATTENUATION)，默认值为 0.0。

分别使用 GL_CONSTANT_ATTENUATION、GL_LINEAR_ATTENUATION 和 GL_QUADRATIC_ATTENUATION 作为 pname 参数的值调用 glLight 函数，来设置上述三个衰减因子。

4）聚光

对于点光源来说，默认情况下，光源会往各个方向发射光线。不过，OpenGL 还提供了聚光灯的功能，即把点光源发射的光线方向限制在某个圆锥体之内。聚光灯功能需要设置

如下几个参数：一个是聚光灯的方向，即圆锥体的轴线方向，在 glLightfv() 中通过 GL_SPOT_DIRECTION 参数设置；一个是聚光灯的截止角度，用于控制聚光灯的照射范围，该角度的取值为 0～90°，或者是 180°（取该值时则退化为普通点光源）表示光锥轴线和光锥边缘之间的角度，在 glLightfv() 中通过 GL_SPOT_CUTOFF 参数设置；另一个是聚光灯的聚光指数，用来控制聚光灯的聚焦程度，使得在轴线上的光照最强，越往外光线强度越弱，该参数默认值为 0，表示在圆锥体内各个方向光强相同，该参数在 glLightfv() 中通过 GL_SPOT_EXPONENT 参数设置。

下面的语句为一定义聚光灯的例子：

```
glLightf(GL_LIGHT0, GL_SPOT_CUTOFF, 30.0);
Glfloat spot_direction[]={1.0, 1.0, 0.0};
glLightfv(GL_LIGHT0, GL_SPOT_DIRECTION, spot_direction);
```

3. 光照模式设置

除了定义光源之外，还需要对光照模式进行设置。OpenGL 中，光照模式包括三个方面，即全局环境光强、视点是在局部还是在无穷远、单面光照计算或双面光照计算。光照模式都是通过 glLightModel 函数来设置的。

```
void glLightModel{if}[v](Glenum pname, TYPE param);
```

函数用于设置光照模式。

- pname：设置光照模式的属性。可定义的值包括如下。
  GL_LIGHT_MODEL_AMBIENT 用于设置全局环境光。
  GL_LIGHT_MODEL_LOCAL_VIEWER 用于设置视点是在局部还是在无穷远。
  GL_LIGHT_MODEL_TWO_SIDE 用于设置单面光照计算或双面光照计算。
- param：设置光照模式属性的值。

1) 全局环境光

每一个光源都可以设置一个环境光属性。除此之外，OpenGL 还允许一个全局环境光。设置全局环境光之后，就算一个光源也不打开，仍然能看见场景中的物体。下面的语句将全局环境光设置为浅灰色：

```
Glfloat   ambient []={0.2, 0.2, 0.2, 1.0};
glLightModelv(GL_LIGHT_MODEL_AMBIENT, ambient);
```

默认情况下，全局环境光的强度就是{0.2, 0.2, 0.2, 1.0}。

2) 视点是局部还是无穷远

镜面反射光强由光源方向、物体表面法线方向和视线方向共同决定。视点的位置变化将影响镜面反射光强的计算。如果视点处于无穷远，那么对于场景中的所有点，视线方向都一样；如果视点处于局部位置，对于场景中不同的点，视线方向也就不同，这样也会增加系统的开销。默认时，视点位于无穷远。下面的语句将视点设置在局部：

```
glLightModeli(GL_LIGHT_MODEL_LOCAL_VIEWER, GL_TRUE);
```

当参数取 GL_TRUE 时，视点位于局部；取 GL_FALSE 时，视点位于无穷远。

3) 单面光照计算还是双面光照计算

大多数情况下，绘制的物体都是闭合的。而对于一个闭合的物体来说，如果视点位于外部,内表面是永远看不见的。所以,在 OpenGL 的光照计算中,默认情况下仅仅会正确计算单面的光照,另一面由于不可见,是否计算也无关紧要。然而,在某些情况下,如一个球体被切开,或者被挖开一个洞,就能看见背面,此时就必须使得背面也能进行正确的光照计算。下面的语句将会把光照设置为双面都计算

glLightModeli(GL_LIGHT_MODEL_TWO_SIDE, GL_TRUE);

这样,正面和背面都会照亮,当然,这样的绘制效率会比默认的单面光照要低一些。要关闭双面光照,则需将参数改为 GL_FALSE。

4. 材质属性

大多数的材质属性与光源的属性类似。设置材质属性的函数是:

void glMaterial{if}(Glenum face ,Glenum pname ,TYPE param);
void glMaterial{if}v(Glenum face,Glenum pname,TYPE * param);

函数为物体指定当前材质的某一属性。参数 face 可以是 GL_FRONT、GL_BACK 或 GL_FRONT_AND_BACK,指定当前材质作用于物体的哪一个方面。被设置的材质的属性由 pname 标识,对应于该属性的值由 param 给出。表 5.5 列出了 pname 的取值、默认值和其含义。

表 5.5　glMaterialx() 中 param 参数的含义

参　数　名	默　认　值	解　　释
GL_AMBIENT	(0.2,0.2,0.2,1.0)	材料环境光强度的 RGBA 值
GL_DIFFUSE	(0.8,0.8,0.8,1.0)	材料漫反射强度的 RGBA 值
GL_AMBIENT_DIFFUSE	(0.8,0.8,0.8,1.0)	同时设置材料的环境光强,漫反射强度的 RGBA 值
GL_SPECULAR	(0.0,0.0,0.0,1.0)	材料镜面反射强度的 RGBA 值
GL_SHININESS	0.0	材料镜面反射光泽度
GL_EMISSION	(0.0,0.0,0.0,1.0)	材料自发光的颜色

1) 漫反射光和环境光

材质的 GL_DIFFUSE 和 GL_AMBIENT 属性定义了物体对漫反射光和环境光的反射率。漫反射的反射率对物体的颜色起着最重要的作用。漫反射光强受入射的漫反射光颜色以及入射光与法线的夹角的影响,而不受视点位置的影响。

环境光的反射率影响物体的整体颜色。物体被光源直射的部分漫反射光占主要成分,没有被直射的部分环境反射光占主要成分。与漫反射一样,环境光强不受视点位置的影响,而且它也不受光源位置的影响。

在现实世界中,漫反射和环境光反射率通常是相同的,因此 OpenGL 提供一种简便的方法为它们赋相同的值。

Glfloat amb_diff []={1.0, 0.5, 0.5, 1.0};
glMaterialfv(GL_FRONT_AND_BACK, GL_AMBIENT_AND_DIFFUSE, amb_diff);

上面的语句将当前材质的漫反射和环境光反射率均设置为(1.0, 0.5, 0.5, 1.0)。

2）镜面反射

表面比较光滑的物体如金属，在光源照射下会产生光斑。OpenGL 中，用镜面反射光来描述这部分光强，物体的镜面反射特性通过下面几个参数设置：用 GL_SPECULAR 作为 pname 参数的值，调用 glMaterial＊函数来控制光斑的颜色；用 GL_SHININESS 作为 pname 参数的值，调用 glMaterial＊函数来控制亮斑大小和亮度的方法是：光泽度的取值范围为 0.0～128.0，这个值越大，亮斑的尺寸越小，且亮度越高。

镜面反射光强不仅与入射光和法线的夹角相关，还与视点方向和法线的夹角相关。当入射角与出射角两个角度相等时，镜面反射光强最大，亮斑的亮度到达最大值。

3）自发光

物体不仅能够被动地反射光线，还可以设置为自己发出光线。在 OpenGL 中，这个特性通过以 GL_EMISSION 作为 pname 参数的值调用 glMaterial＊（），指定自发光的颜色。

5.6　显 示 列 表

显示列表（display list）是将多个 OpenGL 函数组合到一起，供以后一起执行。当调用一个显示列表时，OpenGL 函数执行的顺序和当初定义显示列表时的顺序一致。所以从编程者角度看，定义显示列表和把显示列表中的 OpenGL 函数拿出来单独定义一个新的子函数没有区别，甚至有些 OpenGL 函数还不允许在显示列表中使用。那为什么要使用显示列表呢？

使用显示列表的主要目的是改进性能。因为显示列表告诉了 OpenGL 哪些函数未来是可能被反复调用的，所以它可以预先编译、解析这些语句，并把结果存储在显示系统内部，当调用的时候以最高的效率执行。当然，随着当今硬件水平的飞速发展，这种效率的提升只有在显示列表中函数很多或者通过网络远程执行 OpenGL 程序的时候才明显。

即使在性能效果不明显的本地系统中，仍可以使用显示列表化解一些复杂的操作，如显示字符数字等。

1. 显示列表的使用

每个显示列表都有一个整数索引。创建显示列表时为了避免覆盖掉某些正在使用的显示列表，应该先使用 glGenLists 函数生成一个或者多个显示列表索引：

GLuint glGenLists(GLsizei range);

这个函数分配 range 个连续的显示列表索引，返回其中的第一个索引值。如果无法满足分配请求或者 range 本身为 0，则函数返回 0 表示分配失败。

例如，下面的程序片断请求了 5 个显示列表索引，如果申请成功，则 listBase,listBase＋1,…,listBase＋4 就是 5 个可以使用的显示列表索引。

listBase＝glGenList(5);
if (listBase != 0) {
　　…
}

第二步就是使用 glNewList() 和 glEndList() 创建显示列表，它们的用法与 glBegin 和

glEnd()很相似,在这两个函数中间调用的 OpenGL 函数就定义在这个显示列表之中。

Void glNewList(GLuint list,GLenum mode);

参数 list 就是参数列表的索引值。mode 可以选择 GL_COMPILE 和 GL_COMPILE_AND_EXECUTE,前者只是编译显示列表,后者在编译的同时执行其中的语句。

Void glEndList(void);

前文提到过,通常显示列表会被多次调用,执行显示列表使用 glCallList 函数。

Void glCallList(GLuint list);

参数 list 是要执行的显示列表的索引。

下面是一个综合使用的例子,它利用显示列表画了三个三角形。

```
GLuint listname;
GLfloat red[3]={1.0,0.0,0.0};
void init() {
    listname=glGenList(1);
    glNewList(listname,GL_COMPILE);
        glColor3v(red);
        glBegin(GL_TRIANGLES);
        glVertex2f(0.0,1.0);
        glVertex2f(1.0,0.0);
        glVertex2f(-1.0,0.0);
        glEnd();
        glTranslatef(0.0,2.0,0.0);
    glEndList();
}
void display() {
    glColor3f(0.0,1.0,0.0);
    for (int i=0; i<=3; ++i) glCallList(listname);
    draw_other_objects();
}
```

OpenGL 是状态机模型,显示列表中的函数也会影响状态机。所以上例中每次执行显示列表,变换矩阵都会向 y 方向移动 2。同理,glColor()同样改变了颜色状态,所以画 draw_other_objects()时的颜色已经改变成红色,而不是列表执行前设定的绿色。

显示列表创建后,编译结果是存储在 OpenGL 内部,所以在其创建后数组 red 的值再改变并不会影响之前创建的显示列表。因此,所有修改客户端状态的函数(如 glPixelStore()、glSelectBuffer()等)是不能存储在显示列表中的。

有时为了使执行显示列表不改变状态属性,通常在 glNewList()之后和 glNedList()之前添加 glPushAttrib()、glPushMatrix()和 glPopAttrib()、glPopMatrix()。

2. 执行多个显示列表

显示列表可以嵌套组成层次的显示列表,例如可以有如下的定义:

```
glNewList(listname，GL_COMPILE);
    glCallList(childList1);
    glCallList(childList2);
    glTranslatef(1.0, 0.0, 0.0);
    glCallList(childList);
glEndList();
```

为了避免无限的递归,显示列表执行嵌套层次存在限制。根据不同的实现限制会不同,但至少是 64。

为了方便执行多个显示列表,可以使用 glListBase()和 glCallLists():

void glListBase(GLuint base);

定义一个偏移量,在 glCallLists 函数中的索引值会与此偏移量相加得出最后的索引值。默认的偏移量是 0,这个偏移量对 glCallList 和 glNewList 函数没有效果。

void glCallLists(GLsizei n, GLenum type, const GLvoid * lists);

依次执行 n 个显示列表,list 数组中的整数加上偏移量得到最终的显示列表索引。type用于表示 lists 中数据的类型,如 GL_BYTE、GL_UNSIGNED_BYTE 和 GL_INT 等。

3. 显示列表的管理

删除显示列表可以使用 glDeleteLists()。

void glDeleteLists(GLuint list, GLsizei range);

表示删除从 list 开始的 range 个索引。试图删除未创建的显示列表的行为将被忽略。

GLboolean glIsList(GLuint list);

可以查询 list 是否已经用于表示显示列表。

5.7 纹 理 贴 图

纹理贴图技术的出现和流行是图形显示技术的一个非常重要的里程碑,直接影响了 3D技术从工业界进入电子娱乐领域。使用前面讲到的技术,细心的读者可能会发现面片的着色方法很有限,只能在顶点设定颜色,每个面片上像素的颜色使用各顶点颜色的插值。这就导致了显示的图形不真实。例如可以想象画一个砖墙,每一个砖面都需要用一个多边形表示,砖与砖连接的水泥也要用多边形表示,并且设计者要精心地摆放这些多边形,还要为不同的多边形设定各自的颜色。即使工作量如此之大,也不能更加真实地绘制出砖面上的裂纹、凹槽等更加丰富的细节。而有了纹理贴图一切就简单了,设计者只要准备好一小块砖面的图片,然后画一个矩形表示墙面,OpenGL 就会自动地把图片贴到矩形上面。这个砖块的图片文件称为纹理或者纹理图像。因为这个方法核心的思想是把图片和图形对应起来,所以有时也称为纹理映射。

纹理贴图涉及的范围非常广,在此只介绍最基本的使用。

1. 使用纹理概述

OpenGL 处理纹理的方法是对于每一个像素点,插值得到它的纹理坐标(设计者预先设定顶点的纹理坐标。先前的技术是插值得到颜色值,而插值颜色和插值纹理坐标没有本质上的区别),使用纹理坐标读取纹理图像中的"像素值",再根据这个值来决定像素的颜色。由于读取出来的纹理图像"像素值"不一定要被直接用来代表面片像素的颜色,而是有可能作为输入数据通过各种计算来确定最终的颜色,所以通常称为纹素或者纹理单元(texel)。

OpenGL 支持下列 4 种基本的纹理贴图。

- 1D 纹理。1D 纹理是一个一维数组,用户为每个顶点指定一个纹理坐标。
- 2D 纹理。2D 纹理是一幅图像或者二维数组。这是最常用的纹理,应用程序为每个顶点设定纹理坐标 s 和 t。
- 3D 纹理。3D 纹理常用于体数据的可视化当中。
- 立方体纹理。立方体纹理由 6 个 2D 纹理组成,用于立方体的 6 个面。立方体纹理用于实现环境映射和镜面反射等效果。

下面只介绍 2D 纹理的使用,其他的内容有兴趣的读者可参阅其他专门介绍 OpenGL 的书籍。

使用纹理贴图的一般步骤如下。

(1) 使用 glGenTextures()获得未使用的纹理对象标识符。

(2) 设定纹理对象的状态参数。

(3) 使用 glTexImage2D()或 glutBuild2DMipmaps()指定纹理图像。

(4) 渲染几何体之前使用 glBindTexture()绑定纹理对象。

(5) 渲染几何体之前启用纹理映射功能。

(6) 将几何体发送到 OpenGL,其中要为每个顶点指定适当的纹理坐标。

2. 纹理对象

纹理对象存储了和一个纹理相关的所有信息,包含纹理图像数据、相关状态等。OpenGL 是状态机模型,与先前讲到的显示列表一样,纹理对象的这些数据并不需要客户端程序来维护,而是 OpenGL 自己维护的。例如一张图片,在设定纹理之后 OpenGL 就会把这个图片的数据存储在图形卡的硬件内存中,这时客户端程序就没有必要再维护内存中的图像数据了。伴随着图片数据保存在图形硬件中的还有纹理的一些相关状态。而提供给客户端表示这个纹理对象的方法是纹理对象标识符,类比显示列表标识符,它也是一个正整数。glBindTexture()会用其绑定这个纹理对象,配合其他语句对这个绑定之后的纹理对象进行操作。

产生、删除和操作一个纹理标识符的函数有:

void glGenTextures(GLsizei n, GLuint * textures);
void glDeleteTextures(GLsizei n, const GLUint * textures);
GLboolean glIsTexutre(GLuint texture);

glGenTextures()产生 n 个新的标识符存储在 textures 数组中。

glDeleteTextures()删除 textures 数组中的 n 个标识符,这些标识符将归还到未用的纹理标识符池中。如果标识符已经被绑定,则其会解除绑定。

glIsTexture()判断一个标识符是不是现有的纹理对象。

当拥有标识符之后,要使用 glBindTexture()来绑定这个纹理。绑定纹理有两个作用,当纹理第一次被绑定的时候,OpenGL 会创建纹理对象,也就是分配相应的空间和初始化纹理状态。第二个作用就是告诉 OpenGL 状态机,后续的纹理操作都是针对当前绑定的这个纹理对象。所以最多只能有一个纹理对象被绑定,绑定一个新的纹理对象时,之前绑定的对象会自动解除绑定。

void glBindTexture(GLenum target, GLuint texture);

target 参数表示纹理对象的类型,必须是 GL_TEXTURE_1D、GL_TEXTURE_2D、GL_TEXTURE_3D或者 GL_TEXTURE_CUBE_MAP 之一。常用的 2D 纹理使用 GL_TEXTURE_2D。texture 就是要被绑定的纹理对象的标识符。

纹理对象第一次被绑定时,OpenGL 会初始化纹理状态值,存储的纹理图像为 NULL。

绑定原有的纹理对象时,OpenGL 会计划存储的纹理和相应的状态。这时调用的 target 参数必须和第一次调用时一样,否则会报错。

3. 设定纹理对象状态

void glTexParameter[if] (GLenum target, GLenum pname, TYPE param);

设置绑定到 target 类型纹理的状态值。通常绑定后操作纹理,所以 target 值应该和 glBindTexture()中的相同。pname 和 param 表示要修改状态名称和状态值,两者之间有着严格的对应关系,否则调用会报错误。表 5.6 列出了常用的合法对应关系。

表 5.6 常用的合法对应关系

pname	param 合法值
GL_GENERATE_MIPMAP	GL_TRUE 或 GL_FALSE,启用和禁用 mipmap 生成
GL_TEXTURE_MAG_FILTER	GL_NEAREST 或 GL_LINEAR,纹理放大时的滤波方法
GL_TEXTURE_MIN_FILTER	纹理缩小时的滤波方法:GL_NEAREST、GL_LINEAR、GL_NEAREST_MIPMAP_NEAREST、GL_NEAREST_MIPMAP_LINEAR、GL_LINEAR_MIPMAP_NEAREST 或 GL_LINEAR_MIPMAP_LINEAR
GL_TEXTURE_WRAP_S GL_TEXTURE_WRAP_T	纹理超出坐标后的环绕行为,取值可以为 GL_CLAMP、GL_REPEAT 或者 GL_CLAMP_TO_EDGE

以上这些是常用的基本组合,还有一些高级的使用参数没有列出。另外,随着 OpenGL 标准的不断演化,还会有许多新的参数加进来。具体完整的标准请查阅相关资料。

纹理环绕参数的含义将在后面的"纹理坐标"一节中详细介绍。

由于纹理图像尺寸、面片大小和纹理坐标大小的影响,光栅化后片元(片元可以简单地理解为要显示的像素)和纹素之间不存在一一对应的关系。

当片元覆盖的区域小于一个纹素,GL_TEXTURE_MAG_FILTER 的取值就决定了如何选择纹理颜色。如果值为 GL_NEAREST,OpenGL 就会使用片元中心所在的纹素值。通常大多数程序会使用 GL_LINEAR,这样 OpenGL 会在片元中心所对应的纹素位置选择临近的 2×2 区域共 4 个纹素(1D 纹理是 2 个,3D 纹理是 8 个),再根据 4 个纹素的数值插值计算出返回的纹素。这样做的好处是可以消除 GL_NEAREST 有时会出现的锯齿走样，代价是计算量比前者大。

当片元覆盖多个纹素时，走样会变得更严重。除了和放大一样的 GL_NEAR 和 GL_LINEAR 之外，OpenGL 还支持 mipmap 功能，同时多出了相对应的 4 个参数值。mipmap 的概念就是当一张纹理图像输入 OpenGL 之后，系统对图像进行缩放，自动生成多个不同大小的纹理图像。通常各个纹理大小以 2 为倍数递减，当然也可以禁止系统自动缩放，通过程序输入不同比例的纹理图像。当选择片元对应纹素的时候，OpenGL 会根据片元大小从多个尺寸的纹理图像中选择最合适的两个再进行运算得出。在每个尺寸的纹理图像上选择纹素的方法和两个尺寸上选出纹素最后合成的方法都可以是 NEAR 或 LINEAR，所以一共多出了 4 种滤波方式。其中，GL_NEAREST_MIPMAP_NEAREST 速度最快，但是效果最差；GL_LINEAR_MIPMAP_LINEAR 效果最好，但是运算量最大。随着硬件的飞速发展，一般应用通常都会选择效果最好的滤波方式。

4. 输入纹理

下面将介绍如何把纹理图像的数据传入 OpenGL。在具体传入图片之前，要决定是否使用 mipmap 滤波方式。如果使用，要将 GL_GENERATE_MIPMAP 设置成 GL_TRUE，这样后面使用 glTexImage2D() 传入图片的时候，OpenGL 会自动生成不同尺度的纹理图像。

```
glTexParameteri(GL_TEXTURE_2D, GL_GENERATE_MIPMAP, GL_TRUE);
void glTexImage2D(GLenum target, Glint level, Glint internalformat, GLsizei width, GLsizei height,
Glint border, GLenum format, GLenum type, const GLvoid * data);
```

对于常用的 2D 纹理 target 参数选择 GL_TEXTURE_2D。

level 参数用来指定 mipmap 等级，由于现在绝大多数图形硬件都支持自动生成 mipmap，所以设置为 0；如果不使用 mipmap，level 值也设置为 0。

internalformat 指定图像的内部格式。彩色纹理 RGBA 设置为 4，RGB 设置为 3；深度图像或者灰度图像设置为 1。

参数 width 和 height 指定纹理的大小。图形硬件支持 OpenGL 2.0，则可以设置为任意值，之前的版本只支持 2 的幂。因为现在 OpenGL2.0 还在普及的过程中，所以从适用性和效率的角度出发最好使用 2 的幂作为长宽。

border 指定纹理边框的宽度，当纹理拼接的时候用于消除缝隙。

format、type 和 data 描述了数据源的格式、字符类型和具体的数据，对于常见的 bmp 等位图，依次使用 GL_RGB、GL_UNSIGNED_BYTE 和存储数据的指针地址。

对于只支持 1.4 以前 OpenGL 标准的硬件，可以使用 gluBuild2DMipmaps 函数辅助简历 mipmap。由于目前很少使用，所以有需要的读者请查阅相关手册。

5. 纹理坐标

2D 纹理中，横坐标 s 和纵坐标 t 的取值范围是 0～1。纹理左下角是 (0,0)，右上角是 (1,1)。data 中的第一个像素对应左下角，然后按行向上扫描，最后一个像素对应右上角。这种排列方式和 bmp 位图的排列顺序一样。

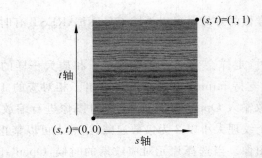

使用的时候应用程序会为每个顶点指定一个纹理坐标，该坐标在光栅化的时候被插值得到每一个片元的纹理坐标，再用片元的纹理坐标来获取相应的纹素。如果片元的纹理坐标不在 0～1 的范围内，OpenGL 会根据卷绕状态参数 GL_TEXTURE_WRAP_S 和 GL_TEXTURE_WRAP_T 决定如何处理。如果值为 GL_REPEAT，则对纹理坐标求模取 0～1 之间的结果，这实际上相当于把纹理反复复制。GL_CLAMP 和 GL_CLAMP_TO_EDGE 类似，都将纹理坐标值截取在 0～1 的范围内（大于 1 取 1，小于 0 取 0，其他保留原值），区别是前者取纹素时包含边框，后者不包含。另外，最新的 OpenGL 标准还扩展了许多其他卷绕的方法，如镜像等，具体内容请查阅相关手册。

在传递顶点数据的时候，同时使用函数 glTexCoord2f( ) 指定 2D 纹理坐标。glTexCoord 有多个函数功能相同的函数，用户不同类型数据和不同维度的数据。

下面是最常用的 2D 函数的原型：

void glTexCoord2f(GLfloat s, GLfloat t)；

例如，绘制一个木纹的长方形，在准备好相应的纹理之后可以用下面的程序片断绘制：

```
glBegin(GL_QUADS);
    glTexCoord2f(0.0, 0.0); glVertex3f(-2.0, -1.0, 0.0);
    glTexCoord2f(1.0, 0.0); glVertex3f(0.0, -1.0, 0.0);
    glTexCoord2f(1.0, 1.0); glVertex3f(0.0, 1.0, 0.0);
    glTexCoord2f(0.0, 0.0); glVertex3f(-2.0, 1.0, 0.0);
glEnd();
```

和传递法向和顶点数据一样，OpenGL 也有 glTexCoordPointer 函数将存在数组中的纹理坐标批量传递到 OpenGL。

OpenGL 也支持自动生成纹理坐标。默认值是不自动生成的，所以启用自动生成要首先调用 glEnable(GL_TEXTURE_GEN_S) 和 glEnable(GL_TEXTURE_GEN_T)。然后通过 glTexGeni() 和 glTexGendv() 来设置纹理坐标的生成算法。具体内容已经超出本书所讲范围，请参阅相关手册。

6. 纹理渲染

前面提到过，从纹理图像上根据坐标取出来的数值称作纹素，之所以不叫像素值的一个重要原因就是这个数值并不一定是最终被显示的颜色。OpenGL 流水管线上得到的片元还拥有自己的颜色值，纹理渲染就是决定了纹素值和这个颜色值如何计算得到新的片元主颜色值。

void glTexEnvi(GLenum target, GLenum pname, TYPE param)；

决定了这个渲染方法。这个函数的三个参数的搭配非常多,多数都属于高级应用。这里只介绍最基本的应用。基本应用 targe 取值 GL_TEXTURE_ENV,pname 取值 GL_TEXTURE_ENV_MODE,则 param 可以取 GL_MODULATE、GL_REPLACE、GL_DECAL 和 GL_ADD 4 种不同的值。还可以取 GL_BLEND,但这也属于高级应用,不在这里讨论。

GL_REPLACE 表示最终的主颜色只取纹素的颜色。这样,流水线之前计算的颜色效果,如面片颜色和光照都将丢失。

默认的纹理渲染方法是 GL_MODULATE,它将纹理颜色和片元颜色的各个分量相乘,相乘结果替换片元作的主颜色。这样做会使纹理贴图后仍然保持光照的效果,但将减弱镜面反射高光的亮度。OpenGL 需要用独立的镜面反射技术或者立方体贴图还恢复这种高光。

GL_DECAL 常用于显示贴花效果,如机翼上的徽章。纹理内部保存为 RGBA 模式,最终颜色等于(1−A) * 原颜色+A * 纹理颜色,A 不影响原片元的 alpha 值。如果内部纹理格式是 RGB,则这个模式等同于 GL_REPLACE。

GL_ADD 将纹理颜色和原片元颜色相加,如果有 alpha 通道,则 alpha 通道相乘。

由于篇幅所限,这里不能详尽地描述 OpenGL 的各种特性和功能,如果希望深入地学习和了解 OpenGL,可以访问 OpenGL 官方网站(http://www.opengl.org)了解更多信息;也可以阅读 OpenGL 红宝书《The OpenGL Programming Guide》,该书有对应的中文版《OpenGL 编程指南》出版;网上的 Nehe OpenGL 教程(http://nehe.gamedev.net/)也是很好的入门材料。

习　题　5

1. 什么是 OpenGL? 它的特点有哪些?
2. OpenGL 的坐标变换过程有哪些步骤? 每个变换过程有哪些变换函数?
3. OpenGL 中定义光源需要使用哪些函数? 各自参数有何意义?
4. OpenGL 中是如何定义材料属性的?
5. 用 OpenGL 实现一个比较复杂的场景的显示程序,能够交互式调整光源和物体材质。

附录 A　计算机图形学的数学基础

A.1　矢　量　运　算

矢量是一条有向线段，具有方向和大小两个参数。设有两个矢量 $v_1(x_1,y_1,z_1)$ 和 $v_2(x_2,y_2,z_2)$。

(1) 矢量的长度。

$$|v_1| = (x_1^2, y_1^2, z_1^2)^{1/2}$$

(2) 矢量倍乘。

$$\alpha v_1 = (\alpha x_1, \alpha y_1, \alpha z_1)$$

(3) 两个矢量之和（如图 A.1 所示）。

$$v_1 + v_2 = (x_1, y_1, z_1) + (x_2, y_2, z_2) = (x_1 + x_2, y_1 + y_2, z_1 + z_2)$$

(4) 两个矢量的点积。

$$v_1 \cdot v_2 = |v_1||v_2|\cos\theta = x_1 x_2 + y_1 y_2 + z_1 z_2$$

其中 θ 为两矢量之间的夹角。

点积满足交换律和分配律，即

$$v_1 \cdot v_2 = v_2 \cdot v_1, \quad v_1 \cdot (v_2 + v_3) = v_1 \cdot v_2 + v_1 \cdot v_3$$

其中 $v_3 = (x_3, y_3, z_3)$

(5) 两个矢量的叉积（叉积的模见图 A.2）。

叉积 $v_1 \times v_2$ 是一个矢量，而且满足：

① $|v_1 \times v_2| = |v_1||v_2|\sin\theta$，即以 v_1 和 v_2 为邻边所构成的平行四边形的面积（图 A.2）。

② $v_1 \times v_2$ 垂直于 v_1 和 v_2。

③ v_1、v_2、$v_1 \times v_2$ 构成右手系（如图 A.3 所示）。

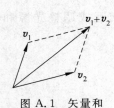

图 A.1　矢量和

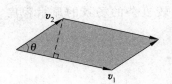

图 A.2　叉积的模

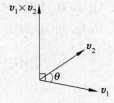

图 A.3　叉积的方向

用坐标表示为

$$v_1 \times v_2 = \begin{vmatrix} i & j & k \\ x_1 & y_1 & z_1 \\ x_2 & y_2 & z_2 \end{vmatrix} = (y_1 z_2 - y_2 z_1, z_1 x_2 - z_2 x_1, x_1 y_2 - x_2 y_1)$$

叉积满足反交换律和分配律，即

$$v_1 \times v_2 = -v_2 \times v_1, \quad v_1 \times (v_2 + v_3) = v_1 \times v_2 + v_1 \times v_3$$

A.2 矩 阵 运 算

设有一个 m 行 n 列矩阵 A

$$A_{m \times n} = \begin{bmatrix} a_{11} & a_{12} & \cdots & a_{1n} \\ a_{21} & a_{22} & \cdots & a_{2n} \\ \vdots & \vdots & & \vdots \\ a_{m1} & a_{m2} & \cdots & a_{mn} \end{bmatrix}$$

其中，$(a_{i1}, a_{i2}, \cdots, a_{in})$ 被称为第 $i(1 \leqslant i \leqslant n)$ 个行向量，$(a_{1j}, a_{2j}, \cdots a_{mj})^{\mathrm{T}}$ 被称为第 $j(1 \leqslant j \leqslant m)$ 个列向量。

1. 矩阵的加法运算

设两个矩阵 A 和 B 都是 $m \times n$，把它们对应位置的元素相加而得到的矩阵叫做 A、B 的和，记为 $A+B$，即

$$A + B = \begin{bmatrix} a_{11} + b_{11} & a_{12} + b_{12} & \cdots & a_{1n} + b_{1n} \\ a_{21} + b_{21} & a_{22} + b_{22} & \cdots & a_{2n} + b_{2n} \\ \vdots & \vdots & & \vdots \\ a_{m1} + b_{m1} & a_{m2} + b_{m2} & \cdots & a_{mn} + b_{mn} \end{bmatrix}$$

只有两个矩阵的行数和列数都相同时才能施矩阵的加法运算。

2. 数乘矩阵

用数 k 乘矩阵 A 的每一个元素而得的矩阵叫做 k 与 A 之积，记为 kA，即

$$kA = \begin{bmatrix} ka_{11} & ka_{12} & \cdots & ka_{1n} \\ ka_{21} & ka_{22} & \cdots & ka_{2n} \\ \vdots & \vdots & & \vdots \\ ka_{m1} & ka_{m2} & \cdots & ka_{mn} \end{bmatrix}$$

3. 矩阵的乘法运算

只有当前一矩阵的列数等于后一矩阵的行数时，两个矩阵才能相乘，即

$$C_{m \times n} = A_{m \times p} \cdot B_{p \times n}$$

矩阵 C 中的每一个元素 $c_{ij} = \sum_{k=1}^{p} a_{ik} b_{kj}$。

下面用一个简单的例子来说明。设 A 为 2×3 的矩阵，B 为 3×2 的矩阵，则两者的乘积为

$$C = A \cdot B = \begin{bmatrix} a_{11} & a_{12} & a_{13} \\ a_{21} & a_{22} & a_{23} \end{bmatrix} \begin{bmatrix} b_{11} & b_{12} \\ b_{21} & b_{22} \\ b_{31} & b_{32} \end{bmatrix}$$

$$= \begin{bmatrix} a_{11}b_{11} + a_{12}b_{21} + a_{13}b_{31} & a_{11}b_{12} + a_{12}b_{22} + a_{13}b_{32} \\ a_{21}b_{11} + a_{22}b_{21} + a_{23}b_{31} & a_{21}b_{12} + a_{22}b_{22} + a_{23}b_{32} \end{bmatrix}$$

4. 单位矩阵

对于一个 $n \times n$ 的矩阵，如果它的主对角线上的各个元素均为 1，其余元素都为 0，则该矩阵称为单位阵，记为 I_n。对于任意 $m \times n$ 的矩阵恒有

$$A_{m \times n} \cdot I_n = A_{m \times n}$$
$$I_m \cdot A_{m \times n} = A_{m \times n}$$

5. 矩阵的转置

交换一个矩阵 $A_{m \times n}$ 的所有行列元素,那么所得到的 $n \times m$ 的矩阵被称为原有矩阵的转置,记为 A^T,即

$$A^T = \begin{bmatrix} a_{11} & a_{21} & \cdots & a_{m1} \\ a_{12} & a_{22} & \cdots & a_{m2} \\ \vdots & \vdots & & \vdots \\ a_{1n} & a_{2n} & \cdots & a_{mn} \end{bmatrix}$$

显然,$(A^T)^T = A$,$(A+B)^T = (A^T + B^T)$,$(kA)^T = kA^T$。

但是对于矩阵的积 $(A \cdot B)^T = B^T \cdot A^T$。

6. 矩阵的逆

对于一个 $n \times n$ 的方阵 A,如果存在一个 $n \times n$ 的方阵 B,使得 $A \cdot B = B \cdot A = I_n$,则称 B 是 A 的逆,记为 $B = A^{-1}$,同时 A 被称为非奇异矩阵。

矩阵的逆是相互的,若 A 是 B 的逆,A 同样也可记为 $A = B^{-1}$,B 也是一个非奇异矩阵。

任何非奇异矩阵有且只有一个逆矩阵。

7. 矩阵运算的基本性质

(1) 矩阵加法适合交换律与结合律。

$$A + B = B + A$$
$$A + (B + C) = (A + B) + C$$

(2) 数乘矩阵适合分配律与结合律。

$$\alpha(A + B) = \alpha A + \alpha B$$
$$\alpha(A \cdot B) = (\alpha A) \cdot B = A \cdot \alpha B$$

(3) 矩阵的乘法适合结合律。

$$A(B \cdot C) = (A \cdot B)C$$

(4) 矩阵的乘法对加法适合分配律。

$$(A + B)C = AC + BC$$
$$C(A + B) = CA + CB$$

(5) 矩阵的乘法不适合交换律。

$$A \cdot B \neq B \cdot A$$

A.3 齐 次 坐 标

所谓齐次坐标,就是将一个原本是 n 维的向量用一个 $n+1$ 维向量来表示。如向量 $(x_1, x_2, \cdots, x_n)$ 的齐次坐标表示为 $[hx_1, hx_2, \cdots, hx_n, h]$,其中 h 是一个实数。显然,一个向量的齐次表示是不唯一的,齐次坐标中的 h 取不同的值都表示的是同一个点。例如齐次坐标 $[8,4,2]$,$[4,2,1]$ 表示的都是二维点 $(2,1)$。

那么引进齐次坐标有什么必要? 它有什么优点呢?

(1) 提供了用矩阵运算把二维、三维甚至高维空间中的一个点集从一个坐标系变换到

另一个坐标系的有效方法。

（2）可以表示无穷远的点。$n+1$ 维的齐次坐标中如果 $h=0$，实际上就表示了 n 维空间的一个无穷远点。对于齐次坐标 $[a,b,h]$，保持 a,b 不变，$h \to 0$ 的过程就表示了在二维坐标系中的一个点沿直线 $ax+by=0$ 逐渐走向无穷远处的过程。

A.4　线性方程组的求解

对于一个有 n 个变量的线性方程组

$$a_{11}x_1 + a_{12}x_2 + \cdots + a_{1n}x_n = b_1$$
$$a_{21}x_1 + a_{22}x_2 + \cdots + a_{2n}x_n = b_2$$
$$\vdots \qquad\qquad \vdots$$
$$a_{n1}x_1 + a_{n2}x_2 + \cdots + a_{nn}x_n = b_n$$

可将其表示为矩阵形式 $\boldsymbol{Ax}=\boldsymbol{b}$，$\boldsymbol{A}$ 为系数矩阵。该方程有唯一解的条件是 $\boldsymbol{A}$ 是非奇异矩阵，则方程的解为

$$\boldsymbol{x} = \boldsymbol{A}^{-1}\boldsymbol{b}$$

附录 B　图形的几何变换

B.1　窗口区到视图区的坐标变换

实际的窗口区与视图区大小往往不一样,要在视图区正确地显示形体,必须将其从窗口区变换到视图区。

由比例关系,两者的变换公式为(如图 B.1 所示)

$$x_v - v_{xl} = \frac{v_{xr} - v_{xl}}{w_{xr} - w_{xl}}(x_w - w_{xl})$$

$$y_v - v_{yb} = \frac{v_{yt} - v_{yb}}{w_{yt} - w_{yb}}(y_w - w_{yb})$$

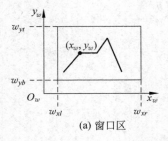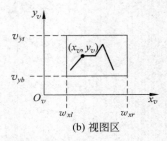

(a) 窗口区　　　　　　　　　　(b) 视图区

图 B.1　窗口区到视图区的坐标变换

可以简单地将两者的关系表示为

$$x_v = a \cdot x_w + b$$

$$y_v = c \cdot y_w + d$$

其中

$$a = \frac{v_{xr} - v_{xl}}{w_{xr} - w_{xl}}$$

$$b = v_{xl} - \frac{v_{xr} - v_{xl}}{w_{xr} - w_{xl}} \cdot w_{xl}$$

$$c = \frac{v_{yt} - v_{yb}}{w_{yt} - w_{yb}}$$

$$d = v_{yb} - \frac{v_{yt} - v_{yb}}{w_{yt} - w_{yb}} \cdot w_{yb}$$

用矩阵表示为

$$\begin{bmatrix} x_v \\ y_v \\ 1 \end{bmatrix} = \begin{bmatrix} a & 0 & b \\ 0 & c & d \\ 0 & 0 & 1 \end{bmatrix} \begin{bmatrix} x_w \\ y_w \\ 1 \end{bmatrix}$$

B.2 二维图形的几何变换

正如在附录 A 中提到的那样,用齐次坐标表示点的变换将非常方便,因此在附录 B 中所有的几何变换都将采用齐次坐标进行运算。

二维齐次坐标变换的矩阵的形式是

$$\begin{bmatrix} a & b & c \\ d & e & f \\ g & h & i \end{bmatrix}$$

这个矩阵的每一个元素都是有特殊含义的。其中,$\begin{bmatrix} a & b \\ d & e \end{bmatrix}$ 可以对图形进行缩放、旋转、对称和错切等变换;$\begin{bmatrix} c \\ f \end{bmatrix}$ 是对图形进行平移变换;$\begin{bmatrix} g & h \end{bmatrix}$ 是对图形作投影变换;$\begin{bmatrix} i \end{bmatrix}$ 则是对图形整体进行缩放变换。

1. 平移变换

$$\begin{bmatrix} x' \\ y' \\ 1 \end{bmatrix} = \begin{bmatrix} 1 & 0 & t_x \\ 0 & 1 & t_y \\ 0 & 0 & 1 \end{bmatrix} \begin{bmatrix} x \\ y \\ 1 \end{bmatrix} = \begin{bmatrix} x + t_x \\ y + t_y \\ 1 \end{bmatrix} = \boldsymbol{T}(t_x, t_y) \begin{bmatrix} x \\ y \\ 1 \end{bmatrix}$$

如图 B.2(a)所示。

2. 缩放变换

$$\begin{bmatrix} x' \\ y' \\ 1 \end{bmatrix} = \begin{bmatrix} s_x & 0 & 0 \\ 0 & s_y & 0 \\ 0 & 0 & 1 \end{bmatrix} \begin{bmatrix} x \\ y \\ 1 \end{bmatrix} = \begin{bmatrix} s_x \cdot x \\ s_y \cdot y \\ 1 \end{bmatrix} = \boldsymbol{S}(s_x, s_y) \begin{bmatrix} x \\ y \\ 1 \end{bmatrix}$$

如图 B.2(b)所示。

3. 旋转变换

在直角坐标平面中,将二维图形绕原点旋转 θ 角的变换形式如下

$$\begin{bmatrix} x' \\ y' \\ 1 \end{bmatrix} = \begin{bmatrix} \cos\theta & -\sin\theta & 0 \\ \sin\theta & \cos\theta & 0 \\ 0 & 0 & 1 \end{bmatrix} \begin{bmatrix} x \\ y \\ 1 \end{bmatrix} = \begin{bmatrix} x\cos\theta - y\sin\theta \\ x\sin\theta + y\cos\theta \\ 1 \end{bmatrix} = \boldsymbol{R}(\theta) \begin{bmatrix} x \\ y \\ 1 \end{bmatrix}$$

逆时针旋转 θ 取正值,顺时针旋转 θ 取负值。如图 B.2(c)所示。

4. 对称变换

$$\begin{bmatrix} x' \\ y' \\ 1 \end{bmatrix} = \begin{bmatrix} a & b & 0 \\ d & e & 0 \\ 0 & 0 & 1 \end{bmatrix} \begin{bmatrix} x \\ y \\ 1 \end{bmatrix} = \begin{bmatrix} ax + by \\ dx + ey \\ 1 \end{bmatrix}$$

对称变换其实只是 a、b、d、e 取 0、1 等特殊值产生的一些特殊效果。例如:

(1) 当 $b = d = 0, a = -1, e = 1$ 时,有 $x' = -x, y' = y$,产生与 y 轴对称的图形。

(2) 当 $b = d = 0, a = 1, e = -1$ 时,有 $x' = x, y' = -y$,产生与 x 轴对称的图形。

(3) 当 $b = d = 0, a = e = -1$ 时,有 $x' = -x, y' = -y$,产生与原点对称的图形。

(4) 当 $b = d = 1, a = e = 0$ 时,有 $x' = y, y' = x$,产生与直线 $y = x$ 对称的图形。

（5）当 $b=d=-1,a=e=0$ 时，有 $x'=-y,y'=-x$，产生与直线 $y=-x$ 对称的图形。如图 B.2(d)所示。

5. 错切变换

$$
\begin{bmatrix} x' \\ y' \\ 1 \end{bmatrix} = \begin{bmatrix} 1 & b & 0 \\ d & 1 & 0 \\ 0 & 0 & 1 \end{bmatrix} \begin{bmatrix} x \\ y \\ 1 \end{bmatrix} = \begin{bmatrix} x+by \\ dx+y \\ 1 \end{bmatrix}
$$

（1）当 $d=0$ 时，$x'=x+by,y'=y$，此时图形的 y 坐标不变，x 坐标随初值(x,y)及变换系数 b 作线性变化。如图 B.2(e)所示。

（2）当 $b=0$ 时，$x'=x,y'=dx+y$，此时图形的 x 坐标不变，y 坐标随初值(x,y)及变换系数 d 作线性变化。如图 B.2(f)所示。

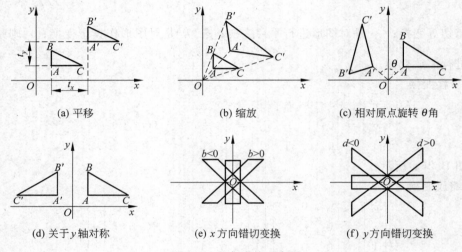

(a) 平移　　　　　　(b) 缩放　　　　　　(c) 相对原点旋转 θ 角

(d) 关于y轴对称　　(e) x方向错切变换　　(f) y方向错切变换

图 B.2　几何变换示意图

6. 复合变换

如果图形要做一次以上的几何变换，那么可以将各个变换矩阵综合起来进行一步到位的变换。复合变换有如下的性质。

（1）复合平移。对同一图形做两次平移相当于将两次的平移相加起来，即

$$
\boldsymbol{T}(t_{x2},t_{y2}) \cdot \boldsymbol{T}(t_{x1},t_{y1}) = \begin{bmatrix} 1 & 0 & t_{x2} \\ 0 & 1 & t_{y2} \\ 0 & 0 & 1 \end{bmatrix} \begin{bmatrix} 1 & 0 & t_{x1} \\ 0 & 1 & t_{y1} \\ 0 & 0 & 1 \end{bmatrix}
$$

$$
= \begin{bmatrix} 1 & 0 & t_{x2}+t_{x1} \\ 0 & 1 & t_{y2}+t_{y1} \\ 0 & 0 & 1 \end{bmatrix} = \boldsymbol{T}(t_{x2}+t_{x1},t_{y2}+t_{y1})
$$

（2）复合缩放。两次连续的缩放相当于将缩放操作相乘，即

$$
\boldsymbol{S}(s_{x2},s_{y2}) \cdot \boldsymbol{S}(s_{x1},s_{y1}) = \begin{bmatrix} s_{x2} & 0 & 0 \\ 0 & s_{y2} & 0 \\ 0 & 0 & 1 \end{bmatrix} \begin{bmatrix} s_{x1} & 0 & 0 \\ 0 & s_{y1} & 0 \\ 0 & 0 & 1 \end{bmatrix}
$$

$$= \begin{bmatrix} s_{x2} \cdot s_{x1} & 0 & 0 \\ 0 & s_{y2} \cdot s_{y1} & 0 \\ 0 & 0 & 1 \end{bmatrix} = \boldsymbol{S}(s_{x2} \cdot s_{x1}, s_{y2} \cdot s_{y1})$$

（3）复合旋转。两次连续的旋转相当于将两次的旋转角度相加，即

$$\boldsymbol{R}(\theta_2) \cdot \boldsymbol{R}(\theta_1) = \begin{bmatrix} \cos\theta_2 & -\sin\theta_2 & 0 \\ \sin\theta_2 & \cos\theta_2 & 0 \\ 0 & 0 & 1 \end{bmatrix} \begin{bmatrix} \cos\theta_1 & -\sin\theta_1 & 0 \\ \sin\theta_1 & \cos\theta_1 & 0 \\ 0 & 0 & 1 \end{bmatrix}$$

$$= \begin{bmatrix} \cos(\theta_2 + \theta_1) & -\sin(\theta_2 + \theta_1) & 0 \\ \sin(\theta_2 + \theta_1) & \cos(\theta_2 + \theta_1) & 0 \\ 0 & 0 & 1 \end{bmatrix} = \boldsymbol{R}(\theta_2 + \theta_1)$$

（4）关于 (x_f, y_f) 点的缩放变换。缩放、旋转变换都与参考点有关，上面进行的各种变换都是以原点为参考点的。如果相对某个一般的参考点 (x_f, y_f) 作缩放、旋转变换，相当于将该点移到坐标原点处，然后进行缩放、旋转变换，最后将 (x_f, y_f) 点移回原来的位置。切记复合变换时，先作用的变换矩阵在右端，后作用的变换矩阵在左端。

$$\boldsymbol{S}(x_f, y_f; s_x, s_y) = \boldsymbol{T}(x_f, y_f) \cdot \boldsymbol{S}(s_x, s_y) \cdot \boldsymbol{T}(-x_f, -y_f)$$

$$= \begin{bmatrix} 1 & 0 & x_f \\ 0 & 1 & y_f \\ 0 & 0 & 1 \end{bmatrix} \begin{bmatrix} s_x & 0 & 0 \\ 0 & s_y & 0 \\ 0 & 0 & 1 \end{bmatrix} \begin{bmatrix} 1 & 0 & -x_f \\ 0 & 1 & -y_f \\ 0 & 0 & 1 \end{bmatrix}$$

$$= \begin{bmatrix} s_x & 0 & x_f(1 - s_x) \\ 0 & s_y & y_f(1 - s_y) \\ 0 & 0 & 1 \end{bmatrix}$$

（5）绕 (x_f, y_f) 点的旋转变换。

$$\boldsymbol{R}(x_f, y_f; \theta) = \boldsymbol{T}(x_f, y_f) \cdot \boldsymbol{R}(\theta) \cdot \boldsymbol{T}(-x_f, -y_f)$$

$$= \begin{bmatrix} 1 & 0 & x_f \\ 0 & 1 & y_f \\ 0 & 0 & 1 \end{bmatrix} \begin{bmatrix} \cos\theta & -\sin\theta & 0 \\ \sin\theta & \cos\theta & 0 \\ 0 & 0 & 1 \end{bmatrix} \begin{bmatrix} 1 & 0 & -x_f \\ 0 & 1 & -y_f \\ 0 & 0 & 1 \end{bmatrix}$$

$$= \begin{bmatrix} \cos\theta & -\sin\theta & x_f(1 - \cos\theta) + y_f\sin\theta \\ \sin\theta & \cos\theta & y_f(1 - \cos\theta) - x_f\sin\theta \\ 0 & 0 & 1 \end{bmatrix}$$

B.3　三维图形几何变换

由于用齐次坐标表示，三维几何变换的矩阵是一个 4 阶方阵，其形式如下

$$\begin{bmatrix} a_{11} & a_{12} & a_{13} & a_{14} \\ a_{21} & a_{22} & a_{23} & a_{24} \\ a_{31} & a_{32} & a_{33} & a_{34} \\ a_{41} & a_{42} & a_{43} & a_{44} \end{bmatrix}$$

其中，$\begin{bmatrix} a_{11} & a_{12} & a_{13} \\ a_{21} & a_{22} & a_{23} \\ a_{31} & a_{32} & a_{33} \end{bmatrix}$ 产生缩放、旋转和错切等几何变换；$\begin{bmatrix} a_{14} \\ a_{24} \\ a_{34} \end{bmatrix}$ 产生平移变换；$[a_{41} \quad a_{42}$

$a_{43}]$ 产生投影变换；$[a_{44}]$ 产生整体的缩放变换。

1. 平移变换

参照二维的平移变换，很容易得到三维平移变换矩阵（如图 B.3 所示）。

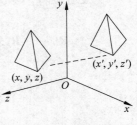

图 B.3　三维平移

$$\begin{bmatrix} x' \\ y' \\ z' \\ 1 \end{bmatrix} = \begin{bmatrix} 1 & 0 & 0 & t_x \\ 0 & 1 & 0 & t_y \\ 0 & 0 & 1 & t_z \\ 0 & 0 & 0 & 1 \end{bmatrix} \begin{bmatrix} x \\ y \\ z \\ 1 \end{bmatrix} = \begin{bmatrix} y + t_x \\ y + t_y \\ z + t_z \\ 1 \end{bmatrix} = \boldsymbol{T}(t_x, t_y, t_z) \begin{bmatrix} x \\ y \\ z \\ 1 \end{bmatrix}$$

2. 缩放变换

直接考虑相对于参考点 $F(x_f, y_f, z_f)$ 的缩放变换，其步骤如下。

（1）将参考点平移到坐标原点处。

（2）进行缩放变换。

（3）将参考点移回原来位置。

则变换矩阵为

$$\begin{bmatrix} 1 & 0 & 0 & x_f \\ 0 & 1 & 0 & y_f \\ 0 & 0 & 1 & z_f \\ 0 & 0 & 0 & 1 \end{bmatrix} \begin{bmatrix} s_x & 0 & 0 & 0 \\ 0 & s_y & 0 & 0 \\ 0 & 0 & s_z & 0 \\ 0 & 0 & 0 & 1 \end{bmatrix} \begin{bmatrix} 1 & 0 & 0 & -x_f \\ 0 & 1 & 0 & -y_f \\ 0 & 0 & 1 & -z_f \\ 0 & 0 & 0 & 1 \end{bmatrix} = \begin{bmatrix} s_x & 0 & 0 & (1-s_x) \cdot x_f \\ 0 & s_y & 0 & (1-s_y) \cdot y_f \\ 0 & 0 & s_z & (1-s_z) \cdot z_f \\ 0 & 0 & 0 & 1 \end{bmatrix}$$

如图 B.4 所示。

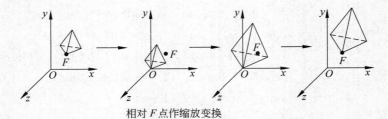

相对 F 点作缩放变换

图 B.4　三维缩放

3. 绕坐标轴的旋转变换

三维空间的旋转相对要复杂些，考虑右手坐标系下相对坐标原点绕坐标轴旋转 θ 角的变换。

（1）绕 x 轴旋转。

$$\begin{bmatrix} x' \\ y' \\ z' \\ 1 \end{bmatrix} = \begin{bmatrix} 1 & 0 & 0 & 0 \\ 0 & \cos\theta & -\sin\theta & 0 \\ 0 & \sin\theta & \cos\theta & 0 \\ 0 & 0 & 0 & 1 \end{bmatrix} \begin{bmatrix} x \\ y \\ z \\ 1 \end{bmatrix} = \boldsymbol{R}_x(\theta) \begin{bmatrix} x \\ y \\ z \\ 1 \end{bmatrix}$$

（2）绕 y 轴旋转。

$$\begin{bmatrix} x' \\ y' \\ z' \\ 1 \end{bmatrix} = \begin{bmatrix} \cos\theta & 0 & \sin\theta & 0 \\ 0 & 1 & 0 & 0 \\ -\sin\theta & 0 & \cos\theta & 0 \\ 0 & 0 & 0 & 1 \end{bmatrix} \begin{bmatrix} x \\ y \\ z \\ 1 \end{bmatrix} = \boldsymbol{R}_y(\theta) \begin{bmatrix} x \\ y \\ z \\ 1 \end{bmatrix}$$

（3）绕 z 轴旋转。

$$\begin{bmatrix} x' \\ y' \\ z' \\ 1 \end{bmatrix} = \begin{bmatrix} \cos\theta & -\sin\theta & 0 & 0 \\ \sin\theta & \cos\theta & 0 & 0 \\ 0 & 0 & 1 & 0 \\ 0 & 0 & 0 & 1 \end{bmatrix} \begin{bmatrix} x \\ y \\ z \\ 1 \end{bmatrix} = \boldsymbol{R}_z(\theta) \begin{bmatrix} x \\ y \\ z \\ 1 \end{bmatrix}$$

4. 绕任意轴的旋转变换

设旋转轴 AB 由任意一点 $A(x_a, y_a, z_a)$ 及其方向数 (a, b, c) 定义，空间一点 $P(x_p, y_p, z_p)$ 绕 AB 轴旋转 θ 角到 $P'(x'_p, y'_p, z'_p)$，则

$$\begin{bmatrix} x'_p \\ y'_p \\ z'_p \\ 1 \end{bmatrix} = \boldsymbol{R}_{ab}(\theta) \begin{bmatrix} x_p \\ y_p \\ z_p \\ 1 \end{bmatrix}$$

可以通过下列步骤来实现 P 点的旋转。

（1）将 A 点移到坐标原点。

（2）使 AB 分别绕 x 轴、y 轴旋转适当角度与 z 轴重合。

（3）将 AB 绕 z 轴旋转 θ 角。

（4）作上述变换的逆操作，使 AB 回到原来位置。

所以 $\boldsymbol{R}_{ab}(\theta) = \boldsymbol{T}^{-1}(-x_a, -y_a, -z_a) \boldsymbol{R}_x^{-1}(\alpha) \boldsymbol{R}_y^{-1}(\beta) \boldsymbol{R}_z(\theta) \boldsymbol{R}_y(\beta) \boldsymbol{R}_x(\alpha) \boldsymbol{T}(-x_a, -y_a, -z_a)$。

其中各个矩阵的形式参照上面所讲的平移、旋转矩阵，而 α、β 分别是 AB 在 yOz 平面与 xOz 平面的投影与 z 轴的夹角。如图 B.5 所示。

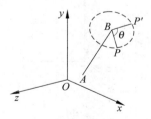

图 B.5　绕任意轴的旋转

附录 C 形体的投影变换

C.1 投影变换分类

把三维物体变为二维图形表示的过程称为投影变换。

投影变换的分类情况如图 C.1 所示。

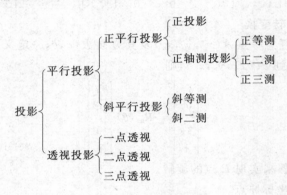

图 C.1 投影变化的分类

C.2 世界坐标与观察坐标

物体在空间的表示是用世界坐标,但是当人们去观察物体时,坐标系就转化为观察坐标系。将世界坐标变换到观察坐标可以通过平移、旋转来实现。如图 C.2 所示。

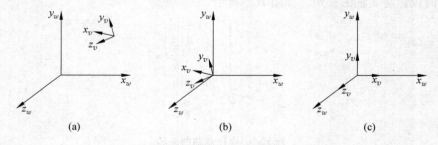

图 C.2 世界坐标变换为观察坐标

平移后,用单位矢量法得到旋转矩阵。

(1) 取 z_v 轴向为观察平面的法向 $\boldsymbol{v}_{PN}$,其单位矢量 $\boldsymbol{n} = \boldsymbol{v}_{PN}/|\boldsymbol{v}_{PN}| = (n_x, n_y, n_z)$。

(2) 取 x_v 轴向为观察方向 $\boldsymbol{p}_{REF}$,其单位矢量 $\boldsymbol{u} = \boldsymbol{p}_{REF}/|\boldsymbol{p}_{REF}| = (u_x, u_y, u_z)$。

(3) 取 y_v 轴向的单位矢量 $\boldsymbol{v} = \boldsymbol{n} \times \boldsymbol{u} = (v_x, v_y, v_z)$,得到旋转矩阵

$$R=\begin{bmatrix} u_x & v_x & n_x & 0 \\ u_y & v_y & n_y & 0 \\ u_z & v_z & n_z & 0 \\ 0 & 0 & 0 & 1 \end{bmatrix}$$

因此世界坐标到观察坐标到变换矩阵为

$$\begin{bmatrix} u_x & v_x & n_x & 0 \\ u_y & v_y & n_y & 0 \\ u_z & v_z & n_z & 0 \\ 0 & 0 & 0 & 1 \end{bmatrix} \begin{bmatrix} 1 & 0 & 0 & -x_0 \\ 0 & 1 & 0 & -y_0 \\ 0 & 0 & 1 & -z_0 \\ 0 & 0 & 0 & 1 \end{bmatrix}$$

C.3 正平行投影（三视图）

投影方向垂直于投影平面时称为正平行投影，通常所说的三视图均属于正平行投影。三视图的生成就是把 xyz 坐标系的形体投影到 $z=0$ 的平面，变换到 uvw 坐标系。一般还需将三个视图在一个平面上画出，这时就得到下面的变换公式，其中 (a,b) 为 uv 坐标系下的值，t_x、t_y、t_z 均如图 C.3 所示。

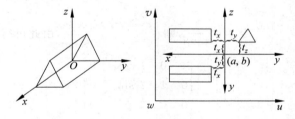

图 C.3 三视图

1. 主视图

$$\begin{bmatrix} u \\ v \\ w \\ 1 \end{bmatrix} = \begin{bmatrix} -1 & 0 & 0 & a-t_x \\ 0 & 0 & 1 & b+t_z \\ 0 & 0 & 0 & 0 \\ 0 & 0 & 0 & 1 \end{bmatrix} \begin{bmatrix} x \\ y \\ z \\ 1 \end{bmatrix}$$

2. 俯视图

$$\begin{bmatrix} u \\ v \\ w \\ 1 \end{bmatrix} = \begin{bmatrix} -1 & 0 & 0 & a-t_x \\ 0 & -1 & 0 & b-t_y \\ 0 & 0 & 0 & 0 \\ 0 & 0 & 0 & 1 \end{bmatrix} \begin{bmatrix} x \\ y \\ z \\ 1 \end{bmatrix}$$

3. 侧视图

$$
\begin{bmatrix} u \\ v \\ w \\ 1 \end{bmatrix} = \begin{bmatrix} 0 & 1 & 0 & a+t_y \\ 0 & 0 & 1 & b+t_z \\ 0 & 0 & 0 & 0 \\ 0 & 0 & 0 & 1 \end{bmatrix} \begin{bmatrix} x \\ y \\ z \\ 1 \end{bmatrix}
$$

C.4　斜平行投影

投影方向不垂直于投影平面的平行投影被称为斜平行投影,现在推导斜平行投影的变换矩阵。图 C.4 中 $z=0$ 的坐标平面为观察平面,点 (x,y) 为点 (x,y,z) 在观察平面上的正平行投影坐标,点 (x',y') 为斜投影坐标。(x,y) 与 (x',y') 的距离为 L。

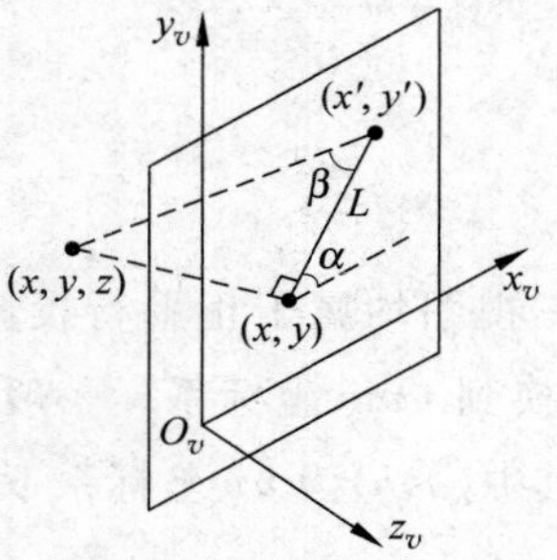

图 C.4　斜平行投影

显然,$\begin{cases} x'=x+L\cos\alpha \\ y'=y+L\sin\alpha \end{cases}$,而 L 的长度依赖于 z,β,即 $\tan\beta=z/L$,$L=z/\tan\beta$,所以

$$
\begin{cases} x' = x + z\dfrac{1}{\tan\beta}\cos\alpha \\[2mm] y' = y + z\dfrac{1}{\tan\beta}\sin\alpha \end{cases}
$$

令 $l_1=\dfrac{1}{\tan\beta}$,则 $\begin{cases} x'=x+zl_1\cos\alpha \\ y'=y+zl_1\sin\alpha \end{cases}$,由此可得

$$
\begin{bmatrix} x' \\ y' \\ z' \\ 1 \end{bmatrix} = \begin{bmatrix} 1 & 0 & l_1\cos\alpha & 0 \\ 0 & 1 & l_1\sin\alpha & 0 \\ 0 & 0 & 0 & 0 \\ 0 & 0 & 0 & 1 \end{bmatrix} \begin{bmatrix} x \\ y \\ z \\ 1 \end{bmatrix}
$$

C.5　透 视 投 影

透视投影的视线(投影线)是从视点(观察点)出发,视线是不平行的。不平行于投影平面的视线汇聚的一点称为灭点,在坐标轴上的灭点叫做主灭点。主灭点数和投影平面切割坐标轴的数量相对应。按照主灭点的个数,透视投影可分为一点透视、二点透视和三点透视(如图 C.5 所示)。

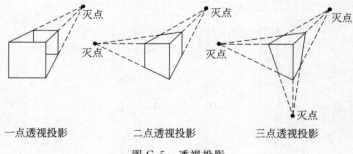

一点透视投影　　　　　二点透视投影　　　　　三点透视投影

图 C.5　透视投影

下面来推导简单的一点透视的投影公式,如图 C.6 所示。

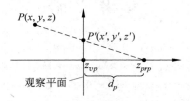

图 C.6 一点透视投影示意图

从图 C.5 中 P 点在观察平面上的投影可以得到描述 P' 点的参数方程

$$\begin{cases} x' = x - xu \\ y' = y - yu \\ z' = z - (z - z_{prp})u \end{cases}, \quad u = \frac{z_{vp} - z}{z_{prp} - z}$$

即

$$x' = x\left(\frac{z_{prp} - z_{vp}}{z_{prp} - z}\right) = x\left(\frac{d_p}{z_{prp} - z}\right)$$

$$y' = y\left(\frac{z_{prp} - z_{vp}}{z_{prp} - z}\right) = y\left(\frac{d_p}{z_{prp} - z}\right)$$

用齐次坐标表示为

$$\begin{bmatrix} x_h \\ y_h \\ z_h \\ h \end{bmatrix} = \begin{bmatrix} 1 & 0 & 0 & 0 \\ 0 & 1 & 0 & 0 \\ 0 & 0 & -z_{vp}/d_p & z_{vp}(z_{prp}/d_p) \\ 0 & 0 & -1/d_p & z_{prp}/d_p \end{bmatrix} \begin{bmatrix} x \\ y \\ z \\ 1 \end{bmatrix}$$

其中 $h = \dfrac{z_{prp} - z}{d_p}$。

上式即为一点透视的投影公式。

参 考 文 献

[1] Sutherland I E. . Sketchpad: A Man-Machine Graphical Communication System. Proceedings AFIPS Spring Joint Computer Conference, Detroit, Michigan, May 1963, Vol. 23, 329~346.

[2] Coons S A. Surfaces for computer aided design of space figures. MIT Memo, Massachusetts Institute of Technology, Cambridge, MA 1965.

[3] Bézier P. Mathematical and Practical Possibilities of UNISURF. InBarnhill R E, andRiesenfeld R F, editors, Computer Aided Geometric Design, Academic Press, 1974, pp. 127~152.

[4] 孙家广等. 计算机图形学. 第 3 版. 北京：清华大学出版社,2000.

[5] 董金祥，杨小虎. 产品数据表达与交换标准 STEP 及其应用. 北京：机械工业出版社，1993.

[6] Bouknight W J. A Procedure for the Generation of Three-dimensional Half-toned Computer Graphics Representations. Comm. ACM, 1970, 13(9): 527~536.

[7] Gourand H. Continuous Shading of Curved Surfaces. IEEE trans. Computers, 1971, 20(6): 623~629.

[8] Phong B T. Illumination for Computer-generated Pictures. Comm. ACM, 1975, 18(6): 311~317.

[9] 唐荣锡，汪嘉业，彭群生等. 计算机图形学教程(修订版). 北京：科学出版社，2000.

[10] T. Whitted. An Improved Illumination Model for Shaded Display. Comm. ACM, 1980, 23(6): 343~349.

[11] Goral C M, Torrance K E, Greenberg D P, et al. Modeling the Interaction of Light between Diffuse Surfaces. SIGGRAPH'84 Proceedings, Computer Graphics, 1984, 18(3): 213~222.

[12] 孙家广. 计算机辅助几何造型技术. 北京：清华大学出版社，2000.

[13] Hu S M. Conversion of a triangular Bézier surface into three rectangular Bézier surfaces. Computer Aided Geometric Design, 1996, 13(2): 219~226.

[14] Hu S M, Tong R F, Ju T, et al. Approximate merging of a pair of Bézier curves. Computer Aided Design, 2001, 33(2): 125~136.

[15] Hu S M, Wang G Z, Jin T G. Properties of two types of generalized Ball curves. Computer Aided Design, 1996, 28(2): 125~133.

[16] 石教英,蔡文立. 科学计算可视化算法与系统. 北京：科学出版社，1996.

[17] 唐泽圣. 三维数据场可视化. 北京：清华大学出版社，1999.

[18] Schroeder W J, Zarge J A, Lorensen W E. Decimation of Triangle Meshes. SIGGRAPH'92 Proceedings, Computer Graphics, 1992, 26(2): 65~70.

[19] Hoppe H, DeRose T, Duchamp T, et al. Mesh Optimization. SIGGRAPH'93 Proceedings, 1993, 19~26.

[20] Garland M. Quadric-Based Polygonal Surface Simplification. CMU-CS-99-105, Ph. D. Thesis, Carnegie Mellon University, 1999.

[21] Chen S E, Williams L. View Interpolation for Image Synthesis. SIGGRAPH'93 Proceedings, 1993, 279~288.

[22] 吴建华,曹宁,胡事民等. 交互式自然景物设计系统. 工程图学学报,2000,21(3): 7~14.

[23] 董士海,王坚,戴国忠. 人机交互和多通道用户界面. 北京：科学出版社,1990.

[24] Winkenbach G, Salesin D H. Rendering Parametric Surfaces in Pen and Ink. SIGGRAPH'96 Proceedings, 1996, 469~476.

[25] Curtis C, Andersen S E, Seims J E, et al. Computer-Generated Watercolor. SIGGRAPH'97 Proceedings, 1997, 421~430.

[26] Guo Q L. Generating realistic calligraphy words. IEICE Transactions on Fundamentals of Electronics Communications and Computer Sciences, 1995, E78-A(11): 1556~1558.

[27] Levoy M, et al. The Digital Michelangelo Project: 3D Scanning of Large Statues. SIGGRAPH'00 Proceedings, 2000, 131~144.

[28] Hu S M. Conversion of a triangular Bézier surface into three rectangular Bézier surfaces. Computer Aided Geometry Design, 1996, 13(2): 219~226.

[29] Wylie C, Romney GW, Evans D C, Erdahl A. Halftone Perspective Drawings by Computer. AFIPS Fall Joint Computer. Conf. Proceedings 1967, Vol. 31, 49~58.

[30] Atherton P, Weiler K, Greenberg D. Polygon shadow generation. SIGGRAPH'78 Proceedings, 1978, 12(3): 275~281.

[31] Crow F C. Shadow algorithms for computer graphics. SIGGRAPH'77 Proceedings, 1977, 11(2): 242~248.

[32] Cook R L, Torrance K E. A reflectance Model for computer graphics. ACM Transactions on Graphics, 1982, 1(1): 7~24.

[33] Hall R A, Greenberg D P. A testbed for realistic image synthesis. IEEE Computer Graphics and Applications, 1983, 3(8): 10~20.

[34] Appel A. Some techniques for shading machine renderings of solids. AFIPS Spring Joint Computing Conference 1968: 37-45.

[35] Kay D S, Greenberg D P. Transparency for Computer Synthesized Images. Computer Graphics, 1979, 13(2): 158~164.

[36] Clark J H. Hierarchical geometric models for visible surface algorithms. Communications of he ACM, 1976, 19(10): 547~554.

[37] Rubin S M, Whitted T. A 3-dimensional representation for fast rendering of complex scenes. Computer Graphics. 1980, 14(3): 110~116.

[38] Kay T L, Kajiya J T. Ray tracing complex scenes. SIGGRAPH'86 Proceedings, 1986, 20(4): 269~278.

[39] Fujimoto A, Tanaka T, Iwata K. ARTS: Accelerated Ray-Tracing System. IEEE Computer Graphics and Applications, 1986, 6(4): 16~26.

[40] Cohen M F, Chen S E, Wallace J R, et al. A progressive refinement approach to fast radiosity image generation. SIGGRAPH'88 Proceedings, 1988, 22(4): 75~84.

[41] Schroeder W J, Zarge J A, Lorensen W E. Decimation of triangle meshes. SIGGRAPH'92 Proceedings, 1992, 65~70.

[42] Hoppe H, DeRose T, Duchamp T, et al. Mesh optimization. SIGGRAPH'93 Proceedings, 1993, 19~26.

[43] Gieng T S, Hamann B, Joy K I et al. Smooth hierarchical surface triangulation. Proceedings of the 8th Conference on Visualization, 1997, 379~386.

[44] Garland M. Multireolution Modeling: Survey & future opportunities. Eurographics'99, State of the Art Report, 1999.

[45] Lai Y K, Zhou Q Y, Hu S M et al. Robust feature classification and editing. IEEE Transactions on Visualization and Computer Graphics, 13(1): 34~45, 2007.

[46] Levoy M, Hanrahan P. Light Field Rendering. SIGGRAPH'96 Proceedings, 1996, 31~42.

[47] Gortler S J, Grzeszczuk R, Szeliski R, Cohen M F. The Lumigraph. SIGGRAPH'96 Proceedings, 1996, 43~54.

[48] McMillan L, Bishop G. Plenoptic Modeling: An Image-Based Rendering System. SIGGRAPH'95 Proceedings, 1995, 39~46.

[49] Chen S E, Williams L. View Interpolation for Image Synthesis. SIGGRAPH'93 Proceedings, 1993, 279~288.

[50] Chen S E. Quicktime VR - an image-based approach to virtual environment navigation. SIGGRAPH'95 Proceedings, 1995, 29~38.

[51] Breen D E, House D H, Wozny M J. Predicting the drape of Woven Cloth Using Interacting Particles. SIGGRAPH'94 Proceedings, 1994, 365~372.

[52] Preetham A J, Shirley P, Smits B E. A Practical Analytic Model for Daylight, SIGGRAPH'99 Proceedings, 1999, 91~100.

[53] Stam J. Diffraction Shaders. SIGGRAPH'99 Proceedings, 1999, 101~110.

[54] Enright D, Marschner S, Fedkiw R. Animation and Rendering of Complex Water Surfaces. SIGGRAPH'02 Proceedings, 2002, 736~744.

[55] Lamorlette A, Foster N. Structural modeling of flames for a production environment. SIGGRAPH'02 Proceedings, 2002, 729~735.

[56] Nguyen D Q, Fedkiw R, Jensen H W. Physically Based Modeling and Animation of Fire. SIGGRAPH'02 Proceedings, 2002, 721~728.

[57] O'Brien J F, Bargteil A W, Hodgins J K. Graphical Modeling and Animation of Ductile Fracture. SIGGRAPH'02 Proceedings, 2002, 291~294.

[58] Bridson R, Fedkiw R, Anderson J. Robust Treatment of Collisions, Contact, and Friction for Cloth Animation. SIGGRAPH'02 Proceedings, 2002, 594~603.

[59] Weil J. The Synthesis of Cloth Objects. ACM SIGGRAPH'86, 1986, 49~54.

[60] Jackie Neider, Tom Davis, Mason Woo. OpenGL Programming Guide (Release 1).

[61] Mark Segal, Kurt Akeley. The OpenGL Graphics System: A Specification (Version 1.2).

[62] Mark Segal, Kurt Akeley. The OpenGL Graphics System: A Specification (Version 1.3).